21世紀の農学

持続可能性への挑戦

生源寺 眞一　編著

培風館

執筆者紹介（執筆順）

＜　＞は執筆分担

生源寺眞一（しょうげんじ しんいち）　福島大学食農学類教授　農学博士　＜序章＞

小嶋　大造（こじま だいぞう）　東京大学大学院農学生命科学研究科准教授　博士（農学）　＜1章＞

武見ゆかり（たけみ）　女子栄養大学栄養学部教授　博士（栄養学）　＜2章＞

小岩井　馨（こいわい かおり）　女子栄養大学栄養学部助手　博士（栄養学）　＜2章＞

清原　昭子（きよはら あきこ）　福山市立大学都市経営学部教授　博士（農学）　＜3章＞

小泉　達治（こいずみ たつじ）　経済協力開発機構（OECD）農業貿易局食料・農業市場貿易課政策分析官（農林水産政策研究所派遣職員）　博士（生物資源科学）　＜4章＞

福与　徳文（ふくよ なるふみ）　茨城大学農学部教授　博士（農学）　＜5章＞

松井　隆宏（まつい たかひろ）　東京海洋大学海洋生命科学部准教授　博士（農学）　＜6章＞

古井戸宏通（ふるいど ひろみち）　東京大学大学院農学生命科学研究科教授　農学博士　＜7章＞

南石　晃明（なんせき てるあき）　九州大学大学院農学研究院教授　農学博士　＜8章＞

西澤栄一郎（にしざわ えいいちろう）　法政大学経済学部教授　Ph.D.　＜9章＞

小山　修（こやま おさむ）　国立研究開発法人 国際農林水産業研究センター理事長　＜10章＞

荘林幹太郎（しょうばやし みきたろう）　学習院女子大学国際文化交流学部教授　博士（農学）　＜11章＞

飯國　芳明（いいぐに よしあき）　高知大学人文社会科学部教授　博士（農学）　＜12章＞

目　　次

Ⅲ部　技術革新をめぐる挑戦

Ⅳ部 地域社会をめぐる挑戦

序章　新たな課題に挑戦する農学

本書は，食生活のあり方や農業の技術革新，さらには食料をめぐる国際協力に至るまで，広範囲にわたる農学の課題について解説する。具体的なテーマごとに12の章から構成されており，林業や水産業の論点についても，それぞれひとつの章を設けている。このようにカバーする領域は広いものの，12の章を貫く問題意識は明瞭である。持続可能性をキーワードとして，農学が挑戦する課題の見取り図を提示するところに本書のねらいがある。全体の案内役であるこの序章では，想定される読者層と執筆陣の特徴に触れたのち，農学の課題としての持続可能性の内容を確認する。そのうえで食料，資源，技術革新，地域社会の4つの領域における挑戦について，これを具体的に論じた各章の特色を紹介する。

1　本書のねらい

本書の構成を練り上げ，章ごとの執筆を進めていく際には，読者が主として農学の初学者であることを想定してきた。出版に至った現在も，この考え方に変わりはない。ここでの初学者の意味であるが，大学の農学系の学部に入学ないしは進学してまもない学生であり，専門的な学科やコースの学習にはなお距離のある学生だと言ってよい。入門編の教材として，これから農学を本格的に学んでいく，いわば助走段階の若者を想定しているわけである。

ところで，主として農学の初学者と表現した。これは初学者のほかにも，本書を読むことに価値を感じる人々が存在するだろうと考えたことによる。すでに専門分野の学習に進んでいる学部学生や研究者としての一面を有する大学院生などが念頭にある。こうした専門領域の皆さんに対しても，農学の初心に立ち帰るための教材として貢献できるのではないか。これが私たちの思いである。もともと農学は具体的な課題に正面から向き合う学問として発展してきた。けれども，分野が細分化され，専門性が深まるにつれて，研究や学習が何のための取り組みだったかについて，問題意識が希薄化する傾向も否定できない。むろん，高度な専門性を獲得することは，現代の農学研究にも欠かせない。しかしながら同時に，この研究が何を目指しているかを強く意識することも大切なのである。この意味において，現代の農学の課題を正面から論じた本書は，改めて初心を思い起こす素材を提供することにもなるであろう。

現代の農学の課題と述べたが，この表現ではあまりにも広すぎる。本書では，持続可能性をキーワードとして，読者に伝えたい課題を絞り込むことにした。持続可能という言葉は，近年ではSDGs（Sustainable Development Goals）との関連で使われるケースが増えている。SDGsは大学の講義でも取り上げられるようになったから，キャンパスでSDGsをめぐる情報に触れたことのある読者も多いであろう。

もっとも，17のゴールと169のターゲットからなるSDGsはあまりにも網羅的で，農学との関わりの薄いターゲットも少なくない。逆に，農業の持続可能性という点では，SDGsとは別の要素を考慮することも必要になる。さらに，あるターゲットを追求することが，別のターゲットの達成の妨げになるケースも考えられる。問題の構図は単純ではないのである。この点を考慮して，次の2「持続可能性を考える」では国際的な議論の経緯を踏まえながら，本書が念頭に置いている持続可能性の概念について，基本的な枠組みを提示することにしたい。

さきほど本書が想定する読者層について述べたが，ここでは執筆した側にも触れておきたい。それぞれの執筆者の所属については巻頭のリストをご覧いただきたいが，いずれも人文社会科学と深く関わっているという共通点がある。ここにも本書の特徴があると言ってよいだろう。もともと農学は，その基礎にある学問分野が広いことで知られている。生物学，化学，物理学といった自然科学に加えて，経済学や歴史学といった人文社会科学の専門家も農学の研究や教育に貢献してきたのである。こうした幅広い分野のなかから，本書の作成にあたっては，人文社会科学に明るい専門家にご協力いただいた。中心は農林水産業の経済学であるが，のちほど章ごとの特色を紹介する際に触れるように，社会学，歴史学，栄養教育に造詣の深い専門家にもご参加いただいている。

人文社会科学の知的な活動を大胆に二分するとすれば，ひとつは具体的なデータによって仮説を検証する仕事であり，もうひとつは問題の構図を明瞭に提示する仕事である。前者は自然科学の実験とも重なるが，検証に使われるエビデンスは統計の数値から歴史的な文書まで幅が広い。具体的な政策を評価する取り組みについても，仮説検証のジャンルに含めてよいであろう。一方，問題の構図を提示することも，人文社会科学が蓄積を重ねてきた仕事であり，得意な領域であると言ってよい。非常に複雑な社会現象について本質的な要素を概念として把握し，要素間の因果律などの関係性を明快に表現するわけである。むろん，場当たり的な思いつきが通用するわけではない。過去の学問的な蓄積を踏まえながら，新たに説得力のある見取り図を提案することは，人文社会科学の専門家ならではの知的活動なのである。

12の章で展開される論述においては，具体的な問題をめぐる仮説検証型の解説とともに，初学者がこれまで接したことのない概念も提示される。新規に導入された概念をベースにすることで，食料や農業・農村をめぐるさまざまな現象や課題が統一感をもって理解できるわけである。簡単なことではない。読み進んでいくことに難しさを感じる場合もあるに違いない。時間をかけて取り組むことで，壁を乗り越えていただきたい。

2　持続可能性を考える

すでに述べたとおり，持続可能性という表現はSDGsとの関わりで使われることが多い。

また，本書で論じる持続可能性の内容とSDGsのそれが重ならない部分があるとも述べた。このことを念頭に置いたうえで，まずはSDGsが生まれるに至った経緯を振り返ることで，持続可能性の標準的な理解を確認しておきたい。なお，SDGsの内容については9章や10章でも解説される。

SDGsは2015年に国連ミレニアム・サミットで採択された「持続可能な開発のための2030アジェンダ」が掲げた行動目標であり，これにはふたつの大きな流れが引き継がれている。ひとつは2000年の国連ミレニアム・サミットの宣言に基づく「国連ミレニアム開発目標」，すなわちMDGs（Millennium Development Goals）の流れである。8つの目標を掲げたMDGsは基本的に発展途上国を対象としており，貧困と飢餓の克服を目指していた。この流れにはさらに前史がある。とくに1996年に開催された世界食料サミットにおいて，地球上の栄養不足人口を減らすことが強調されており，その具体的な目標としてMDGsが作成された面があった。こうした流れのもとで，世界の食料問題はSDGsの原点のひとつだと言ってよい。

SDGsが引き継いだもうひとつの流れは，経済成長が環境破壊につながった歴史に対する国際社会の強い姿勢であった。大きな転換点となったのが，1992年に開催された国連環境開発会議であり，基本原則として「環境と開発に関するリオ宣言」が掲げられた。こちらの流れにも前史があるが，なかでも特筆されるのが1987年に国連の「環境と開発に関する世界委員会」が報告書Our Common Future（邦訳『地球の未来を守るために』）を公表したことであった。この委員会は，委員長で報告書公表時にノルウェーの首相でもあった人物にちなんでブルントラント委員会と呼ばれている。

ブルントラント委員会の際立った貢献は，「持続可能な開発」の概念を国際社会に急速に広めたところにあった。すなわち「将来の世代がそのニーズを満たす可能性を損なうことなく，現在の世代のニーズを満たすような開発」というコンセプトが広く共有されることになった。11章にはいくぶん表現の異なる和訳も記載されている。そちらも参照していただきたい。

ここで少し脇道にそれるが，11章には11章の著者自身の訳文が使われており，いま示した和訳も私自身の訳文である。なぜか。公表後まもない時期に出版された邦訳では，本来の意味が伝わらない恐れがあったからである。原文からは，現在世代と将来世代の利害対立の深刻さとその克服の重要性を読み取ることができるのだが，出版された邦訳書には「持続可能な開発とは，将来の世代の欲求を充たしつつ，現在の世代の欲求も満足させるような開発」とあった。予定調和的なニュアンスが強いと言えるだろう。ここは軌道修正が必要だと判断したわけである。脇道への脱線ついでに，開発という訳語についてもひとこと付け加えておく。英語のdevelopには自動詞の「発展する」と他動詞の「開発する」の意味があるから，持続可能な開発ではなく，持続可能な発展と訳すこともできる。むしろ，発展と開発の双方を含む概念だと理解すべきであろう。先ほど人文社会科学では本質的な要素を表現する概念が重要な役割を果たすことを強調したが，込められた意味を的確に表す言葉の選択もそれほど簡単なことではない。

さて，本書では持続可能性の観点から農学の課題を吟味することになるが，いま述べた

「持続可能な開発」概念の問題意識と重なり合う部分も少なくない。現時点で資源の浪費をもたらす生産活動は，将来の資源の利用可能量の低下につながることになる。農学が対象とする領域も例外ではない。ただし，農林水産業には多様な営みが含まれていることから，影響が生じる時間軸にはかなりの差がある。水産業には数年後の資源賦存状態に影響するタイプもあるし，森林資源の消失のように，回復には文字どおり将来の世代までの時間が必要とされるケースもある。

産業活動，とくに農業生産による環境への負荷については，昭和から平成・令和へと時代が移るにつれて，社会の評価が次第に変化してきたと考えられる。以前の日本社会においては，農業が環境に親和的な産業だと捉える通念が比較的広く受け入れられていた。けれども現在では，環境負荷を抑制する農業経営への期待が高まるとともに，肥料による水質汚染の問題などが指摘されることも少なくない。こうした社会の姿勢の変化については，欧米で1980年代に本格化した環境保全型農業の拡大に向けた政策も影響していると考えられる。政策が克服を目指す農業の環境負荷には，過剰な肥料による近隣の水資源の汚染から地球温暖化につながるメタンの排出に至るまで，多様なタイプが含まれている。いずれも将来に悪影響が及ぶことになる。他方で，地球温暖化による気象条件の変化など，環境が変わることによって農林水産業が影響を受けている面も忘れてはならない。日本でも気温の上昇による果樹産地の移動などが指摘されている。

以上のように，農学の対象領域においても，持続可能な開発の概念は課題を的確に認識するために有効である。この点を十分理解したうえで，資源・環境をめぐる世代間の対抗関係とは別の観点から，持続可能性について考える必要もある。そのひとつが食料の確保という視点にほかならない。

これなしには生きていくことができないという意味で，食料は絶対的な必需品である。食料は一人ひとりの人間やその家族の持続性を支えているわけであり，それが地域社会の持続可能性にも結びついている。さらに食料安全保障という表現には，食料が国家としての持続可能性の大切な要素であるとの思いが込められている。こうした必需品の量的な確保を意味する概念として，4章などで解説されるフードセキュリティが国際的にも定着している。さらに食べて身に危険が及ぶものは食料とは言えないわけであり，食品の安全性，すなわちフードセーフティがフードセキュリティの前提条件でもある。フードセーフティについては3章で論じられる。

もうひとつ農学の分野が明示的に意識すべき観点として，農業生産と農村社会の持続可能性を指摘しておきたい。農業経営にもさまざまなタイプがあり，一律に持続可能か否かを論じることはできないが，食料の供給を支える役割の重要性は改めて指摘するまでもない。したがって，将来の農業生産につながる動きを支える必要がある。たとえば近年は，農家の子弟以外の若者の新規就農の割合が上昇している。この流れは将来への農業の継承という点で，政策的な支援の対象にふさわしい。一方，農村は農家のみならず，非農家の世帯も多く居住する空間であり，都会から多数の人々が訪れるリフレッシュの空間でもある。農村社会から恩恵を受ける人々の多数派は非農家住民であり，都市住民なのである。このような受益者の広がりのもとで，将来に引き継がれる農村の価値も小さくはない。加えて，ここで農業生産と農村社会をセットで論じていることにも意味がある。セットでの議論には，農業生産の営みと農村社会の活動が互いに支え合う関係性が意識されている。たとえば農業生産活動が棚田に代表される農村景観を支えており，農村社会の人々の共同行動が用排水路などの農業生産インフラを支えているのである。

農学の領域には持続可能性の概念によって理解が深まる課題が少なくない。これが本書の企画のベースにある判断なのだが，課題に取り組む姿勢に関して，もうひとつの特徴を付け加えておくべきであろう。それは持続可能性が問われる課題にあっては，多くの場合に複数の目的を同時に追求することになる点である。具体的には，作物の収量を伸ばすだけではなく，環境への負荷の低減にも取り組む。あるいは，農場の規模拡大一辺倒ではなく，生き物に触れる教育の場としての充実もはかりたい。「二兎を追う者は一兎をも得ず」ということわざがあるが，現代の農学領域の課題には，二兎を追って，できるだけ高いレベルで二兎を得ることを追求する構図がある。それが実現されるためには，しばしば技術革新が決定的な役割を果たす。したがって，農学の研究にも期待が寄せられることになる。

ただし，人文社会科学系の専門家は技術革新に活用できる自然科学の最先端の知見を持ち合わせているわけではない。すでに触れたことではあるが，重要度が高まりつつある課題を識別して，分かりやすい見取り図を提示するところに使命があると言ってよい。本書の多くの章は，この意味での人文社会科学の持ち味を発揮している。さらに，客観的なエビデンスに基づく検証に取り組むことも，人文社会科学系農学の役割のひとつだと指摘した。この点は技術革新の効果の大きさや特徴の検証作業にも当てはまる。いくつかの章では，こうした実証的な成果を土台とした解説が展開される。

3　近未来の食料・農業・農村：4つの挑戦

農学の具体的な課題を論じた12の章は，4つの挑戦にまとめてある（Ⅰ部～Ⅳ部）。以下では，それぞれの挑戦を概観するとともに，各章の特色について簡潔に紹介することで，案内役としての役割を果たすことにする。

3.1　食料をめぐる挑戦

Ⅰ部は初学者にとっても身近に感じられるテーマからスタートする。それが食料生産の確保であり，食生活のあり方である。食料がすべての人間にとって不可欠であることは言うまでもないが，国や地域によって状況は大きく異なっている。地球上では飢餓と飽食が隣り合わせなのである。

まずは日本のポジションを確認するのが1章であり，食料自給率に着目する。読者は食料自給率自体についてはご存知であろうが，この章では自給率の背後にある食料の消費と農業生産の構造を明らかにしていく。低い食料自給率をめぐっていろいろな議論があるけれども，食生活と食料生産の現状と歴史を把握する出発点として，冷静に分析を行う必要がある。かなり踏み込んだ考察も提示されており，所得階層による食料消費の違いなどが明らかにされる。日本の社会も一括りにはできないことが分かる。こうした実証的な分析を通じて，エンゲル係数のような古典的な知見の有効性を確認できる。これもこの章の特色である。

食生活は人々の健康の問題ともつながっている。したがって学問の分野として，農学には栄養学や医学と隣接している面がある。研究と教育の双方において，いわば学際的に連携した取り組みにも期待が寄せられている。本書では，栄養学の観点から食料をめぐるテーマを掘り下げるため，健康づくりに着目した2章を設けた。初学者向けの書籍ではあるが，農学の近隣領域の新たなチャレンジを紹介することにも意義があると判断したことによる。この章では健康寿命を延ばすことを基本として，現代日本の食生活が抱える課題が浮き彫りにされる。また，食生活のあり方がSDGsと広く関わりを持つことも解説される。なお，2章の筆頭著者は栄養学が専門であるとともに，人々の食環境や食行動に関する社会科学的なアプローチにも実績がある。

戦後の経済成長とともに日本の食生活は大きく変わった。1章でも確認されたように消費する食料の中身が変化するとともに，飲食費に占める加工食品や外食の割合も上昇した。言い換えれば，農林水産業に加えて食品製造業や外食産業，さらにそれらをつなぐ流通業が分厚く形成されてきた。素材から消費に至る一連の流れをフードシステムとして把握し，分析することも21世紀の農学の重要な課題となったわけである。3章は日本のフードシステムの実態を把握するとともに，フードセーフティすなわち食品の安全をめぐる制度について，国際的な動向を含めて深く掘り下げた議論を展開している。

先ほど飢餓と飽食が隣り合わせと表現した地球規模の食料問題について，正面から取り上げるのが4章である。課題を理解するための基本概念はフードセキュリティであり，世界の実態が歴史的な経緯を含めて紹介される。また，食料の需給関係を規定する要因についての分析も提示される。経済学の枠組みを応用し，客観的なデータによって因果関係を検証するかたちである。さらに，因果関係の検証について安定した結果が得られるならば，これを将来に向けた予測に活用することも可能になる。国際機関のこうした取り組みに具体的に言及している点にも，4章の特色がある。

3.2　資源をめぐる挑戦

農林水産業を支えてきた資源の現状と将来の見通しは，ブルントラント委員会の提示した持続可能性の課題と重なり合うテーマであり，Ⅱ部では農業，水産業，林業の資源について順に取り上げていく。ただし，農業の資源や環境の課題については，技術革新をカバーするⅢ部で直接・間接に論じられることから，Ⅱ部ではやや異なった角度から農業・農村の役割について解説することにした。

すなわち，5章では近年その頻度と深刻度が増している自然災害に注目し，これに対抗するための農業・農村の取り組みを紹介している。とくに科学技術の限界を認識しながら災害と向き合うことの重要性が強調される。そのうえで減災に向けた先人の歴史的な蓄積を振り返り，ソフト・ハードの両面から災害に強い地域づくりを提唱する。この分野の調査研究の成果が盛り込まれるだけでなく，自身の体験から得られた知見も提示されている。著者は農村社会学が専門であると同時に，農業農村工学分野との共同研究にも実績があり，それらが5章で解説されたトピックスにも反映されている。

6章は水産資源の持続性について論じている。再生可能資源としての特色を有する水産資源ではあるが，漁業者の行動次第では生産量ゼロの状態に収束することもある。数学モデルが提示されることで，合理的な行動が過剰利用につながり，持続可能性を損なうケースを学ぶことができる。ミクロ経済学の企業行動理論の応用編としての解説であり，じっくり読み込む価値がある。また，水産資源の管理をめぐる制度について，歴史的な経緯を含めて，かなり詳細な紹介が行われている。持続可能性に関して，6章は制度のイノベーションにも重要な役割があることを示唆している。

持続可能性の観点から森林資源について論じているのが7章である。すでに触れたとおり，資源の利用・再生の時間軸には農業・林業・水産業では大きな違いがある。この章では80年で一巡する樹木の育成・伐採の例が紹介されている。こうした時間軸の長さは林業そのものの歴史的な推移を特徴づけるとともに，林学（森林科学）の発展の経緯にも反映されている。7章の特色のひとつは，森林の持続可能性に関わる制度や学問の移り変わりについて，長期的な視点から振り返っている点にある。そのうえで，とくに1990年代以降について，森林利用の持続可能性への林学の貢献を解説する。著者は林政学の専門家であるが，学問の歴史に対する問題関心の強さも印象的である。

3.3　技術革新をめぐる挑戦

Ⅲ部では主として農業に焦点を当てながら，技術の進歩と普及について，国際協力の視点も交えて論じている。とくに21世紀における農業の技術革新は，20世紀のそれとは次元の異なる性質を帯びている。この点をスマート農業が導く近未来の農業生産像として解説しているのが8章である。

まずは，情報通信技術（ICT）をベースにロボット技術なども活用した技術革新をめぐって，スマート農業の概念がデジタル農業や精密農業との関係を含めて整理される。そのうえで水田作・畑作，施設園芸・植物工場，畜産・酪農に導入されているスマート農業の具体例が紹介される。たんに新しい技術のポイントを説明するだけでなく，農業経営上の効果を評価するとともに，導入の費用との比較やデータ利用上の課題なども指摘される。まさに先駆的な農業経営の現場に密着し，技術革新の検証に力を注いできた著者ならではの議論が展開されている。

21世紀の農業の技術は，たんに生産性の向上だけで満足しているわけにはいかない。たとえば9章で紹介される精密農業には，農地が必要とする肥料の量を非常に細かな場所ごとに把握することで施肥量を抑制し，費用の節減と同時に環境への負荷を減らすタイプもある。これは一例に過ぎない。9章では生産性の確保と環境負荷の抑制の両面から農業のあり方を幅広く論じている。二兎を追って高レベルの二兎を確保することは21世紀農学の基本的な課題なのである。そして，環境と農業のあいだの双方向の影響関係をていねいに解説したうえで，環境保全型農業の拡大を目指す政策について紹介する。日本の政策だけでなく，欧米を中心とする国際的な動向について，SDGsとの関わりを含めてポイントを提示しているところに特色がある。

食料をめぐる国際協力には，食料そのものの援助と食料生産を支える技術面での援助がある。10 章においては，このうち後者の技術支援を中心に，食料問題の基本的な構図と支援の具体的な取り組みを解説している。食料資源の重要性を確認するとともに，問題が国境を越えて波及する面を持つことも強調される。そのうえで近年の農業技術をめぐる国際協力の基本的な構図が明らかにされる。すなわち，発展途上国の支援に重点があることに変わりはないが，21 世紀には気候変動に代表される持続可能性の課題が濃厚に意識されることになった。10 章の著者は国際協力の最前線で活動してきたわけだが，一連の取り組みは課題の解決に尽力する現地の人材育成にもつながっている。

3.4　地域社会をめぐる挑戦

国際的な視野から論じられることの多い持続可能性ではあるが，ローカルなレベルの持続可能性を基盤とし，それが国や地球規模での持続可能性に結びついているのが農林水産業にほかならない。農林水産業のこうした特色について，地域の人々の共同力の観点から解説しているのが 11 章である。メンバーの合理的ではあるが，利己的な行動によって資源の崩壊につながる現象は「コモンズの悲劇」として知られている。その具体例を提示するとともに，そこに共通するメカニズムが経済学の概念から浮き彫りにされる。そのうえでオストロームの輝かしい業績に言及しながら，コモンズの悲劇を回避する共同行動のルールが解説される。農業用排水路の維持管理といったローカルな共同行動の根底には，時代と国境を越えた人間の知恵が息づいているわけである。ここには 11 章の象徴的なメッセージがあると言ってよい。

最後の 12 章のテーマは農山漁村の多面的機能である。2「持続可能性を考える」では農村社会の受益者の広がり，すなわち非農家住民や都市住民について触れたが，その受益の中身が多面的機能にほかならない。多面的機能という用語そのものに関しては，ご存知の読者も少なくないであろう。けれども 12 章は，多面的機能の本質的な要素について，経済学の基本概念にさかのぼって解説している点に深みがある。国際的な議論の経緯も明らかにされ，とくに多面的機能をめぐって形成されてきた欧州の政策にも言及している。農業のタイプは異なっているものの，農業の価値の社会的な評価について，欧州と日本には共通項が存在する。12 章からはそんな着眼点を学ぶこともできる。

4　むすびに代えて

案内役の守備範囲を逸脱することになるが，執筆を担当された各位にひとことお礼を申し上げたい。今回は，新型コロナウィルスの感染拡大という歴史上稀にみる災禍のもとで本書への寄稿をお願いし，お引き受けいただいた。昨年の秋口のことであった。感染の収束を見通すことができず，それぞれの勤務先が大変な状況に直面する中で執筆していただく結果となった。とりわけベテランの執筆者には，組織のトップとしての仕事に尽力されているケースが少なくない。日頃から時間との闘いであるところに，コロナと本書が重なった。無理を申し上げたことをお詫びするとともに，若い世代への貴重なメッセージを届けていただいたことに感謝する次第である。

12の章のうち半数は40代，50代の中堅の研究者に担当していただいた。この年代の場合には，何よりも自分自身の調査研究にエフォートを集中することが求められている。なかには出向先の国際機関の仕事と並行して執筆されたケースもある。各位の本書への貢献に，改めて謝意を表する次第である。むろん，コロナ禍との戦いは，中堅クラスにも共通している。それでもあえて執筆をお願いしたのは，本書の場合には人文社会科学系ということになるが，農学の担い手についても世代を越えた持続性を確保することへの思いがあった。改めてご理解いただくことをお願いするとともに，今後の益々のご活躍を心から祈念申し上げる次第である。

2021年夏

生源寺 眞一

1章 食料自給率から見えてくるもの

本章では，食料自給率から見えてくるものを考えてみたい。食料自給率は，国内の食料消費を分母に，国内の食料生産を分子にして計算される。このため，食料自給率を理解するには，まず食料消費（1.1節）と食料生産（1.2節）を把握することが大切となる。これらを把握することで，食料自給率の意味が理解できるようになる（1.3節）。そして，食料自給率の意味が理解できると，食料供給力という考え方が重要であることが分かってくる（1.4節）。食料供給力を確保することは，食料安全保障の意味で社会のセーフティネットとなるからである。本章は，以上の流れで説明していくが，まずは食料消費と食料生産に関する経験則から話を始めよう。

1.1 食料消費

1.1.1 エンゲルの法則

食料消費について産業構造の**需要**面からその傾向を捉えた経験則として，**エンゲルの法則**がある。所得水準が上昇するにつれて，家計の消費支出全体に占める食料消費支出の割合が低下するという経験則である。

こうしたエンゲルの法則は，特定の時点における所得水準の異なる世帯や国の間だけでなく，特定の国における時点間でも広く観測される。このことは日本においても妥当する。家計の消費支出全体に占める食料消費支出の割合は**エンゲル係数**とよばれる。日本のエンゲル係数（二人以上世帯）は，戦後直後は60％を超えていたが，高度経済成長がスタートする1955年には50％を切っており，その後の高度経済成長の過程において低下を続け，1980年代には20％台後半となり，1990年代後半から20％台半ばから前半で推移している。

エンゲルの法則は，経済学上，**必需品**の定義と関係が深い。経済学では，ある財の**需要の所得弾力性**が1を下回る場合に，その財を必需品という。需要の所得弾力性とは，所得が増加したときにその財の需要がどれだけ変化するかを示している。つまり，経済学では，所得の増加率ほどには需要の増加率が増えないとき，これを必需品と定義している。食料は，この必需品にあたる。食料は，生活に欠かせないため，一定の需要はあるものの，所得が増加しても需要

コラム 1　エンゲル係数とデータ

日本のエンゲル係数を確認してみよう。以下に 2 つの図を示している。

図 1.1 は，2020 年における収入階層別のエンゲル係数（二人以上世帯）である。横軸は，年間収入十分位階層をとっている。左から右にかけて年間収入が高くなり，これと対照的にエンゲル係数は低くなっている。このエンゲル係数は，一時点（2020 年）における年間収入の水準が異なる世帯間を比較したものである。このようなデータは，クロスセクション（横断面）データとよばれる。

図 1.2 は，1946 年から 2005 年にかけてのエンゲル係数（二人以上世帯）の推移である。戦後復興・高度経済成長の過程を通じてエンゲル係数が低下している。このエンゲル係数は，一国（日本）における時点間を比較したものである。こうしたデータは，時系列（タイムシリーズ）データとよばれる。

さらに，データには，これらクロスセクションデータや時系列データを合わせたパネルデータとよばれるものがある。同一の個人や地域などを複数期間にわたって観察したデータである。たとえば，読者のあなたのクラスメイトを対象に，20 歳，25 歳，30 歳…のときのエンゲル係数のデータをとったら，それはパネルデータとなる。

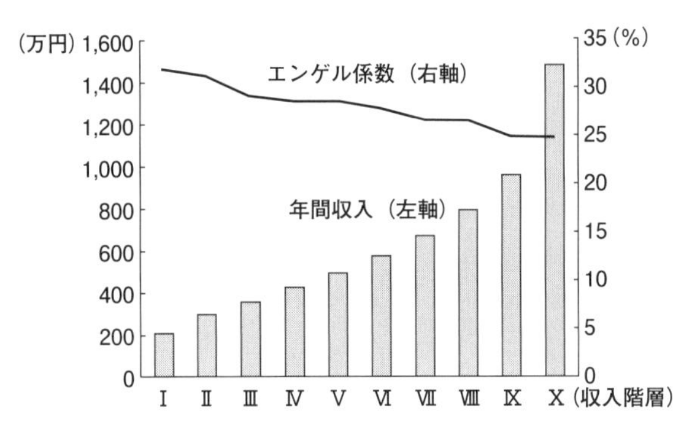

図 1.1　収入階層別エンゲル係数（2020 年，二人以上世帯）

出典：総務省「2020 年家計調査」より作成

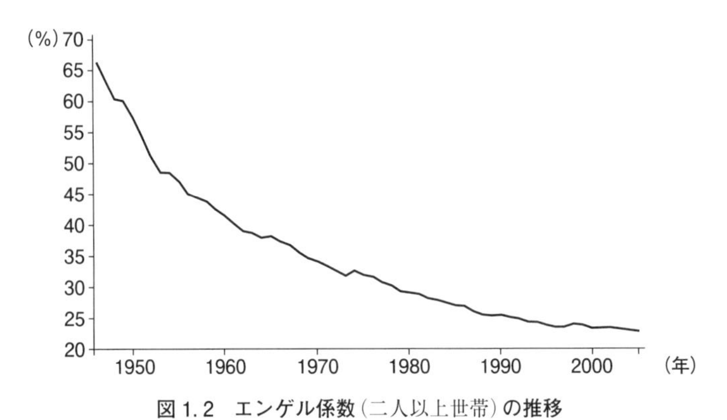

図 1.2　エンゲル係数（二人以上世帯）**の推移**

出典：阿向泰二郎「統計 Today No. 129」(https://www.stat.go.jp/info/today/129.html)　原資料は，総務省「家計調査」

原注：1962 年以前は人口 5 万以上の市の平均，1963 年以降は全国平均。1999 年以前は農林漁家世帯を除く結果，2000 年以降は農林漁家世帯を含む結果。

の増加に限りがある。食料のなかには，需要の所得弾力性が1を超える品目*もあるだろう。しかし，食料全体でみれば，食料は需要の所得弾力性が1を下回る必需品であるといえる。

＊　これを奢侈品（しゃしひん）という。

実は，食料が経済学上の必需品であるということは，エンゲルの法則が成立することと同じことを意味する。所得水準が上昇するにつれて，家計の食料支出の割合が低下するというエンゲルの法則は，所得の増加率ほどには食料の需要の増加率は増えないという経済学上の必需品の定義と同じ意味だからである。

さて，先ほど，戦後の日本のエンゲル係数が60%台から今日では20%台にまで低下したと述べた。また，このことは，エンゲルの法則として，食料が経済学上の必需品であること，つまり食料の需要の所得弾力性が1を下回ることに起因するものであると述べた。これは言い換えれば，所得水準が上昇するにつれて，家計の消費支出は，食料以外の品目にその多くを充てるようになってきたといえる。しかし，このことは戦後の日本の食生活がほとんど変化しなかったことを意味するわけではない。むしろ，食生活の姿は大きく変化した。たしかに家計の消費支出に占める食料消費支出の割合は低下した。しかし，経済成長によって実質所得が大幅に増加するなかで，食料消費に充てる絶対的な支出額も大きく増加したのである。次に高度経済成長以降の食料消費の変化をみることにしよう。

1.1.2　食料消費の変化

表1.1は，1人当たりの年間食料供給量について，高度経済成長が始まる1955年度を起点に10年ごとに示したものである。表の右端の欄は，1955年度

表1.1　食料消費量の推移　（単位：kg）

年度	1955	1965	1975	1985	1995	2005	2015	2015年度/1955年度
コメ	110.7	111.7	88.0	74.6	67.8	61.4	54.6	0.49
小麦	25.1	29.0	31.5	31.7	32.8	31.7	33.0	1.31
いも類	43.6	21.3	16.0	18.6	20.7	19.7	18.9	0.43
でんぷん	4.6	8.3	7.5	14.1	15.6	17.5	16.0	3.48
豆類	9.4	9.5	9.4	9.0	8.8	9.3	8.5	0.90
野菜	82.3	108.2	109.4	110.8	105.8	96.3	90.8	1.10
果実	12.3	28.5	42.5	38.2	42.2	43.1	35.5	2.89
肉類	3.2	9.2	17.9	22.9	28.5	28.5	30.7	9.59
鶏卵	3.7	11.3	13.7	14.5	17.2	16.6	16.7	4.51
牛乳・乳製品	12.1	37.5	53.6	70.6	91.2	91.8	91.1	7.53
魚介類	26.3	28.1	34.9	35.3	39.3	34.6	25.8	0.98
砂糖類	12.3	18.7	25.1	22.0	21.2	19.9	18.5	1.50
油脂類	2.7	6.3	10.9	14.0	14.6	14.6	14.2	5.26

出典：生源寺（2018）96頁。原資料は，農林水産省「食料需給表」
注：数値は国民1人・1年当たり供給純食料の値

から2015年度にかけて食料供給量がどれだけ増減したかの倍率を示している。食生活がいかに大きく変化したかが分かるであろう。

食料供給量が増えた品目としては，肉類がもっとも大きく，1955年度の3.2 kgから2015年度には30.7 kgへと9.6倍となっている。また，牛乳・乳製品は7.5倍，鶏卵4.5倍，果実2.9倍，油脂類5.3倍となっている。

反対に食料供給量が減った品目としては，コメが0.5倍，いも類が0.4倍となっている。ただし，コメは，1950年代ではまだ消費量は増えていたが，1962年度の118 kgをピークに減少し始め，今日ではそのピークの半分以下となっている。

このように，日本の食生活は，コメを中心とする食生活から，さまざまな品目を取り入れた豊かな食生活になった。他方で，動物性たんぱく質や油脂類を多く摂取するようになった一方，コメやいも類の炭水化物の摂取量は大きく減少することになった。1955年度と2017年度の穀類と肉類（1人・1日当たり）の比較として，①熱量，②たんぱく質，③脂質をみると，1955年度では，穀類は，① 1,406.7 kcal，② 31.9 g，③ 4.5 g，肉類は，① 12.7 kcal，② 1.9 g，③ 0.5 gであった。これに対して，2017年度になると，穀類は，① 879.4 kcal，② 19.0 g，③ 3.1 g，肉類は，① 189.8 kcal，② 16.6 g，③ 12.6 gとなっている。

このように食生活は大きく変化してきたが，そうした変化は1990年代までで落ち着いていることも見逃してはならない。表1.1を確認してみよう。経済成長とともに食料供給量が急増した動物性たんぱく質や油脂類のほとんどは，2000年代では増加しておらず，ピークに達しつつある。品目によって多少の傾向の違いはあるものの，鶏卵や牛乳・乳製品，油脂類のようにほぼ横ばいのもの，また野菜や魚介類のように減少しているものもある。

1.2　食料生産

1.2.1　ペティ＝クラークの法則

前節では，食料消費について産業構造の需要面からその傾向を捉えた経験則として，エンゲルの法則を学んだ。本節では，食料生産について産業構造の**供給**面からその傾向を捉えた経験則として，**ペティ＝クラークの法則**を紹介しよう。

国の所得水準が上昇するにつれて，その国の就業者全体に占める**農業就業人口**の割合は低下し，第2次産業や第3次産業の就業人口が増加する。あるいは，特定の時点における所得水準の異なる国の間においても，所得水準と農業就業人口の割合に同様の関係がある。こうした経験則をペティ＝クラークの法則とよぶ。

ペティ＝クラークの法則は日本においても妥当する。戦前期でも農業就業人口の割合は相対的に縮小していたが，とりわけ戦後になると農業就業人口の割合は急速に低下していく。1950年では45.4%であった農業就業人口は，1960年に30.1%，1980年に9.8%，2000年には4.5%にまで低下している。

前節でみたようにエンゲル係数は所得水準が上昇するにつれて低下していったが，ペティ＝クラークの法則に沿って農業就業人口の割合も低下していった。長期的・大局的にいえば，エンゲルの法則に従って食料消費のウェイトが低下していくことに照応して，ペティ＝クラークの法則に沿って就業人口の構成が変化していったのである。ただし，エンゲルの法則とペティ＝クラークの法則の間にはズレがあることにも注意しておきたい。現代日本のエンゲル係数は20%台であるのに対して，農業就業人口の割合は3%程度である。なお，1960年のエンゲル係数は40%台前半，農業就業人口の割合は30%であった。ズレが大きくなっているといえる。言い換えれば，食料のもつ消費レベルのウェイトと生産レベルのウェイトのギャップが広がっている。このギャップを説明するが，**食品産業**（食品製造業，食品流通業，外食産業）の展開である。食品産業の就業人口割合は2019年度で12.6%と1割超の水準であり，農業就業人口を大きく上回っている。食料を生産から消費までの**フードシステム**でとらえると，就業人口の構成はここでも第1次産業から第2次・第3次産業へとシフトしているが，フードシステム全体としては日本の就業人口の1割超と高い水準にあるといえる。食品産業の動向は後の章でふれるとして，次に食料生産の変化をみることにしよう。

1.2.2　食料生産の変化

表1.2は，農産物の生産量について，1960－1964年を100とした指数で示したものである。農産物の生産量は天候に左右されるため，5年ごとの平均値で示している。なお，農業生産指数が公表されたのは2005年までであるため，表もそれまでをトレースしている。

農業生産指数の「総合」は，1980年代後半まで上昇している。品目別にみ

表1.2　農業生産の推移（1960－1964年＝100）

期間（年）	総合	コメ	麦類	豆類	いも類	野菜	果実	畜産物
1960－64	100	100	100	100	100	100	100	100
1965－69	117	107	78	73	82	123	142	151
1970－74	120	94	27	64	60	135	184	205
1975－79	129	99	25	49	59	141	206	241
1980－84	129	84	44	49	63	145	199	280
1985－89	134	87	55	57	70	147	194	307
1990－94	128	81	38	40	63	137	172	313
1995－99	122	79	28	38	58	129	161	297
2000－04	115	70	40	46	53	121	150	286

出典：生源寺（2013）90頁。原資料は，農林水産省「農林水産業生産指数」
注：数値は各期間における指数の平均値

ると，コメからいも類までの4品目は減少している。これと対照的に，野菜，果実，畜産物の3品目は増加しており，これら3品目の増加によって農業生産が全体として伸びる結果となっている。

経済成長に適合するように農業の方向性を定めた農業基本法(1961年)の策定過程において，およそ10年後の農産物生産として，需要の増加に見合って，畜産3倍，果樹2倍といった見通しがもたれた。達成時期は異なるものの，畜産も果樹もこれを実現している。野菜についても施設園芸の貢献などで1.5倍近くまで増加している。他方，コメからいも類までの土地利用型農業のうち，とくに農業政策の面で問題を引き起こしたのがコメであった。コメの1人当たりの消費量は1962年度をピークに減少傾向となる。また1970年度から本格的な減反政策が開始される。これは，コメを生産してはいけない面積を配分するとともに，休耕やコメ以外の作物に転換をした場合に助成を行うことで，コメの生産削減を図ろうとしたものである。これらを反映してコメの生産は縮小していく。麦類や豆類の生産指数が上下しているが，これは減反政策の助成金をめぐる政策変更によるところが大きい。

1980年代後半まで上昇していた農業生産指数の「総合」は，1990年代以降は低下することになる。これは，それまで増加していた野菜，果実，畜産物の生産が縮小に転じたことが大きく影響している。ただし，生産が縮小している背景は，品目によって異なる。たとえば，野菜の生産縮小の背景には，1人当たりの消費量の減少がある(表1.1)。あるいは豚肉などは輸入品に押されている面がある。

以上，前節では食料消費の動向，本節では食料生産の動向をみてきた。こうした消費の動向と生産の動向は必ずしも一致するわけではない。むしろ一致することが稀である。消費が生産を上回れば輸入が行われるし，逆の場合は輸出が行われることになる。日本の場合は，食料を全体としてみれば，前者のケースとなる。それでは日本の食料消費はどれだけ国内生産によって賄われているのであろうか。それを示す指標が，食料自給率である。次節では，この食料自給率がどのように計算されるのかを説明したうえで，食料自給率から見えてくるものを考えてみたい。

1.3 食料自給率

1.3.1 食料自給率とは何か

食料自給率とは，食料供給に対する国内生産の割合を示す指標である。単純に重量で計算する**品目別自給率**と，食料全体を共通の物差しで計算する**総合食料自給率**の2種類がある。このうち，後者の総合食料自給率は，共通の物差しとして，熱量で換算する**供給熱量(カロリー)ベース**と，金額で換算する**生産額ベース**がある。

まず品目別自給率は，国内生産量／国内消費仕向量によって算定される。ここで分母の国内消費仕向量は，国内生産量＋輸入量－輸出量－在庫の増加量とされる。品目ごとにこの算定式によって自給率が算出される。たとえば，小麦の自給率（2019年度）は，小麦の国内生産量（103.7万トン）／小麦の国内消費仕向量（632.3万トン）＝16％となる。同様に，コメは97％，いも類73％，豆類7％，野菜79％，果実38％，肉類52％である。

次に総合食料自給率は，供給熱量（カロリー）ベースと生産額ベースの2とおりがある。以下では，カロリーベースの総合食料自給率を「カロリーベース自給率」，生産額ベースの総合食料自給率を「生産額ベース自給率」と省略してよぶことにする。

カロリーベース自給率は，基礎的な栄養価であるエネルギー（カロリー）に着目して，国民に供給される熱量（総供給熱量）のうち，どれだけ国内生産によって賄われているのかを示す指標である。たとえば，2019年度のカロリーベース自給率は，1人1日当たり国産供給熱量（918 kcal）／1人1日当たり供給熱量（2,426 kcal）＝38％と算出される。

生産額ベース自給率は，食料の経済的価値に着目して，国民に供給される食料の生産額（食料の国内消費仕向額）のうち，どれだけ国内生産によって賄われているのかを示す指標である。たとえば，2019年度の生産額ベース自給率は，食料の国内生産額（10.3兆円）／食料の国内消費仕向額（15.8兆円）＝66％と算出される。

ここで**穀物自給率**についてもふれておこう。この穀物自給率は，食料全体をカバーする総合自給率とは異なり，穀物だけを集計した自給率のことである。しかし，穀物は基礎的な食料であり，食料政策上も重要であることから，国際比較に穀物自給率が使われることがある。穀物自給率の算定式は，上記の品目別自給率の算定式と同様である。2019年度の穀物自給率は，28％である。

1.3.2　食料自給率から見えてくるもの

図1.3は，カロリーベース自給率，生産額ベース自給率，穀物自給率の推移を示している。いずれの自給率も1990年代頃まで低下しており，2000年代以降はほぼ横ばいで推移している。また，カロリーベース自給率と生産額ベース自給率の差が次第に大きくなっている。これら2つのことは何を意味しているのであろうか。以下では，これら2つのことを手掛かりにして，食料自給率から見えてくるものを考えてみたい。

(1)　食料自給率の推移

まず食料自給率の推移についてである。1990年代まで食料自給率は低下傾向で推移している。これは，1990年代まで食料を生産する農業が縮小の一途をたどってきたということであろうか。また2000年代以降はほぼ横ばいで推

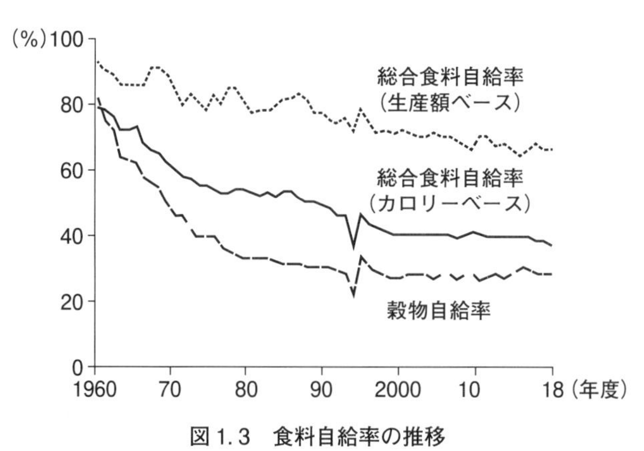

図 1.3　食料自給率の推移

出典：農林水産省「食料需給表」より作成

移している。これは農業の縮小に歯止めがかかったということであろうか。これらの理解はいずれも正しくない。

食料自給率の推移は，分母の動向と分子の動向で決まってくる。たとえば生産額ベース自給率であれば，分母の国内消費仕向額と分子の国内生産額といった両者の関係で決まる。仮に，分子の国内生産が拡大しても，分母の国内消費が分子を上回るテンポで拡大すれば，食料自給率は低下することになる。反対に，分子の国内生産が縮小しても，分母の国内消費が同様のテンポで縮小すれば，食料自給率は低下せずに横ばいとなる。このように食料自給率を分母と分子の関係でみると，1990 年代までの低下傾向については，いま述べた前者の関係がみられ，2000 年代以降の横ばいの推移については，後者の関係がみられる。

改めて表 1.1（食料消費量の推移）と表 1.2（農業生産の推移）を確認してみよう。1990 年代までの食料自給率の低下は，基本的に分母の国内消費の変化によって生じたものである。国内生産は，1980 年代後半まで全体として伸びていた。たとえば畜産物をみると，国内生産も大幅に増加したが，国内消費は，これを大幅に上回るテンポで増加した。この差が輸入につながったのである。

他方，消費が大幅に減少したコメやいも類は，今日でも比較的高い自給率を維持している。こうした自給率の高い品目は，消費が減少したため，食料全体の自給率向上への貢献も小さくなった。これも食料消費の変化による食料自給率低下の一側面である。

次に 2000 年代以降の食料自給率の横ばいについてである。価格変動によって揺れのある生産額ベース自給率を別として，カロリーベース自給率はほぼ 40％，穀物自給率は 20％台後半で推移している。ここでも，表 1.1 と表 1.2 から，食料自給率の分母と分子の関係を確認してみよう。分母の国内消費は，ほとんどの品目において，1990 年代まででピークを迎え，横ばいないし減少傾向にある。つまり，食料自給率の分母は縮小している。他方，分子の国内生産についても，すでに全体として減少傾向にある。つまり，食料自給率の分子も縮小している。このように，分母の国内消費と分子の国内生産がともに縮小した結果，食料自給率は横ばいで推移しているのである。

以上が食料自給率の推移から見えてきたことである。繰り返しになるが，食料自給率が低下したからといって，農業生産が縮小の一途をたどったというわけではない。また食料自給率が横ばいだからといって，農業生産の縮小に歯止めがかかったというわけでもない。食料自給率は，国内消費と国内生産の関係で決まるため，これら両者の動向を把握することが正しい理解のための鍵となる。

(2)　食料自給率の差

それでは続いて，カロリーベース自給率と生産額ベース自給率の差が次第に大きくなっている原因についてみてみよう。両者の乖離は，いわば，日本の農業生産の強みとなった部分と後退していった部分とが反映したものである。

日本農業の強みとなった部分とは，野菜に代表されるように，カロリー当たりの経済的価値の高い品目が，農業生産全体の中で増加していることである。野菜は，カロリーが少ないため，カロリーベース自給率への貢献度は低い。しかし，カロリーに対する経済的価値が相対的に高いことから，生産額ベース自給率は相対的に高くなる。野菜の自給率はほぼ8割と高い水準にある。このため，野菜の食料自給率への寄与度（2017年度）は，カロリーベースでは6%であるのに対して，生産額ベースでは23%となる。

また，日本農業の強みとなった部分に関連して，畜産物や果樹にみられるように，同じ品目であっても輸入品より国産品への品質評価が高い場合は，生産額ベース自給率を引き上げることになる。たとえば同じ量の和牛と外国産牛肉，あるいは国産サクランボで評価の高い佐藤錦と外国産チェリーは，カロリーはほぼ同じであるが，経済的価値はたいてい前者のほうが高い。このため，国産品への高い品質評価が，カロリーベース自給率よりも生産額ベース自給率を引き上げることになるのである。

他方，日本農業の後退していった部分は，畜産の飼料に関係する。カロリーベース自給率の場合，仮にある畜産物が100%国産であっても，使用した飼料の自給率が10%であるとき，その畜産物の90%は輸入品としてカウントされる約束事となっている。生産額ベース自給率の場合は，国産の畜産物は一部を除いて基本的に国産として扱われる。**飼料自給率**は，1965年度の55%から，1975年度に34%，1985年度に27%へと低下し，これ以降は20%台で推移している。日本の畜産は飼料を輸入に大きく依存するようになったため，カロリーベース自給率と生産額ベース自給率に乖離が生じていったのである。

このように畜産物のカロリーベース自給率は，畜産の飼料の扱いによって低く算出されることになる。これを背景に，2020年の食料・農業・農村基本計画*

＊　食料・農業・農村基本計画とは，食料・農業・農村基本法（1999年制定）に基づき，食料・農業・農村に関して，政府が中長期的に取り組むべき方針を定めたものである。概ね5年ごとに変更される。

において**食料国産率**という指標が位置づけられた。総合食料自給率が飼料自給率を反映しているのに対し，この食料国産率は，飼料が国産か輸入かにかかわらず，畜産物自体の国産率によって食料自給率を評価する指標である。たとえば，2019年度の牛肉のカロリーベース自給率は11％であるのに対して，新しい指標であるカロリーベース食料国産率は42％となる。食料自給率と食料国

コラム 2 都道府県の食料自給率

都道府県の食料自給率はどうなっているであろうか。表1.3は，2017年度の都道府県別の食料自給率について，生産額ベース自給率とカロリーベース自給率，また前者を後者で割った比率を示している。都道府県の間での食料自給率の高さの違いも興味深いが，都道府県ごとでの生産額ベースとカロリーベースの差も興味深いだろう。生産額ベースとカロリーベースに差ができる原因は，1.3節で述べたように3つある。第1に国産野菜に代表されるカロリー当たりの経済的価値が高い品目のウェイトの増加。第2に畜産物や果樹のように輸入品より国産品への高い品質評価。第3に自給率算定上の畜産飼料の扱いの違いである。こうした観点から，都道府県ごとの生産額ベースとカロリーベースの自給率の差をみると，その都道府県の農業の特徴がよくあらわれてくる。

表1.3 都道府県別の食料自給率（2017年度）

	生産額ベース（％）(1)	カロリーベース（％）(2)	(1)／(2)
北海道	204	206	1.0
青森	236	117	2.0
岩手	194	101	1.9
宮城	91	70	1.3
秋田	141	188	0.8
山形	173	137	1.3
福島	88	75	1.2
茨城	136	72	1.9
栃木	106	68	1.6
群馬	100	33	3.1
埼玉	20	10	1.9
千葉	68	26	2.6
東京	3	1	5.8
神奈川	13	2	6.3
新潟	104	103	1.0
富山	60	76	0.8
石川	50	47	1.1
福井	57	66	0.9
山梨	83	19	4.3
長野	125	54	2.3
岐阜	44	25	1.8
静岡	57	16	3.5
愛知	34	12	2.9
三重	65	40	1.6
滋賀	37	49	0.8
京都	20	12	1.6
大阪	5	1	3.4
兵庫	38	16	2.4
奈良	23	14	1.6
和歌山	116	28	4.2
鳥取	131	63	2.1
島根	101	67	1.5
岡山	63	37	1.7
広島	39	23	1.7
山口	45	32	1.4
徳島	122	42	2.9
香川	93	34	2.8
愛媛	112	36	3.1
高知	169	47	3.6
福岡	39	20	1.9
佐賀	152	93	1.6
長崎	147	47	3.1
熊本	156	58	2.7
大分	113	47	2.4
宮崎	281	65	4.3
鹿児島	268	82	3.3
沖縄	57	33	1.7
全国	66	38	1.7

出典：農林水産省「都道府県別食料自給率」より作成
https://www.maff.go.jp/j/zyukyu/zikyu_ritu/attach/pdf/zikyu_10-9.pdf

産率の差（31％相当）は，輸入飼料を用いて生産された国産牛肉の分であることになる。

以上がカロリーベース自給率と生産額ベース自給率の差から見えてきたことである。施設園芸や購入飼料を使って畜産物を生産する加工型畜産は，日本農業の強みとなった部門であり，これが生産額ベース自給率を相対的に高位で推移させることとなった。これに対して，カロリーの高い品目を生産する部門は縮小傾向にあり，これに自給率算定上の畜産飼料の扱いも加わって，カロリーベース自給率は相対的に低位で推移することとなった。日本農業には，強みのある部門と，危険信号がともっている部門とがある。食料自給率からはそのような現実の日本農業の姿が見えてくるのである。

1.4　食料自給力と食料安全保障

前節では食料自給率から見えてくるものを述べてきた。しかし，食料自給率からは十分に見えてこないものもある。それは，日本国内の絶対的な**食料供給力**である。現在の日本の農業で，国民に必要な食料をどれだけ確保できるのかということである。これは**食料安全保障**につながる問題である。

食料自給率には，国民に必要な食料確保として，この水準を超えていれば問題ないという，ミニマムの水準（閾値）はない。食料自給率は，国内消費と国内生産の関係で決まるものだからである。世界の穀物自給率（2017年，農林水産省試算）をみると，栄養不足人口の多い国であるインドの穀物自給率は108％（172の国・地域中34番目），またバングラディシュの穀物自給率は91％（同52番目）である。これに対して，飽食の国といえる日本の穀物自給率は28％（同125番目）である。食料自給率は，分母にあたる国内消費のあり方に大きく左右されるのである。

これに対して，国内の食料供給力については，国民に必要な食料確保の観点から，ミニマムの水準（閾値）を設定することができる。こうした食料安全保障に関する議論を深めるために，2015年の食料・農業・農村基本計画において，農林水産省は**食料自給力**を指標化した。食料自給力指標とは，日本の農林水産業が有する潜在生産能力を活用することにより得られる食料の供給可能熱量を試算した指標である。具体的には，カロリー生産効率の高い作物に転換して，どれほどのカロリー供給力が上昇するのかを2つの生産パターンで試算している。2つの生産パターンとは，コメ・小麦を中心に熱量効率を最大化して作付けを行ったパターンと，いも類を中心に熱量効率を最大化して作付けを行ったパターンである。

図1.4は，その食料自給力指標（2019年度）を示したものである。推定エネルギー必要量である2,168 kcalに対して，現在の食生活（国内生産＋輸入）による供給熱量は2,426 kcalである。このうち国内生産に対応する国産熱量は

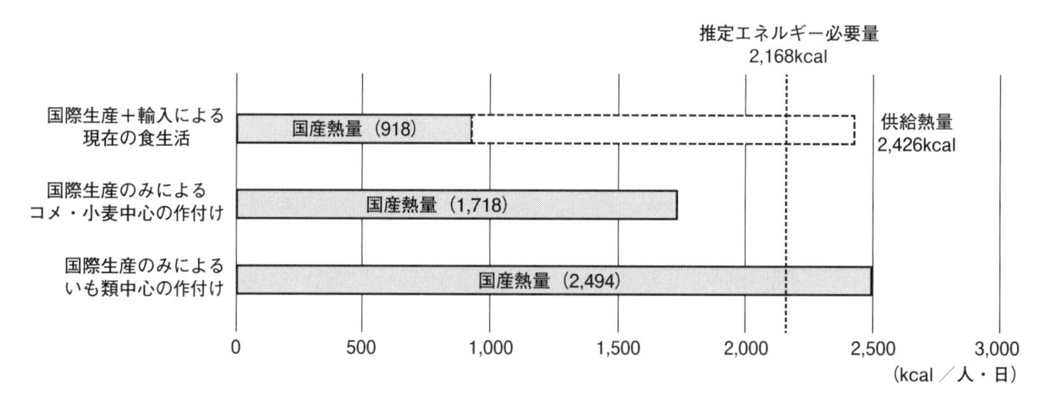

図 1.4　食料自給力指標（2019 年度）
出典：農林水産省「令和元年度食料自給力指標について」より作成
https://www.maff.go.jp/j/zyukyu/zikyu_ritu/attach/pdf/012_1-12.pdf
注 1：推定エネルギー必要量は，1 人・1 日当たりの「そのときの体重を保つ（増加も減少もしない）ために適当なエネルギー」の推定値
注 2：数値は，現在の農地で作付けする場合のもの

918 kcal であり，推定エネルギー必要量の 4 割強にとどまる。この国産熱量について，カロリー生産効率の高い作物に転換するとして，仮にコメ・小麦を中心の作付けを行った場合は，1, 718 kcal となる。しかし，この場合は推定エネルギー必要量に達しない。いも類中心の作付けを行った場合で，ようやく推定エネルギー必要量に達することになる。もちろんこれは食品ロスを発生させないという前提での話である。

このように現在の日本の食料供給力は，潜在的な供給力であっても，危険水域のレベルにあるといえる。先ほど食料自給率からは，国産食料の絶対的な供給力は十分に見えてこないと述べた。食料自給率が 4 割であっても，もし食料供給力が 3, 000 kcal であれば，食料安全保障の観点から憂慮すべき事態とまではいえない。食料安全保障の観点から憂慮されるのは，現在の食生活からコメ・小麦中心の食生活に転換しても食料供給力が 1, 700 kcal 程度であるところにある。しかも国内の農業生産は縮小傾向にある。その動向次第では，食料供給力はさらに低下する懸念もある。食料自給率の問題の核心部分はここにあるといってよい。目標とするべきは，食料自給率の向上よりも，食料自給力の向上なのである。

内閣府の「食料の供給に関する特別世論調査」（2014 年）によると，将来の日本の食料供給について不安があると回答したのは 83％であった。また，食料自給力の向上について必要であると回答したのは 96％であった。

安定した社会のためには，ミニマムの食料確保が不可欠である。食料は生命と健康を維持するために不可欠な絶対的必需品である。食料の安定供給の確保は，その重要性がますます高まっているといえる。農業にかかわる土地や労働力の動向に注意しながら，潜在的な食料供給力の水準をたえず確認し，これを向上させる施策に取り組むことは重要な政策課題である。ミニマムの食料供給が確保されていること，そうした食料安全保障は，社会のセーフティネットの役割をはたすものなのである。

コラム 3　所得階層別の食料消費

表1.1（食料消費量の推移）は，全国の平均値であるが，食生活では世帯の所得や構成によって差がある。食料安全保障の観点からは，所得格差，とりわけ低所得層の食料確保が重要である。

国立社会保障・人口問題研究所「生活と支え合いに関する調査」（2017年）によると，所得十分位のうち下位の第Ⅲ分位までの世帯の2割以上が，食料の困窮経験があると回答している。また世帯構成別にみると，ひとり親世帯（二世代）の4割弱が食料の困窮経験があると回答している。

とりわけ食料価格が上昇したとき，低所得層に深刻な影響を与えうる。実質的な購買力が低下するからである。表1.4は，現役世帯の所得階層別の食料消費関係指標について，1994年から2014年への20年間の変化を示したものである。2014年は円高の影響で食料価格が上昇した時期である。低所得層→中所得層→高所得層の順に，可処分所得は，▲19.0%→▲13.2%→▲14.7%と低所得層の減少率が大きく，消費支出全体は，▲12.3%→▲13.5%→▲18.0%と低所得層の減少率は抑制されている。他方，食料消費支出については，▲20.6%→▲17.6%→▲11.3%と，低所得層の減少率が大きい。貯蓄率をみると，低所得層では低下しており，高所得層では上昇している。つまり，低所得層では，可処分所得が減少するなか，貯蓄率を低下させながら，とりわけ食料消費支出を抑制しつつ食料以外の消費支出を賄っていることがうかがわれる。

所得階層でみた食料消費，とりわけ低所得層のフード・インセキュリティの問題は，すでにアクチュアルな問題となりつつある（フード・セキュリティの意味は4章を参照）。これはたんに，食料価格上昇時の対処療法的な対策だけではなく，所得再分配のあり方をめぐる政策課題につながる問題である。

こうした食料確保の問題に対しては，市民レベルでの取り組みも意義が増している。たとえばこども食堂の取り組みが挙げられるであろう。そうした取り組みによって社会が支え合い，多層なセーフティネットをはることが大切である。

表1.4　現役世帯の食料消費関係指標の変化（1994年→2014年）

	低所得層（Ⅰ）	中所得層（Ⅱ～Ⅳ）	高所得層（Ⅴ）
可処分所得（%）	▲19.0	▲13.2	▲14.7
消費支出（%）	▲12.3	▲13.5	▲18.0
うち食料消費（%）	▲20.6	▲17.6	▲11.3
貯蓄率（%ポイント）	▲7.2	0.2	2.1

出典：総務省「全国消費実態調査」の個票データより作成
注：数値は名目ベース。所得階層は，等価所得での五分位のうち，低所得層は第Ⅰ分位，中所得層は第Ⅱ分位～第Ⅳ分位，高所得層は第Ⅴ分位をとっている

演習問題1　コラム1の収入階層別エンゲル係数に関連して，「2020年家計調査」（総務省）を用いて，年間収入十分位階層別に，消費支出全体と食料消費支出のそれぞれの構成を確認してみよう。

演習問題2　コラム2の都道府県別の食料自給率から，読者自身の出身地の農業の特徴を考えてみよう。市町村別に農業の状況を知りたければ，「農林業センサス」（農林水産省）第1巻で調べるとよいだろう。

演習問題3　コラム3の所得階層別の食料消費に関連して，「平成30年国民健康・栄養調査報告」（厚生労働省）第90表～第94表を用いて，年間収入別の栄養素摂取量などを確認してみよう。

2章 食生活の変化と健康づくり

本章では，日本人における健康課題および栄養・食生活の課題を解説したうえで，国の健康づくりと食育の対策を紹介する。

2.1 日本人の健康課題

2.1.1 平均寿命と健康寿命

日本は世界の最長寿国の1つである。日本人の**平均寿命**（0歳児の平均余命）は年々延びており，今後も延びると予測されている。具体的には，2019年における男性の平均寿命は81.41年，女性の平均寿命は87.45年であり，2000年以降の約20年間に男女とも2年以上延びている（厚生労働省 2020a）。さらに今後20年間でも2年ほど延び，2040年には男性の平均寿命は83.27年，女性の平均寿命は89.63年になると推計されている（厚生労働省 2020a, 図2.1）。

現在，国は単なる長寿ではなく，**健康寿命**を延ばすことを目指している（厚生労働省 2012）。健康寿命とは，健康上の問題で日常生活が制限されることなく生活できる期間のことをいう。平均寿命と健康寿命の差は，男性は9年弱，女性は約12年である。また，平均寿命と健康寿命の差は，少しずつ小さくなってきている（内閣府 2020）（表2.1）。それでも日常生活に制限のある不健康な期間が男女とも10年程あるということである。平均寿命と健康寿命の差を

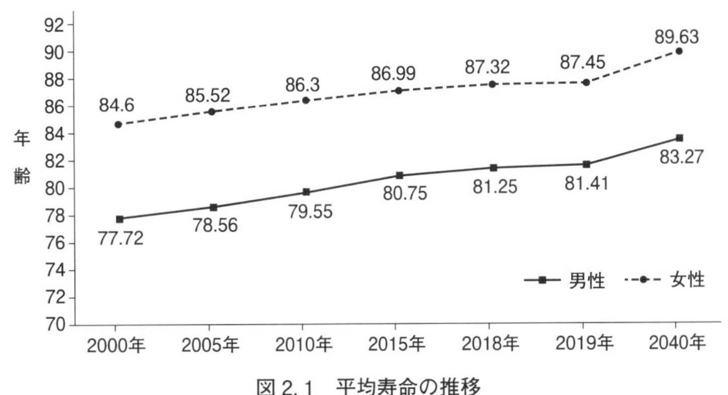

図2.1 平均寿命の推移
出典：厚生労働省（2020a）

表 2.1　平均寿命と健康寿命の差　（単位：年）

		2010 年	2013 年	2016 年
男性	平均寿命	79.55	80.21	80.98
	健康寿命	70.42	71.19	72.14
	平均寿命と健康寿命の差	9.13	9.02	8.84
女性	平均寿命	86.30	86.61	87.14
	健康寿命	73.62	74.21	74.79
	平均寿命と健康寿命の差	12.68	12.40	12.35

出典：国立健康・栄養研究所．健康日本 21（第二次）分析評価事業　現状値の年次推移
https://www.nibiohn.go.jp/eiken/kenkounippon21/kenkounippon21/dete_detail.html#detail_01_01_01

小さくする，すなわち健康寿命の延伸が日本における重要な健康課題である。平均寿命および健康寿命を延ばす上で，まず日本人がどのような病気で死亡したり，介護が必要になっているかを把握する必要がある。

2.1.2　介護要因および死因

日本人の死亡および介護の主な原因は，がんや脳血管疾患などの生活習慣病である。

令和 2 年版高齢者白書によると，介護になった主な原因は，認知症が 18.7%，次いで，脳血管疾患（脳卒中）15.1%，高齢による衰弱 13.8% と報告されている（内閣府 2020）。また 2019 年における死因の構成割合は，第 1 位は悪性新生物〈腫瘍〉（以下，がん）が 27.3% と最も高く，次いで，心疾患（高血圧性を除く）15.0%，老衰 8.8%，脳血管疾患 7.7% である（厚生労働省 2019a，図 2.2）。がん，心疾患，脳血管疾患は不健全な生活習慣の積み重ねが一因となって引き起こされるものであり，**生活習慣病**といわれる。したがって，日本人の死亡の約 50% は，生活習慣病が関連しているといえる。

心疾患や脳血管疾患を起こすリスクが複数重なった状態のことを**メタボリックシンドローム**（**内臓脂肪症候群**）という（厚生労働省 2019b）。メタボリック

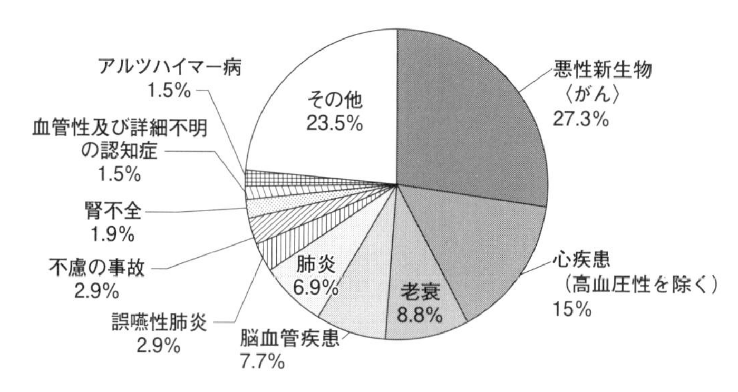

図 2.2　主な死因構成割合
出典：厚生労働省（2019a）

シンドロームとは，内臓脂肪の蓄積に加え，高血圧，高血糖，脂質代謝異常が組み合わさった状態のことである（厚生労働省 2019b）。したがって，生活習慣病を予防するには，その前段階のメタボリックシンドローム，さらにはその根底の課題となる肥満，高血圧，高血糖，脂質代謝異常を予防する必要がある。

2.1.3　体　格

生活習慣病を予防し，健康を保つためには，適正体重の維持が必要である。適正体重は，成人では Body Mass Index: BMI（kg/m^2）で 18.5 以上，25.0 未満が該当する。

現在，男性は 3 人に 1 人，女性は 5 人に 1 人が肥満である。厚生労働省が毎年実施する国民健康・栄養調査によると，2019 年の 20 歳代から 60 歳代の男性肥満者割合は 35.1％であり，年々増加傾向にあるが，女性の肥満者割合は 20.7％であり，ほぼ横ばいである（厚生労働省 2020b，図 2.3）。

一方，高齢者と若い女性では，やせが課題となっている。65 歳以上の高齢者では，BMI 20（kg/m^2）以下の低栄養傾向の者が，男性でおよそ 10％，女性でおよそ 20％みられる（図 2.4）。高齢者のやせ・低栄養は，要介護および死

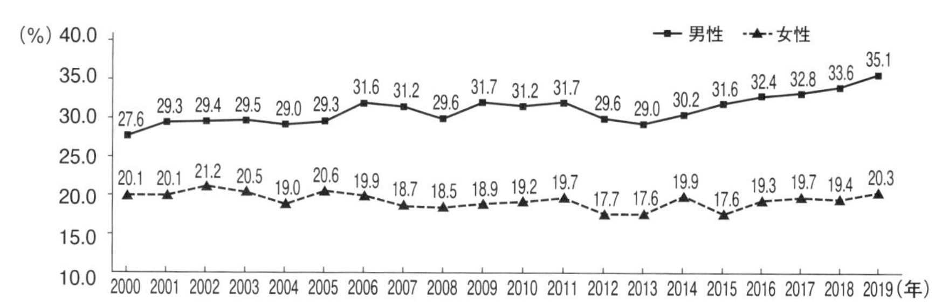

図 2.3　20 歳代から 60 歳代の肥満者の割合

出典：国民健康・栄養調査の経年結果データをもとに作成

注：2012 年，2016 年の割合は抽出率等を考慮した全国補正値であり，単なる人数比とは異なる
BMI の異常値は除外。女性では妊婦を除外
20 歳以上における年齢調整値を平成 22 年国勢調査による基準人口（20〜29 歳，30〜39 歳，40〜49 歳，50〜59 歳，60〜69 歳，70 歳以上の 6 区分）を用いて算出

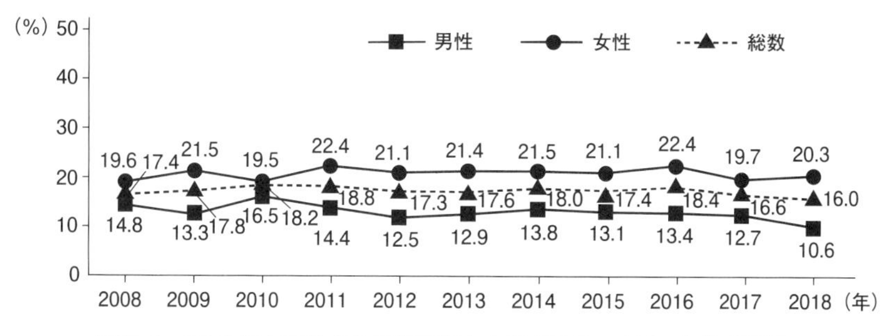

図 2.4　65 歳以上高齢者の低栄養傾向の者（BMI ≦ 20 kg/m^2）の割合

出典：厚生労働省，平成 30 年国民健康・栄養調査結果より

亡のリスク要因であり，これを予防することが健康寿命の延伸において重要とされる。また，若い女性，とくに20歳代女性のやせは約20%を占める。妊娠前の母親のやせは，低出生体重児のリスク要因の1つであり，欧米にはみられない，日本独自の健康課題である。次世代の健康づくりのためにも，解決すべき喫緊の課題である。

2.2　日本の栄養・食生活の課題

栄養とは，人間が食物として外界から必要な物質(栄養素)を取り入れ，代謝して生命活動を続ける営みをいう。人間が生命を維持し,発育･発達を促し,健康に生きるためには，適切な栄養が必要である。

人間は，食物として外界から必要な物質(栄養素)を取り入れるが，栄養素として食べるわけではない。食品を組み合わせ，調理して料理を作り，料理を組み合わせて食事として食べるのである。この作って食べる行為の繰り返しが食生活であり，毎日の暮らしの中で積み重ねて食習慣となる。表2.2に，栄養素，食品，料理・食事，食生活・食習慣のつながりと，それぞれについての国の指針等を示した。次の節からそれぞれについて，現状と課題を解説する。

2.2.1　栄養素摂取の課題

エネルギー摂取量に占めるエネルギー産生栄養素，すなわち，たんぱく質(Protein)，脂質(Fat)，炭水化物(Carbohydrate)からのエネルギー割合をPFC比という。2000年以降，日本人のエネルギー摂取量は徐々に減少しているが，

コラム1　若い女性はやせにも注意

若い女性のやせは，次世代の子どもの生活習慣病のリスクを高める。

20歳代の女性のやせの割合は若干減少傾向にあるものの,国民健康･栄養調査の結果によると約20%，5人に1人がやせである(厚生労働省 2020b)。

日本は，世界の中で低出生体重児(2,500g未満)，つまり小さく生まれる子どもの割合が高い(山本 2019)。母親が妊娠前にやせ(BMI 18.5 kg/m^{2}未満)であると，低出生体重児のリスクが高いことが報告されている(山本 2019)。日本において低出生体重児が多い背景の1つに若い女性のやせ，および妊娠後の妊婦の体重増加不良が考えられている。低出生体重児が問題となるのは，成人後に肥満，2型糖尿病，循環器疾患など生活習慣病の発症リスクが高くなる可能性があることによる(山本 2019)。また，生活習慣病の発症リスクに加え，胎児期の成育環境が神経学的な発達にも影響するとされる。これを，**生活習慣病胎児期発症説**(Developmental Origins of Health and Disease：**DOHaD説**)という。したがって，厚生労働省が定めている妊産婦に向けた栄養や食生活のあり方の指針は，「妊娠前から始める妊産婦のための食生活指針」として，妊娠前からの適正体重の維持とバランスのとれた食生活を送ることの重要性を強調している。

表 2.2　栄養素，食品・食材料，料理・食事，食生活・習慣の関係図

レベル	食　物			人　間
	栄養素	食　品	料理・食事	食生活・食習慣
内　容	エネルギー たんぱく質 脂質 炭水化物 （糖質，食物繊維） ビタミンミネラル	米，パン 肉，魚，卵，大豆・大豆製品 牛乳・乳製品 野菜 果物 油脂　など	主食 主菜 副菜 牛乳・乳製品 果物	食事を食べる 食事を準備する（作る） 食品や食情報を選択するなど
ガイドライン	日本人の食事摂取基準	食品群，食品構成 （3色食品群，6つの基礎食品）	食事バランスガイド	食生活指針

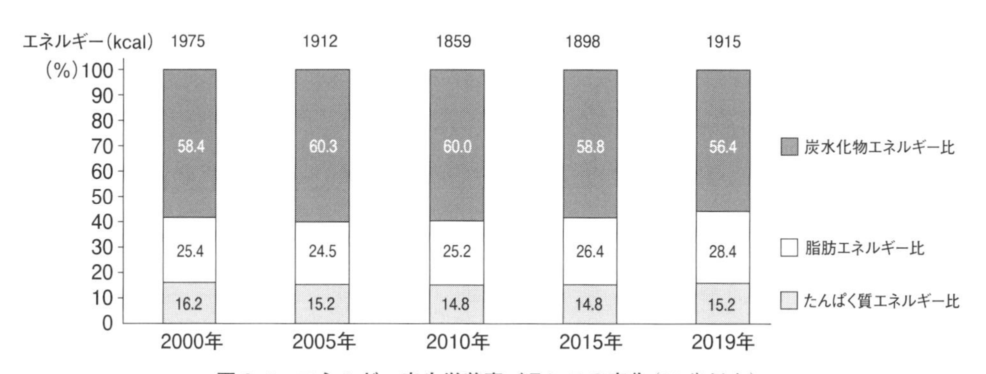

図 2.5　エネルギー産生栄養素バランスの変化（20歳以上）
出典：国民健康・栄養調査の経年結果データをもとに作成
注：個々人の計算値を平均したものである

PFC比は，炭水化物エネルギー比がやや減少傾向にあるものの，ほぼ一定である（図2.5）。日本の食事は，このPFC比のバランスが良いことから“健康的な食事”と評価されることも多い。

日本人の死亡に影響しているリスク要因で，最も大きいのは喫煙である。年間約13万人が自身の喫煙により，がん，循環器疾患，肺疾患などで死亡している。喫煙は新型コロナウイルス感染症の重症化のリスク要因でもある。喫煙に次ぐ第2位のリスク要因が高血圧で，高血圧が原因と推定される死亡数は年間約10万人にのぼる（Ikeda 2012）。高血圧のリスクの1つに食塩の過剰摂取がある。食塩摂取が多いほど血圧が高いことが確認されている（Intersalt Cooperative Research Group 1988）。日本人の食事摂取基準（2020年版）（厚生

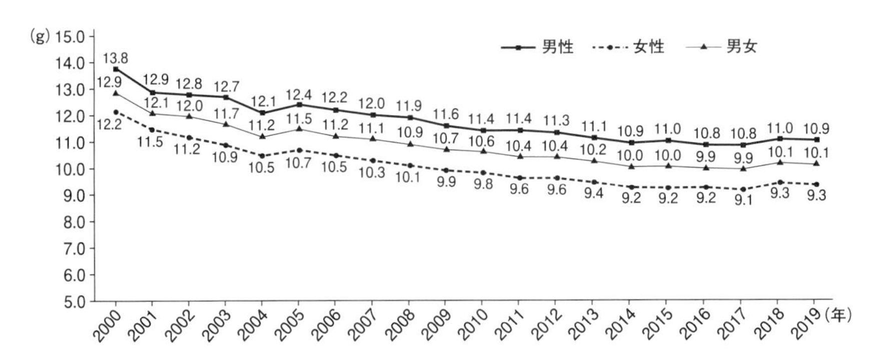

図 2.6　食塩摂取量の推移（20 歳以上）

出典：国民健康・栄養調査の経年結果データをもとに作成

注：2012 年，2016 年の平均値，標準偏差は抽出率等を考慮した全国補正値である

注：20 歳以上における年齢調整値を平成 22 年国勢調査による基準人口（20〜29 歳，30〜39 歳，40〜49 歳，50〜59 歳，60〜69 歳，70 歳以上の 6 区分）を用いて算出

労働省 2019c）では，1 日当たりの食塩の目標量を男性 7.5 g 未満，女性 6.5 g 未満としている。国民健康・栄養調査の結果では，年々減少傾向にあるものの，2019 年時点で，1 日当たり平均食塩摂取量は，男女平均 10.1 g，男性 10.9 g，女性 9.3 g であり（厚生労働省 2020b，図 2.6），目標量に比べ依然高い状況である。栄養素摂取における最も大きな課題は，食塩摂取量の過剰である。国際的には，世界保健機関（WHO）は，1 日 5 g 未満を目標と定めている。食塩摂取量を減らすこと（以下，減塩）による降圧効果が確認されている（Obarzanek 2003）。また，個人差があるものの，1 日 1 g 減らすと，血圧は約 1 mmHg 強下がると報告されている（Dickinson 2006）。

減塩でナトリウムを減らすと同時に，次節で述べる果物や野菜などからミネラルの 1 種であるカリウムの摂取を増やすことも必要とされる。カリウムは，ナトリウムの排泄を促し，高血圧の予防に役立つ。

2.2.2　食品摂取の課題

血圧を下げる効果が期待されるカリウムおよび食物繊維の摂取源である野菜，果物の摂取量に着目すると，これらの摂取量は日本人の目標量（厚生労働省 2012）に達しておらず，横ばいまたは減少傾向にある（図 2.7）。

後述する国の健康づくり施策である健康日本 21（第二次）では，栄養・食生活の目標に，野菜類を 1 日 350 g 以上食べること，果物類の摂取量が 100 g 未満の者の割合を減らすことが掲げられている（厚生労働省 2012）。野菜類の摂取では，2019 年における 20 歳以上の者の平均摂取量は男性約 290 g，女性約 270 g であり（厚生労働省 2020b），目標量の 350 g に達していない。さらに年齢別にみると，男女ともに 20〜40 歳代で少なく，60 歳以上でようやく平均摂取量が 300 g を超える。果物類の摂取では，2019 年における 20 歳以上の者の平均摂取量が男性 87.5 g，女性 111.2 g である（厚生労働省 2020b）。果物類の

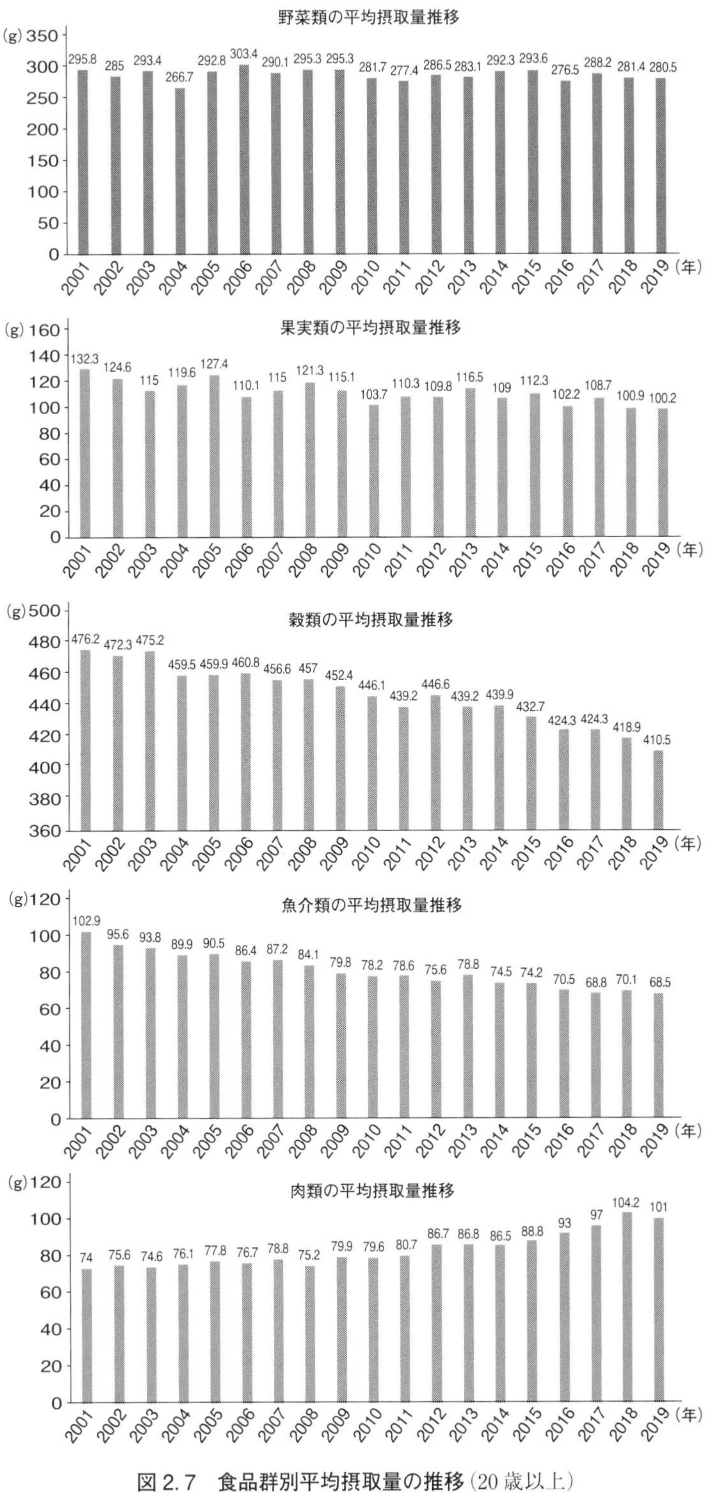

図 2.7　食品群別平均摂取量の推移(20 歳以上)

出典：国民健康・栄養調査の経年結果データをもとに作成

注：2012 年，2016 年の平均値，標準偏差は抽出率等を考慮した全国補正値である

注：20 歳以上における年齢調整値を平成 22 年国勢調査による基準人口(20〜29 歳，30〜39 歳，40〜49 歳，50〜59 歳，60〜69 歳，70 歳以上の 6 区分)を用いて算出

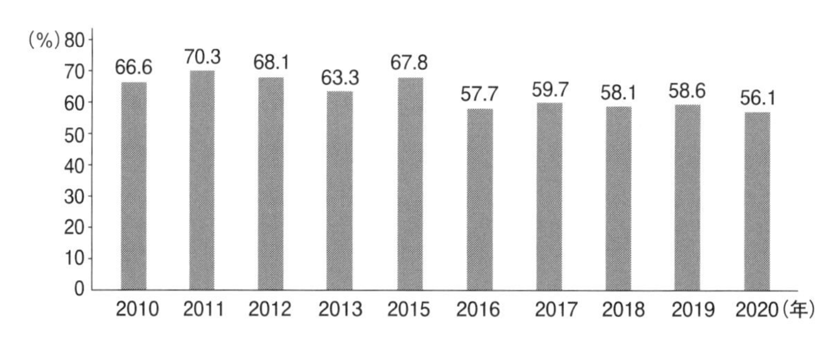

図 2.8　主食・主菜・副菜を組み合せた食事を 1 日 2 回以上，ほぼ毎日している者の割合の推移(成人)
出典：農林水産省(2019)をもとに作成

摂取量が 100 g 未満の者の割合は全体で 61.6%であり(国立健康・栄養研究所 2019)，60%以上の者が 100 g 以上食べていない。果物は，一部のがん，循環器疾患予防のために，1 日 200 g の摂取が推奨されている。

その他の食品においても，2001 年から 2019 年における国民健康・栄養調査(厚生労働省 2020b)の食品群別摂取状況(20 歳以上の男女)で推移をみると，穀類，魚介類の摂取量は減少傾向であるが，肉類は増加傾向にある(図 2.7)。魚介類の摂取は，多価不飽和脂肪酸という動脈硬化予防に寄与する脂肪の摂取や骨の健康に関連するビタミン D の摂取にもつながる。また，図には示していないが，牛乳・乳製品も足りておらず，1 日当たり牛乳で 200 ml 以上の摂取が望まれる。牛乳・乳製品は，カルシウムの供給源としてだけではなく，たんぱく質，カリウムなどの多くの栄養素の供給源としても重要である。

2.2.3　料理・食事

栄養素及び食品のバランスをとるために，1 食の中で，主食(飯，パン，麺など)，主菜(肉，魚，卵，大豆製品を主材料とする料理)，副菜(野菜，きのこ，いも，海藻を主材料とする料理)を組み合わせた食事が推奨される。しかし，

コラム 2　超加工食品の利用と食事の質および体格の関連

惣菜など中食の利用は世界的にも増加している。海外では，中食と，市販の菓子，市販の甘味飲料，複合調味料(例：○○の素など)をまとめて，超加工食品(ultra-processed foods　以下，UPF)と分類し，UPF の利用と食事の質と健康状態との関連を調べる研究が進められている(Monteiro 2018)。海外の研究では，UPF の利用が多いことは食事の質の低下と肥満や高血圧につながる可能性が示されている(Monteiro 2018)。筆者らも日本の地域住民を対象に，UPF の利用と食事の質，肥満との関連について調べた。その結果，日本でも，UPF の利用が多いことは食事の質の低下と肥満に関連していた(Koiwai 2019，小岩井 2021)。食の外部化が進展する中，日本においても UPF の過度な利用には注意が必要であることが示唆される。

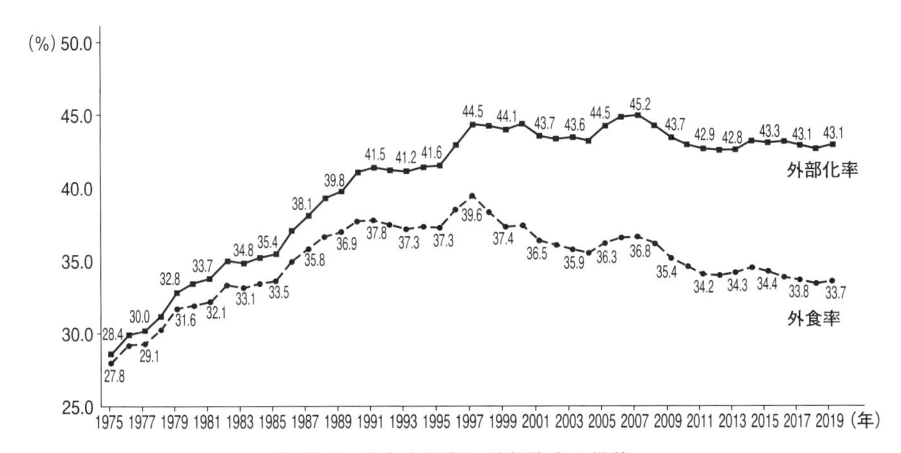

図 2.9　外食率と食の外部化率の推移
出典：公益財団法人食の安全・安心財団：外食率および食の外部化率の推移データをもとに作成

そうした食事をしている者の割合は減少している。

実際，主食・主菜・副菜を組み合わせた食事をしている人は，エネルギー，たんぱく質，ビタミン，ミネラルの摂取量が多く，日本人の食事摂取基準に合致している者の割合が高いことが示されている（黒谷 2018）。健康日本 21（第二次）（厚生労働省 2012）や第 4 次食育推進基本計画（農林水産省 2012）においても，具体的な目標として主食・主菜・副菜を組み合わせた食事を 1 日 2 回以上ほぼ毎日食べている国民の割合の増加が掲げられている。しかし，食育に関する意識調査（農林水産省 2019）によると，毎日 2 食以上主食・主菜・副菜を揃えた食事をしている者の割合は，2010 年が 66.6%，2019 年が 56.1% であり，むしろ 10 年間で減少傾向にあり，重要な課題となっている（図 2.8）。

2.2.4　食生活・食習慣

現在，食生活における食の外部化が進展している。**食の外部化**とは，共働き世帯や単身世帯の増加，高齢化の進行，生活スタイルの多様化により，家庭内で行われていた調理や食事を家庭外に依存する状況や，食品産業においても，食料消費形態の変化に対応した調理食品，惣菜，弁当といった中食の提供や市場開拓などが進展する動向のことである（農林水産省 2020）。図 2.9 に示す通り，外食率は減少している一方，食の外部化率は一貫して高い水準を維持している。2019 年の国民健康・栄養調査（厚生労働省 2020b）によると，外食を週 1 回以上利用している者の割合は男性 41.6%，女性 26.7%，持ち帰りの弁当・惣菜を週 1 回以上利用している者の割合は男性 47.2%，女性 44.3%，配食サービスを週 1 回以上利用している者の割合は男性 5.8%，女性 4.6% である。持ち帰りの弁当・惣菜を週 1 回以上利用している者の割合を年齢別にみてみると，20 代から 40 代は男女とも 50% を超える。つまり，2 人に 1 人は，週 1 回以上持ち帰りの弁当・惣菜を利用している。

平成 27 年国民健康・栄養調査では，外食または持ち帰り弁当・惣菜を週 2 回以上，定期的に利用している人は，上述した主食・主菜・副菜を組み合わせた食事を 1 日 2 回以上がほぼ毎日している者の割合が，少ないことが報告されている（厚生労働省 2020b）。この点からも外食や惣菜，加工食品の選択において，栄養成分表示を活用した賢い行動が望まれる。

2.3　日本における食の面からの対策

2.2 節で解説した通り，日本人の栄養・食生活の課題としては，食塩などの過剰摂取や野菜・果物の摂取不足，主食・主菜・副菜を組み合わせた食事ができていないことなどが挙げられる。これらの課題に対して，国の健康日本 21（第二次）（厚生労働省 2012）や第 4 次食育推進基本計画（農林水産省 2021）では，具体的な目標を挙げ，取り組みと施策を推進している。

表 2.3　健康日本 21（第二次）の栄養・食生活の目標項目等

項　目	策定時の現状	目　標
①適正体重を維持している者の増加（肥満（BMI25 以上），やせ（BMI18.5 未満）の減少）	20～60 歳代男性の肥満者の割合　31.2%	20～60 歳代男性の肥満者の割合　28%
	40～60 歳代女性の肥満者の割合　22.2%	40～60 歳代女性の肥満者の割合　19%
	20 歳代女性のやせの者の割合　29.0%	20 歳代女性のやせの者の割合　20%
②適切な量と質の食事をとる者の増加		
ア　主食・主菜・副菜を組み合わせた食事が 1 日 2 回以上の日がほぼ毎日の者の割合の増加	68.1%	80%
イ　食塩摂取量の減少	10.6 g	8 g
ウ　野菜と果物の摂取量の増加	野菜摂取量の平均値　282 g	野菜摂取量の平均　350 g
	果物摂取量 100 g 未満の者の割合　61.4%	果物摂取量 100g 未満の者の割合　30%
③共食の増加（食事を 1 人で食べる子どもの割合の減少）	朝食　小学生 15.3%	減少傾向へ
	中学生 33.7%	
	夕食　小学生 2.2%	
	中学生 6.0%	
④食品中の食塩や脂肪の低減に取り組む食品企業及び飲食店の登録数の増加	食品企業登録数　14 社	食品企業登録数　100 社
	飲食店登録数　17,284 店舗	飲食店登録数　30,000 店舗
⑤利用者に応じた食事の計画，調理及び栄養の評価，改善を実施している特定給食施設の割合の増加	（参考値）管理栄養士・栄養士を配置している施設の割合　70.5%	80%

出典：厚生労働省の健康日本 21（第 2）の栄養・食生活目標項目等より

2.3.1　健康日本 21（第二次）

健康日本 21 は 2000 年に開始された，21 世紀における国民健康づくり運動のことである（厚生労働省 2012）。健康増進法に基づき，国民の健康の増進の総合的な推進を図るための基本的な方針や国民の健康の増進の目標に関する事項が示されている（厚生労働省 2012）。2000 年度から 2012 年度までが健康日本 21（第一次），2013 年度から 2022 年度までが健康日本 21（第二次）として推進されている（厚生労働省 2012）。

健康日本 21（第二次）では，健康寿命の延伸及び健康格差の縮小を上位目標として，生活習慣病の発症予防と重症化予防の徹底，社会生活を営むために必要な機能の維持及び向上，健康を支え守るための社会環境の整備，栄養・食生活，身体活動・運動，休養，飲酒，喫煙及び歯・口腔の健康に関する生活習慣及び社会環境の改善を進める目標が設定され，取り組みが進められている。個人の生活習慣の改善のみに着目するのではなく，社会環境の整備に重点を置いている点に特徴がある。栄養・食生活分野の目標を表 2.3 に示す。個人の体格や食事の質と量の目標に加え，食品中の食塩や脂肪の低減に取り組む食品企業及び飲食店の登録数の増加など，食環境整備の目標が示されている。

2.3.2　第 4 次食育推進基本計画

食育とは，さまざまな経験を通して，栄養・食生活に関する正しい知識と望ましい食習慣を身に付け，健全な食生活を実践することができる人間を育てる取り組みである。2005 年に策定された食育基本法に基づき，これまで述べてきた健康課題および栄養・食生活の課題を解決することに加え，地球環境の持続可能性をも視野に入れた食料生産と消費など，より大きな視点で食をとらえた国の施策として 5 年ごとに基本計画が策定されている。現在は，第 4 次食育推進基本計画（2021 年度～2025 年度）が策定され，国，都道府県，市町村，農業や教育分野の関係機関・団体など，多様な関係者の連携による食育を推進している（農林水産省 2021）。

第 4 次**食育推進基本計画**では，① 生涯を通じた心身の健康を支える食育の推進，② 持続可能な食を支える食育の推進，③ 新たな日常やデジタル化に対応した食育の推進 を重点項目に挙げている。さらに，これらを持続可能な開発目標（SDGs）の観点から連携して総合的に推進することを基本的な方針としている（農林水産省 2021）。第 4 次食育推進基本計画の特徴は，SDGs の達成に向けた持続可能な食のあり方の重視，および新しい日常やデジタル化の視点が入った点である。

栄養・食生活は，直接・間接にすべての SDGs の目標とつながっている。今後，食品ロス削減や地産地消の推進など，環境への負荷低減につながる食育の推進がより一層重要とされている。国際的には，健康の視点からの食事のあり方だけでなく，地球環境への配慮，持続可能性を重視した食物摂取の検討と提言が加速している。図 2. 10 は，2019 年に国際的医学誌 Lancet に発表された「地球の健康と人間の健康の双方にとって望ましい食事の提案：EAT-Lancet 委員会報告」（The EAT-Lancet Commission on Food 2021）中に示された食品摂取の推奨である。2050 年には約 100 億人と推定される世界の人々に健康的な食事を提供し，かつ SDGs やパリ協定を達成するには，持続可能なフードシステムによる健康的な食事への転換が必要と提唱した。

また，新型コロナウイルス感染拡大により，人々の生活が大きく変化した。リモートワークやオンライン授業や会議などが日常的に行われるようになり，これまで食育として推進してきた食卓を囲んでコミュニケ―ションを取りながらの共食は難しくなった。今後は，デジタル化の対応に困難な集団，たとえば高齢者などにも配慮しながら，ICT などのデジタル技術を有効活用した効果的な取組みのあり方について，模索していかなければならない。

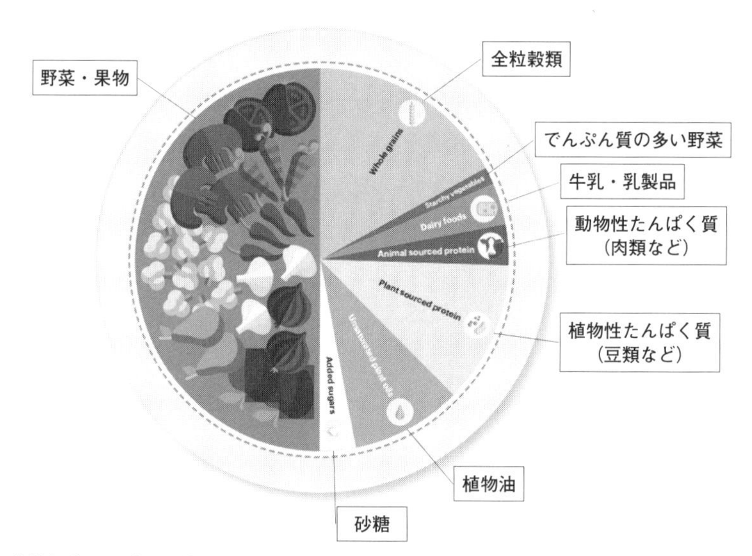

▶全粒穀物，野菜，果物，豆類などの植物性食品を増やし，赤身肉（牛肉，豚肉等）と砂糖を半減することを提言

▶図では，約半分を野菜・果物とし，肉類や乳製品など動物性食品は全体の 1 割程度で，残りは全粒穀物，植物性のたんぱく質源（豆類や種実類）と植物油にする

▶日本の食事は，ある部分，この提言に近い要素を有している

図 2. 10　地球の健康と人間の健康の双方にとって望ましい食事の提案

出典：The EAT-Lancet Commission on Food, Planet, Health（2021）「The EAT-Lancet report」
https://eatforum.org/content/uploads/2019/07/EAT-Lancet_Commission_Summary_Report.pdf
注：訳語は筆者らによる

コラム 3　**健康な食事・食環境認証制度：スマートミールとは**

2018年より，13学会等（日本栄養改善学会，日本給食経営管理学会，日本高血圧学会，日本糖尿病学会，日本肥満学会，日本公衆衛生学会，健康経営研究会，日本健康教育学会，日本腎臓学会，日本動脈硬化学会，日本補綴歯科学会，日本産業衛生学会，日本がん予防学会）が共同して，外食・中食（持ち帰り弁当）・事業所給食でスマートミールを提供している店舗や事業所を認証する制度を開始している。スマートミールとは，以下の表に示す基準に一致した健康づくりに役立つ，栄養バランスのとれた食事のことであり，1食の中で，主食・主菜・副菜が揃い，野菜がしっかりとれ，食塩のとり過ぎにも配慮している。2021年8月現在，536事業者（内訳：外食107，中食66，事業所給食363）が認証されている。認証を受けた事業者や施設では健康な食事･食環境を表すマークをメニューやPOPなどで表示し，スマートミールを提供している店舗であることを宣伝できる。人々がより健康的な食事や食情報を身近に入手することができる社会環境整備としての，食環境づくりの取り組み例である。

表2.4　スマートミール®の基準

スマートミールの基準		ちゃんと 栄養バランスを考えて「ちゃんと」食べたい女性や中高年男性の方向け	しっかり 栄養バランスを考えて「しっかり」食べたい男性や身体活動量の高い女性の方向け
エネルギー量		450～650 kcal 未満	650～850 kcal
主食	飯，パン，めん類	（飯の場合）150～180 g（目安）	（飯の場合）170～220 g（目安）
主菜	魚，肉，卵，大豆製品	60～120 g（目安）	90～150 g（目安）
副菜	野菜，きのこ，海藻，いも	140 g 以上	140 g 以上
食塩相当量		3.0 g 未満	3.5 g 未満

図2.11　スマートミールの認証マーク

出典：「健康な食事・食環境認証制度」（https://smartmeal.jp/smartmealkijun.html）より引用
注：スマートミール®は，日本栄養改善学会の登録商標

演習問題 1　日本の食事は，エネルギー量が低く，脂肪も少ないため，国際的には健康的と評価されることもあるが，一方で，課題も抱えている。日本の食事の課題について説明しなさい。

【解答例】　一番の課題は食塩摂取量が多いこと。日本人の平均摂取量は約 10 g であり，日本人の目標量（男性 7.5 g/day，女性 6.5 g/day），国際的な目標量（5.0 g/day）を大幅に超えている。加えて，野菜，果物の摂取量が少なく，栄養素ではカリウム，カルシウム，食物繊維が不足傾向にある。

演習問題 2　健康のためには肥満もやせでもなく，適正体重の維持が重要である。肥満によって引き起こされる健康課題には，内臓脂肪の蓄積により起こるメタボリックシンドロームなどがある。では，やせによって起こる確率の高い健康課題はどれか。2 つ選びなさい。

①骨粗しょう症
②高血圧
③糖尿病
④大腸がん
⑤低出生体重児の出産

【解答例】　①と⑤である。②～④は肥満がリスク要因である。

演習問題 3　国の第 4 次食育推進基本計画（令和 3～7 年）の 3 つの重点事項をあげなさい。3 つのうち，フードシステムと最も関連が深い項目において，なぜフードシステムと関連が深いのかを説明しなさい。

【解答例】　3 つの重点事項は，①生涯を通じた心身の健康を支える食育の推進，②持続可能な食を支える食育の推進，③新たな日常やデジタル化に対応した食育の推進である。

フードシステムと関連が深いのは，②である。食育の推進において，食品ロスの削減，地産地消の推進，環境への負荷低減を意識した食物選択と消費を推奨しており，フードシステムとの関連が深い。

3章 フードシステムの発達と食の安全

わが国では，過去数十年間において食生活が量的・質的に変化し，食料供給のあり方も変化してきた。全国に存在する食品小売店舗や外食店のチェーン店舗はこれらの変化を象徴する。上記の店舗に食品や食材を供給する食品卸売業や食品製造業も大きく変化してきた。これら産業の発達と並行して，農業や水産業といった一次生産段階においても変化が進んできた。そしてこれら産業とそこに含まれる事業者の繋がりこそが，量・質ともに豊富で，利便性を含む多様な選択肢をわれわれ消費者にもたらしたとも言える。このように食に関わる多様な産業の連なりがフードシステムである。

一方で，発達したフードシステムにおいては，取り組むべき課題も複雑化している。産業とその連鎖の存続というシステムの根幹に関わる目的に加え，事業活動にともなって生じる自然環境への影響，各産業での就業者の確保と育成，消費者を含む社会全体への影響を踏まえた取り組みが求められている。本章ではこれらの課題のうち，食品の安全確保を取り上げ，考え方と社会的な仕組みについて考える。

3.1 フードシステムの発達

農林水産業から，加工・処理，食品製造，調理，食事の提供，販売，そして，これらをつなぐ流通が高度に発達，連結した姿が今日の**フードシステム**である。図3.1は食料供給に関わる産業を，農林水産業から，加工・製造業，流通業，小売業，外食産業という流れに沿って配置し，そこで産出された金額とその産出物の供給先の産業を示している。同図では，左から右へと食料（食品）が移動し，最終的に右端の消費段階へと至る代表的な経路が示されており，この流れは川に例えられる。はじめに川上から川下へ向けて食料が原材料，食材あるいは商品へと姿を変えながら流通していく流れを概観してみよう。

フードシステムの川上に位置づけられる農林水産業で生産された食用農林水産物11.3兆円のうち，国内生産額は9.7兆円，輸入額は1.6兆円である。このうち3.2兆円分が生鮮食料品として消費者に使用される「最終消費向け」となる。生鮮食料品のうち野菜・果実，水産物の多くが卸売市場やその中で活動する卸売業者や仲卸業者を通じて，スーパーマーケットなどの小売店へ供給さ

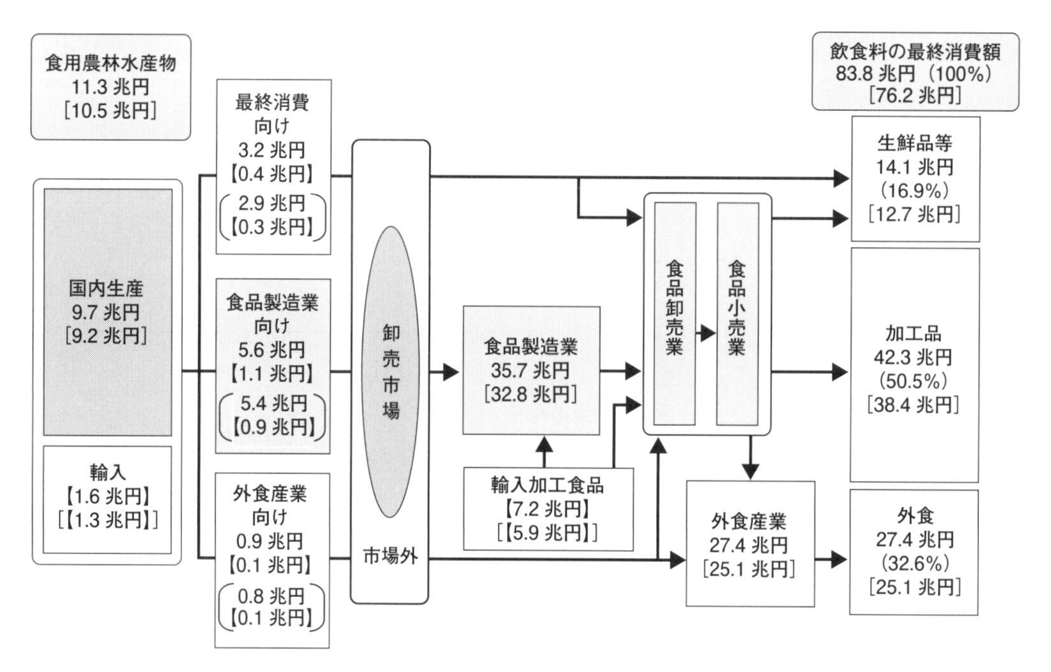

図 3.1　わが国の農林水産物の生産・流通・加工・消費の流れ（平成 27 年・2015 年）

出典：農林水産省「令和元年度 食料・農業・農村白書」より

元資料：農林水産省「平成 27 年（2015 年）農林漁業及び関連産業を中心とした産業連関表（飲食費のフローを含む）」等をもとに作成

注 1：総務省等 10 府省庁「産業連関表」をもとに農林水産省で作成

2：旅館・ホテル，病院，学校給食等での食事は「外食」に計上するのではなく，使用された食材費を最終消費額として，それぞれ「生鮮品等」及び「加工品」に計上している

3：加工食品のうち，精穀（精米・精麦等），食肉（各種肉類）及び冷凍魚介類は加工度が低いため，最終消費においては「生鮮品等」として取り扱っている

4：【　】内は，輸入分の数値。[　] 内は，最新の「平成 27 年産業連関表」の概念等に合わせて再推計した平成 23 年（2011 年）の数値

5：市場外とは卸売市場を経由しない流通を指し，産地直送や契約栽培等の生産者と消費者・実需者との直接取引をいう

れる。私たちが店頭で目にする生鮮食料品はこのようなルートを通じて取引されている。また，加工・製造用の原材料，つまり食品製造業（川中）向けの食用農林水産物（国内生産額 5.6 兆円と輸入分 1.1 兆円）の一部も卸売市場を経由し，それ以外が卸売市場を介さない流通経路を通じて食品製造業へと供給される。食品製造業では国外で処理・加工された輸入加工食品も原材料として利用されており，その額は 7.2 兆円にのぼる。食品製造業では 35.7 兆円分の加工・調理済み食品が産出され，川下の食品卸売業を通じて食品小売業へと供給される。さらに，外食用の食材として食用農林水産物（国内生産額 9 千億円分と輸入額 1 千億円分）が卸売市場あるいは市場外流通経路を通じて供給される。外食部門では 27.4 兆円分の外食サービスが産出され，消費者に利用されている。以上の結果，国内で家計部門から飲食料品に向けられた最終消費額 83.8 兆円の

うち，16.9%が生鮮品に，50.5%が加工品に，32.6%が外食に支出されるという構成となる。

図3.1にはフードシステムの概要が示されている。その構成は単純に見えるかも知れないが，現実のフードシステムは複雑である。たとえば，川中にある食品製造業では，製粉業で生産された小麦粉を用いて製菓業者が菓子類を製造するといったように，同一産業内の他業種の製品を原料として使用するケースもある。また，外食産業でも加工品を食材として利用するため，その流れが図中には食品卸売業と食品小売業を経由するルートで示されている。食品小売業への食品供給には，生鮮品の集荷，分荷機能を担う卸売業者や加工食品の卸売業者が介在する。わが国では生鮮品と加工品の取り扱いはそれぞれ専門の卸売業者が担うことが多く，専門性を保持しつつ，大規模スーパーマーケットから小規模なスーパーマーケット，さらに個人商店も含む多様な小売店の品揃えのために必要な量と種類の生鮮品と加工食品を供給する仕組みが構築されている。

ここまで，フードシステムにおける川上，川中，川下の各段階の産業間の繋がりを中心にみてきた。以下では各産業の中に存在する事業者とその役割に目を向ける。

フードシステムの川上には農業経営体，漁業経営体などの一次生産に関わる

表3.1　食品製造業の産業分類

中分類	小分類	細　目
食料品製造業	畜産食料品製造業	部分肉・冷凍肉製造業，肉加工品製造業，処理牛乳・乳飲料製造業，乳製品製造業，その他の畜産食料品製造業
	水産食料品製造業	水産缶詰・瓶詰製造業，海藻加工業，水産練製品製造業，塩干・塩蔵品製造業，冷凍水産物製造業，冷凍水産食品製造業，その他の水産食料品製造業
	野菜缶詰・果実缶詰・農産保存食料品製造業	野菜缶詰・果実缶詰・農産保存食料品製造業，野菜漬物製造業
	調味料製造業	味そ製造業，しょう油・食用アミノ酸製造業，ソース製造業，食酢製造業，その他の調味料製造業
	糖類製造業	砂糖製造業，砂糖精製業，ぶどう糖・水あめ・異性化糖製造業
	精穀・製粉業	精米・精麦業，小麦粉製造業，その他の精穀・製粉業
	パン・菓子製造業	パン製造業，生菓子製造業，ビスケット類・干菓子製造業，米菓製造業，その他のパン・菓子製造業
	動植物油脂製造業	動植物油脂製造業，食用油脂加工業
	その他の食品製造業	でんぷん製造業，めん類製造業，豆腐・油揚製造業，あん製造業，冷凍調理食品製造業，惣菜製造業，すし・弁当・調理パン製造業，レトルト食品製造業，他に分類されない食料品製造業
飲料・たばこ・飼料製造業	清涼飲料製造業	清涼飲料製造業
	酒類製造業	果実酒製造業，ビール類製造業，清酒製造業，蒸留酒・混成酒製造業
	茶・コーヒー製造業	製茶業，コーヒー製造業
	製氷業	製氷業

出典：総務省「日本標準産業分類」（平成25年10月改訂）より作成

注：飲料・たばこ・飼料製造業には，小分類に「たばこ製造業」「飼料・有機質肥料製造業」が含まれるが，ここでは省略する

事業者が存在し，川中には卸売業者などの中間流通に関わる事業者が存在する。さらに，コメや麦などの穀類の精穀や肉畜のと畜・解体，部分肉製造，精肉製造，食鳥のと鳥，中ぬき，解体，鶏卵の洗卵，生乳の加熱殺菌など，生鮮食料品を消費者向けに提供するために必要な処理を行う事業者が存在する（新山 2018）。これらの処理・調整を経た食品を原材料として利用する食品製造業者が存在するが，その規模は大規模なナショナルメーカーから小規模なローカルメーカーまで多様である。そして，食品製造業に含まれる業種は表 3.1 に示すように多岐にわたり，我々の食生活が多くの加工食品とその製造者によって成り立っていることがわかる。

卸売業に加え，生鮮品，加工品を仕入れ，消費者に販売する小売業者も多様な構造をもつ。今日，消費者にとって食品の代表的な購入先であるスーパーマーケットに着目すると，表 3.2 のように分類される。そして，わが国では欧米諸国と比較すると大規模チェーンによる市場シェアの占有率が低く，小規模なローカルスーパーマーケットが多く存在していることが特徴としてあげられる。

さらに食料品の購入先として，鮮魚店や八百屋などの専門小売店，百貨店，コンビニエンスストアもあげられる他，近年ではドラッグストアやディスカウントストアなどでも食品の取り扱いが増加する傾向にある。

表 3.2　スーパーマーケットの業態分類

業態	店舗数
総合スーパー	1,362
スーパーセンター	464
食品スーパーマーケット	12,533
小型食品スーパーマーケット	3,203
食品ディスカウンター	897
小型食品ディスカウンター	641
業務用食品スーパー	408
ミニスーパーマーケット	972
計	20,480

出典：一般社団法人全国スーパーマーケット協会『2018 年版スーパーマーケット白書』より作成

表 3.3　外食産業の業種別事業所数（2016 年）

	事業所数
飲食店・持ち帰り等合計	524,889
食堂・レストラン	43,192
専門料理店	129,189
日本料理店	41,456
中華料理店	39,084
焼肉店（東洋料理のもの）	15,023
その他の専門料理店	33,626
そば・うどん店	25,347
すし店	20,135
喫茶店	54,194
その他の飲食店	22,062
ハンバーガー店	4,611
お好み焼き・焼きそば・たこ焼き店	12,864
その他 注2)	4,587
バー・キャバレー・ナイトクラブ	65,635
酒場・ビヤホール	93,787
持ち帰り・配達飲食サービス	46,001

出典：総務省統計局「平成 28 年経済センサス―活動調査」より作成
注 1）一部の業種名について表記をわかりやすく変えたものがある
注 2）「その他」は「その他の飲食店」のうち，ハンバーガー店，お好み焼き店等に分類されないものである

外食産業にも多様な事業者が存在している(表3.3)。これらの多くが個人業主によって経営されており，彼らが保持する仕入れ，調理，接客などの技術は専ら個人に属する性質のものである。

以上のように，多様で多数の事業者が存続し，複数段階に渡って連結してきた結果が今日のフードシステムと言える。この高度に発達した社会システムの中で，食品の品質や安全性はどのように調整され，確保されているのか次節以降でみてみよう。また，本節では食品の種類を特定せず，産業の繋がりを考えてきたが，特定の食品(たとえばコメ，牛乳，野菜，惣菜など)に関わる生産，加工，流通等の流れや連結を表す場合，フードチェーンという用語が使われる場合もある。以下では，場面によってフードシステムと使い分けることとする。

3.2　食の安全はどう捉えられるか

3.2.1　食品安全確保の思想を揺るがした食品事故

前節で示したように，我々の食生活は多様な機能をもつ事業者の連携によって支えられている。今日のフードシステムの広がりは特定の地域にとどまらず，食品は都道府県境や国境を越えて移動している。広範囲をカバーし，多様な機能を発揮するフードシステムにおいては，その一工程で健康を害するような汚染が発生した場合，その汚染は広範囲に拡大し，これにより消費者にも不安が拡大していく。この典型例を畜産物に関わるフードシステムにみることができる。矢坂(2019)によれば，畜産物は生産から消費までのサプライチェーンが長く，枝分かれして複雑であるという特徴をもつ。そして，飼料生産や家畜のと畜・解体，生乳の殺菌処理，鶏卵の格付，包装などは畜産経営から独立した事業部門になることが多い。さらに畜産には皮や内臓などの副産物が多く，その処理や利用に携わる多くの事業者が存在する。生産された畜産物は食品として冷蔵品，冷凍品，粉末の状態で国際的にも流通する。以上のような食品，副産物のサプライチェーンのいずれかに健康を害する可能性がある畜産物が含まれることで，汚染が広範囲に広がる可能性がある。そして，汚染に不安を感じた消費者の買い控え行動が広がった場合には，多種多様な事業者に経営上のダメージが広がり，広く社会に影響を及ぼすことになる。

1986年にイギリスの畜産業において**BSE(牛海綿状脳症)**が確認された。この疾患は病因とされる変異型プリオンが牛の体内(特定危険部位)に蓄積することによって発症し，発症した家畜の致死率は100%であった。家畜で発見された当初は動物のみが感染すると考えられていたが，その後，ヒトが牛の特定危険部位等を摂取することで，ヒトのvCJD(変異型クロイツフェルト・ヤコブ病)が引き起こされる可能性が否定できないことが発表された。家畜での発生確認から10年経過後に発表されたこの事実は，同国の牛肉需要を激減させ，さらに畜産物のフードシステムおよび食品行政への消費者の信頼を失墜させることとなった。

矢坂(2019)によれば，畜産物のフードシステムは副産物等の再利用による資源循環の役割も担っており，家畜の骨や内臓も肉骨粉に加工されて飼料，肥料の原料となるサイクルが組まれていた。BSEはまさにこの循環を通じて蔓延してしまい，循環的な資源利用には思いもよらないリスクがあることが示された。BSEの発生により，欧州各国のみならず，日本，北米でも畜産のフードシステムとその事業者は大きなダメージを受けた。新山(2019a)によると，BSEに由来するヒトへの健康影響は過去の科学的知見を超えており，その対応は関連する事業者のみならず，フードシステムの監視や指導を担当する行政部門にも仕組みの変化を求めることとなった。それゆえ，動物性飼料の給餌禁止，特定危険部位の除去措置といった体制が整うまでに多くの時間を要したとされる。

表3.4には1990年代後半以降の主要な食品事件・事故が示されている。同表中の腸管出血性大腸菌等による大規模な食中毒の発生は病原微生物の制御のあり方を見直すことに繋がった。病原微生物による食中毒については，1980年代から北米や豪州，日本でも腸管出血性大腸菌による多数の感染者と複数の

表3.4　主要な食品事件，事故

年次	事　項
1996	学校給食による腸管出血性大腸菌O-157食中毒(岡山，大阪で患者約1万人)
1998	「イクラ醤油漬け」によるO-157食中毒
1999	魚介類の腸炎ビブリオ菌による食中毒多発 所沢ダイオキシン汚染騒動(埼玉県産野菜の販売に影響)
2000	大手乳業メーカー加工乳による黄色ブドウ球菌食中毒(近畿地方患者約1万5千人)
2001	食肉加工業者の「牛たたき」によるO-157食中毒(千葉，埼玉，神奈川などで患者発生) 国内でBSE感染牛確認(食肉消費が4割に低下) 安全性未確認の遺伝子組み換えジャガイモがスナック菓子に混入(大規模な回収)
2002	多数企業による牛肉偽装 輸入野菜から基準値以上の残留農薬発見
2004	米国でBSE感染牛確認
2006	ノロウイルスによる食中毒患者急増(年間27,000人超え)
2007	輸入冷凍食品への薬物混入事件(大規模な回収)
2008	事故米の不正転売事件
2011	肉の生食による腸管出血性大腸菌O-111，O-157集団食中毒(富山県等で患者数181人) 原子力発電所事故による食品の放射性物質汚染
2012	浅漬けによる腸管出血性大腸菌O-157食中毒(札幌市等で患者数169人)
2016	高齢者施設での腸管出血性大腸菌O-157食中毒(千葉県,東京都で患者数84人)
2017	乳児ボツリヌス症による死亡事例(死者1人)

出典：新山(2003)第1表を引用の上，厚生労働省(2017)を参照し加筆

死者が報告されている。また，魚介類，野菜加工品（浅漬け）などの食品においても病原微生物による食中毒は発生しており，品目を問わず病原微生物への警戒は続いている。また，食中毒は高齢者や乳児といったハイリスクな人々が罹患すると重大な結果をもたらす場合もある。以上のような食品事故の頻発は，その制御のための仕組みや考え方自体にも変化をもたらす結果となり，以後「食品安全」は新たなステージに移行したとも言われる。

以上のような特定の危害要因がもたらす事故に加え，一部の食品事業者による不正や衛生思想の腐敗にもとづく行為もフードシステムへの信頼を揺るがす。表3.4には，国内でのBSE感染牛の発見に関して実施された国の国産牛買い取り制度を悪用するために食肉関連事業者によって行われた産地偽装や，本来食用に供されないはずの事故米が食用として転売されていた事案があげられている。これらの事案は健康リスクに直結するものではないが，消費者からのフードシステムや食品行政への信頼を失墜させることに繋がりかねない。

3.2.2　食品安全確保の考え方

以上のような背景のもとで，食品安全確保の考え方は大きく転換され，欧州では食品確保の新しい思想が取り入れられた。この新しい思想はEU（欧州連合）では「一般食品法」（2002年），日本では「食品安全基本法」（2003年）によって，各国の食品安全行政に導入された。この新たな思想の下では，以下の5つの要件が強調される（新山 2019a）。

第一は，人間の生命と健康を優先事項とすることである。これは，食品の生産，製造，流通，調理に関わる事業者には安全な食品を供給する第一義的な責務があること，そして食品安全は価格をシグナルとする市場の需給や品質の調整メカニズムの外に置かれ，価格にかかわらず，すべての食品の安全確保が求められることを意味する。ただし，このことは安全の確保にいくらでも費用をかけることができることは意味しない。

第二は，科学的根拠にもとづく健康保護措置の立案が求められることである。これは，ハザード（以下，危害要因）の完全な排除は困難であるという考え方による。食品が生物由来であり，かつ自然環境の中で生産され，人間社会を流通していることに起因して，食品とフードシステムには完全に排除することは不可能な危害要因が存在する。たとえば，フードシステムにおいては，人や家畜の体内微生物との共生は避けられない。そして，生産や流通，調理の現場では，環境中の常在菌や環境や水が外的な汚染にさらされる可能性，微生物の突然変異などの予測が困難な要因，さらに生産工程の管理や検査などの技術の限界などがつきまとう。また，フードシステムの各段階には人間が関与する工程が不可欠であり，どのように注意をしてもヒューマンエラーは起こりうる上に，現場での衛生思想の後退の可能性も排除できない。以上から，食品が人の健康に危害（harm）を及ぼすかどうかは危害要因の量と作用の程度によると考えられるようになり，危害発生の程度を捉えるリスク概念が導入されることとなった。

コーデックス委員会[*1]によれば，食品由来のリスクとは食品中に危害要因が存在することによって健康に悪影響が発生する「確率」と「重篤度」の関数と定義される（CAC 2007, FAO／WHO 2006）。また，危害要因とは健康に悪影響を及ぼす可能性をもった食物の中の生物的，化学的，物理的な作用を引き起こす物，食物の状態とされる（同上）。新山（2019b）によれば，生物的な危害要因とは，腸管出血性大腸菌などの病原性の細菌，ノロウイルスなどのウイルス，寄生虫などが含まれる。化学的な危害要因には，ダイオキシンなど環境中の化学物質や意図して使用される食品添加物や残留農薬[*2]，食品に元来含まれる自然毒やアレルゲンなどがある。また，物理的危害要因には金属片やガラス片，放射性物質などがある。危害要因はフードチェーンの各所に存在する可能性があるため，関与するすべての事業者はこれに備えなければならない。

*1 国連食糧農業機関（FAO）と世界保健機関（WHO）により設立された組織である。国際食品規格の策定等を行う。

*2 農薬や食品添加物のような意図して使用する化学物質の管理は徹底され，制御のための基準値を超えるような汚染はまれになってきた。

食品関連事業者は自らの工程において，リスクを削減するために適切な衛生管理を行う一義的な責任を負う。一方で消費者にも食品リスクをめぐり，バランスある判断や行動を取る必要がある（新山 2018）。そのために，第三の要件である関係者相互の情報交換と意思疎通，第四の要件である決定過程の透明性が重視され，すべての関係者の合意にもとづく措置の立案（第五の要件）が求められることとなった。

また，今日では国境を越えた生産資源，食品の移動が活発であり，国境検疫のみでは食品安全を確保することには限界があることが指摘されている。これを受け，食品や原材料が国境を越える前，つまり生産される時点で安全を確保することが効果的であると考えられるようになった。そのため，国際貿易と食品安全の国際ルールとしてSPS協定（衛生と植物防疫措置の適用に関する協定）が締結された（新山 2019a）。

第二の要件で示したような，科学的データにもとづくリスク低減のために，コーデックス委員会はリスクアナリシスの枠組みを提示している。日本でもこの枠組みにもとづく施策のために，法や行政組織が整えられた。リスクアナリシスは以下の3つの要素からなる[*3]。リスクの科学的評価（リスク評価）とリスク管理措置の実行とそのモニタリング（リスク管理），そしてこのすべてのプロセスを通じての関係者間の情報及び意見交換（リスクコミュニケーション）である。次節では食品生産，製造，流通といったフードシステム各段階におけるリスク低減のための措置について概説する。

*3 リスクアナリシスについては新山（2019b）などに詳しい。

3.3 食品の安全確保のための社会的枠組み

3.3.1 工程管理のための仕組み

食品安全の確保と聞くと，農産物や食品を対象とした「検査」を思い浮かべ

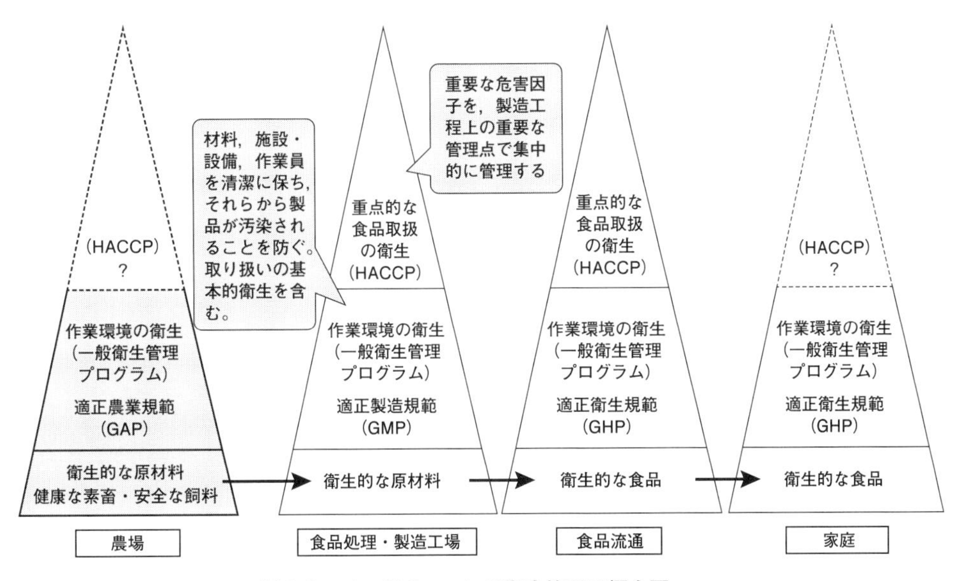

図 3.2　フードチェーンの衛生管理の概念図
出典：小池・新山・秋津（2017）p. 231 より転載

る人も多いだろう。しかし，生産・製造工程のポイントで汚染の基準値を設定し，できあがった生産物に対する検査を行い，基準値を上回るものを排除するという方法だけでは効果に限界があることが分かってきた。フードチェーンの特定段階の管理ポイントにおける生産物や製品のサンプリング検査とあわせて，生産・製造，流通の各段階において適切な管理を行うことがリスク低減のために効果的であると考えられるようになったのである。農産物や食品を取り扱う工程において事業者自らが適切な規範に則って管理し，それが確実に実施されているかを監視することによって制御することが食品全体の汚染水準をより効果的に低下させることに繋がるのである（新山 2018，工藤 2019）。以下では，衛生管理とその公的監視の仕組みとその課題について考えたい。

図 3.2 に示すように，食品の生産・流通段階における，食品安全確保の仕組みは大きく3つの階層で捉えることができる。生産から消費の全段階に前提として求められるのが衛生的な原材料，食品を使用することである。つまり，第一の階層としてフードチェーンの前段階での衛生管理が前提とされているのである。その上で，調理器具や作業者の手，衣服の衛生を保つなどの作業環境と生産工程の基本的な衛生を管理する「一般衛生管理プログラム」の階層がある。一般衛生管理プログラムは，一般衛生管理の適正実行規範であり，フードチェーンの段階ごとに，**適正農業規範**（**GAP**：Good Agricultural Practice）や**適正衛生規範**（**GHP**：Good Hygiene Practice），**適正製造規範**（**GMP**：Good Manufacturing Practice）などが該当する。これらの取り組みを基礎とし，重要な危害要因を各工程の重要な管理点において集中的に管理する第三層がある。食品処理・製造，流通の段階では HACCP がこれに相当する。

食品の安全確保は一義的に食品事業者がその責務を負うが，行政機関は食品事業者の工程管理を監視し，指導することでリスク管理措置の実効性を担保する責務を負う。以下，一次生産段階と製造段階について，上記の階層ごとの食品事業者によるとりくみとその公的監視，そして課題について述べる。

(1) 一次生産段階での安全確保

農業などの一次生産段階では，衛生的な原材料，健康な家畜，安全な飼料などの確保の上に第二層の取り組みが必要となる。農業では，適正農業規範(GAP)のうち食品安全確保に焦点をあてた「食品安全GAP」の規範(code of GAP)に則った作業環境の衛生確保が有効とされている。この食品安全確保に焦点をあてたGAPが一般衛生管理プログラムの要素の一つと言える。一般衛生管理プログラムは材料，施設・設備，作業員から病原微生物，化学物質などの汚染が生じることを防ぎ，設備・機器や作業員の衛生を確保するものである。コーデックス委員会は食品衛生の一般原則に関する規格(CAC 1969/2020)に基づき，生鮮果実・野菜の衛生管理規範の規格(CAC 2003/2017)を作成している。農業生産段階では，①環境中の汚染源の特定，②農業投入材，栽培や収穫の設備による汚染の防止，③作業員の健康・衛生，④栽培・収穫機器の衛生，⑤処理・貯蔵・輸送時の衛生，⑥清掃・保守・衛生などの実施を求めている(南石 2017)。なお，農林水産省では，農産物，畜産物，特用林産物，魚介類，加工食品に関する主な危害要因について，安全確保のための生産工程等でのガイドラインを公表している*。

* https://www.maff.go.jp/j/syouan/index.html (2021年3月参照)

工藤(2019)によれば，日本では農産物の一次生産段階での衛生管理の実施状況に対する公的な監視の仕組みは整えられていない。一方で，一次生産段階でのGAPによる工程管理，衛生管理の実施を目的とした民間認証制度の創設と生産者による認証取得が政策的に推進されてきた。つまり，本来は法による義務的要件として公的に担保されるべき基礎的な衛生管理の確認が民間認証制度に委ねられている状態である。そして，民間認証制度では，法による義務的要件を超える追加的な安全要件が要求されたり，農場や農家に認証取得や監査の費用の負担がかかったりすることもある。このため，すべての農場や農家が民間認証取得を希望するわけでも，取得できるわけでもない。その結果，農産物の一次生産段階では，民間認証を取得した事業者は，衛生管理に関する義務的要件および追加的な範囲まで整備できるが，民間認証を取得しない事業者については，義務的な要件の整備すら進まない可能性がある。農林水産省(a)においては，民間認証制度と農林水産省のガイドラインの位置づけについては明示されており，要件の違いは確認できるものの，すべての事業者が満たすべき安全に関わる要件は義務化されている状態にはない。

民間認証制度が普及しているとされるEU加盟国でも，一次生産段階への公的監視の原則が運用されている。工藤(2019)によれば，EUでは，農産物，畜産物等の一次生産段階においても食品衛生規則によってコーデックス規範への対応が義務化され，米国でも食品安全強化法によって農産物の生産・収穫・包装・保管に対する基準が制定されている。このような原則を定めた上で，民間認証制度を取得している場合には，公的監視の頻度を下げるといった運用により，食品安全の義務的要件の担保と追加的な要件確保の棲み分けがなされている。

ただし畜産物生産については，日本でも一次生産段階において家畜伝染病予防法に基づき，飼養衛生管理基準が定められている。これにより，家畜飼養者には衛生管理区域への病原体の持ち込みの防止，衛生状況の確保のための措置が定められているため，一般衛生管理にあたる要件も一部義務化されていると見なすことはできる。

(2)　製造・流通段階での安全確保

加工食品や調理済み食品，飲料品を製造する現場では，食品衛生に関する国の政策や規則を受けながら，事業者自らによる食品の安全性を担保する方策がとられている。すべての食品製造業者にとって衛生管理の基本となるのが，図3.2に示した一般衛生管理であり，食品製造の現場では，適正製造規範（GMP）などのプログラムがこれに相当する。一般衛生管理によって，施設，設備そして従業員の衛生管理，食品や使用水の取り扱い，鼠族，昆虫への対策などの基礎的衛生管理が実施されることで，作業環境の衛生を確保し，食品の2次汚染を防ぐことができる。この一般衛生管理を基礎として，特定の危害要因を標的とした**HACCP**（Hazard Analysis Critical Control Point）管理方式を構築することがコーデックス委員会より推奨されている（CAC 1969/2020）。一般衛生管理による基礎的衛生管理が達成された施設でなければ，重要な危害要因を集中的に管理するHACCPは効果を発揮できない。以下では，食品製造の現場におけるHACCPと公的機関（自治体）が行う食品衛生監視指導について述べる。

HACCPとは，食品の原料の納入から，製造，出荷までの各工程において行う衛生管理の手順であり，一定の手順によって工程を管理・監視することで，問題のある食品の生産や出荷を未然に防ぐことを目的としている。HACCPは大きく以下のステップからなる。まず各工程において発生しうる危害要因とその危険度を確認する（Hazard Analysis：HA）。そして確認された危害要因に対して重要管理点（CCP）を特定し，その重要管理点を継続的に監視，記録するというものである。

食品または食品群に存在する可能性のある危害要因のうち，HACCPでは食中毒の原因となる病原微生物（生物学的危害要因）が主な管理対象とされる。加えて，貝毒やヒスタミン等の化学的危害要因，金属片等の物理学的要因を管理対象として設定することも可能である（今城 2017）。そして，重要管理点とは，対象とする危害要因を排除したり，許容レベルまで減少させたりするために設定する管理点である。たとえば，微生物制御のための加熱工程などのように，その管理を外れれば許容できない健康被害や品質低下を招く恐れのある工程中のポイントや管理方法を指す。また監視，記録とは，重要管理点において管理項目を決められた方法と管理基準によって監視（モニタリング）し，それを記録することを指す。これは，工程や食品中の病原微生物等の危害要因の状態を直接監視するのではなく，それが適切に制御できていることを，管理方法と基準（加熱温度や消毒液の濃度など）を監視によって確認するものである。これによって継続的な監視が効果的に実施できる。さらに，重要管理点において管理基準から逸脱した場合の修正措置を定めておくことが必要である。たとえば，工場の停電等により重要管理点での加熱温度が一時的に低下した場合などに，どのような手順で修正作業を行うのか，その時間帯に製造された商品はどのように取り扱うのかについてあらかじめ手順を設定しておき，管理基準からの逸脱時にはこの手順に沿った対応をとるといった手続きである。これらの手続きはコーデックス委員会により7原則12手順として定められている（CAC 1969/2020）。

EU加盟国では，2006年から農業生産段階を除くすべての食品事業者にHACCP原則に基づいた衛生管理の導入が義務化されている（European Commission 2004）。また，米国でも食肉，食鳥，卵等に関してHACCP原則に基づいた衛生管理の導入が義務化され（Federal Register 1996），さらに，食品安全強化法により，食品施設は危害分析と予防管理，その監視を含む食品安全計画の実施が求められることになった（清原 2019）。

日本でも2018年の食品衛生法の改正により，原則としてすべての食品等事業者に，**一般衛生管理**と**コーデックス**の原則に基づいた「HACCPに基づく衛生管理」の実施が求められることとなった。ただし，取り扱う食品の特性等に応じて一部の事業者については，「HACCPの考え方を取り入れた衛生管理」（取り扱う食品の特性等に応じた取組）とすることが認められる。たとえば小規模な事業者，店舗での小売販売のみを目的とした製造・加工・調理事業者（菓子，食肉，魚介類，豆腐など），提供する食品の種類が多く，変更頻度が頻繁な業種（飲食店，給食施設，惣菜製造業など），包装食品，食品の保管，運搬など，一般衛生管理による対応で管理が可能な業種などでは，各業界団体が作成する手引書を参考に，簡略化されたアプローチによる衛生管理を行うことが認められている（厚生労働省 a）。

食品衛生法とその関連法令の定めにより，都道府県および保健所を設置する市では，食品事業者への監視指導の実施に関する基本的な方向や重点的監視指導項目に関することや，監視指導の実施体制等について，毎年度，食品衛生監視指導計画を作成している。都道府県および保健所設置市ではこの計画に則り，食品衛生監視員等による食品事業者への監視と指導が実施され，年度ごとに実施状況が公表されている。多くの自治体ではウェブサイトで食品衛生監視指導計画とその実施状況を公開している。また，都道府県，保健所設置市の保健所が営業許可の更新時や通常の定期立入検査等の際に，一般衛生管理および「HACCPに基づく衛生管理」あるいは「HACCPの考え方を取り入れた衛生管理」の実施状況についても監視指導が行われることとなった。そして，監視についての自治体業務については，これまで条例に委ねられていた衛生管理の基準を法令に規定することで，自治体間の運用が平準化されることとなった。事業者が作成した衛生管理計画や記録の確認によって，衛生管理状況を検証するなど，立ち入り検査が効率化されるなどの変化が期待されている。

3.3.2　危機管理のための仕組み

前項で示したような一般衛生管理と危害要因の重点管理はフードチェーンと食品の汚染を防ぐための予防的措置である。その一方で，リスクとそれを顕在化させる危害要因やヒューマンエラーは完全に制御することはできないため，万が一の食品汚染の事態に備えて，汚染された食品を迅速に回収し，消費者の手元に渡る事態を防ぐ必要がある。そのための手法として効果的なしくみがトレーサビリティの確保である。

食品トレーサビリティの定義として多くの専門家の間で共有されている認識はコーデックス委員会が示す以下の定義である。「生産，加工及び流通の特定の一つ又は複数の段階を通じて，食品の移動を把握できること」(CAC2006, 和訳は「食品トレーサビリティシステム導入の手引き」改訂委員会 2007*) である。この定義における「移動を把握できる」とは，フードチェーンの川下方向へ追いかける追跡と，川上方向へ遡る遡及の両方を意味する。追跡，遡及のためには，食品のロットごとの識別と対応づけが必要となる。「ロット」とは「ほぼ同一の条件下において生産・加工又は包装された原料・半製品・製品のまとまり」であり，その単位に識別番号を割り振り，ロットごとに管理する。その上で，食品事業者が識別番号を用いて，①原料ロットとその入荷先の対応関係を記録する (ワンステップバックの追跡の可能性)，②原料ロットと製品ロットを対応づける。つまりどの原料ロットからどの製品ロットが生産されたか，対応関係を記録する (内部トレーサビリティ)，③製品ロットをどこに販売したかの対応づけを記録すること (ワンステップフォワードの追跡の可能性)。この3点が原料・製品ロットの移動を把握するために最低限必要な記録である。さらに，④原料ロットと製品ロットの取り扱い (加熱処理，加工など，工程内でどう処理されたか) の記録も対応づけることで，製造工程での状態を移動記録と結びつけることも可能となる (山本 2019, 新山 2005)。トレーサビリティについては，国内への導入当初は理解に混乱も見られた。たとえば，④の記録のみを保持することや，その情報の公開によって，トレーサビリティが確保されたとされる理解も広まっていたが，それだけでは食品の追跡・遡及は不可能である。

たとえば，ある農場からの原材料の一部に汚染が発生し，食品製造業者が製

*　農林水産省のウェブサイトでは，「食品トレーサビリティシステム導入の手引き (第2版)」が公表されている。さらに，食品事業者向けに食品トレーサビリティの「実践的なマニュアル」を総論，農業，畜産業，漁業，製造・加工業，卸売業，小売業，外食・中食業を対象として作成し，公開している。
https://www.maff.go.jp/j/syouan/seisaku/trace/index.html (2021年3月参照)

品回収の必要性に迫られた際，①～③の記録が整備されていれば，汚染の可能性がある製品ロットがどの流通業者あるいは（流通業者を通じて）小売店の店頭にあるかが把握できるため，当該製品ロットを回収することで，消費者の手元に渡ることを止められる。ロット単位での回収が可能となることで，事業者の負担を軽減できるとともに全量回収などによって発生する不要な食品廃棄を抑制することに繋がる。この際必要なのは，①原料ロットと入荷先，②原料ロットと製品ロットの対応関係，③製品ロットと出荷先との対応関係に関する記録である。

さらに，事業者が製品ロットごとの製造記録（HACCP 等による監視の記録など）を保持していれば，汚染源の特定につながりやすい。たとえば，ある製品ロットで異常が生じた場合，そのロットの製造記録を遡り，製造工程に原因があるか（ないか），それはどこだったかといった原因の解明が迅速に進む。自社の工程内に異常が発見されなければ，原材料ロットの記録を遡り，原材料段階での原因の所在を迅速に究明することもできる。ロット単位での迅速な回収や原因究明は事業者の負担を減らし，消費者の不安の抑制にも繋がる。

トレーサビリティの確保において，一事業者が製造から卸売，小売あるいは外食段階までのすべての記録を保持し，追跡をする必要はない。各段階で事業者がロット単位のワンステップバックとワンステップフォワードの追跡を可能としていれば，それをたどることで回収は可能である。また，保持しているロットの情報を店頭やネット上で公開することも必要ない。これらはトレーサビリティシステムの構築の結果，付加的に可能となった事項であり，トレーサビリティそのものではない。また，移動の記録には紙の伝票から電子データまで，事業者の事情に応じてさまざまな形式が取り得る。フードチェーン全体を電子媒体によるシステムで繋ぐような大がかりな仕組みは必ずしも必要ではなく，またそのようなシステムの構築をもってトレーサビリティが確保されたと考えることも誤解である。

なお，わが国では BSE の発生を端緒として牛と牛肉のトレーサビリティシステムが国の主導によって構築された（農林水産省 b）。この制度により，わが国では飼養される牛を個体識別番号によって識別し，出生からと畜，枝肉，部分肉，精肉とその番号が事業者間で伝達され，追跡・遡及できる仕組みが整えられた。今日では，トレーサビリティの確保は牛・牛肉，米およびその加工品のように品目ごとの法律*に裏付けられた一部食品のフードチェーンのみではなく，あらゆる食品について確保されるものと位置づけられる。そのために国は「食品トレーサビリティシステム導入の手引き」の他，業種別（酪農業，養豚業，養鶏業，食品製造・加工業，卸売業，小売業，外食・中食業）の導入マニュアルを公表している（農林水産省 c）。これらのガイドライン，マニュアルに加え，今後は法律による導入の義務化が必要であろう。先述した，ワンステップフォワード，ワンステップバックの追跡・遡及のための必要な情報が記録，

＊「牛の個体識別のための情報の管理及び伝達に関する特別措置法」，「米穀等の取引等に係る情報の記録及び産地情報の伝達に関する法律」である。

保管される仕組みがフードシステム全体に構築されることが求められている。

3.4 まとめ

本章では，食品安全の確保に関わる社会的制度がフードシステムにどのように整備され，運用されているかを見てきた。本章を通じて，以下のような問題提起ができる。

第1は，科学と社会経済システムの関わりについてである。食品の安全確保には生物学，化学，物理学から食品科学，健康科学，リスク研究といった幅広い分野からの科学的知見が関連する。これら科学の成果は社会でどのように活用されるべきかについて，食品の安全性問題は考える契機となった。科学に基づきながら，日々の食料生産や食品製造，販売を進める現場でその知見を実装していくことには多くの困難があった。その困難を克服するために法律や規則は整備され，基準や管理のパッケージも作成されてきたと言える。フードシステムには技術を整備するのみでは解決できない課題があるのである。

第2は，安全という要素の公共性についてである。安全も食品の品質の一部であると捉えることもできる。しかし安全は，食品の形状や味，こだわりある原材料や製法のような「商品としての品質」として市場を通じて調整される要素には属さない。安全確保のための管理措置に公的監視が推奨されること，また管理の基準や規格の作成には国際的な政府間組織が関わることからも，その品質としての位置づけが異なることが理解できよう。安全で最低限の質を保った食品を手に入れることは「選択」ではなく，「権利」の問題ではないかとする議論もある。安全確保について学んだことを契機に，「食」そのものの公共性についても思いをはせてもらいたい。

演習問題1　以下の用語の意味と，用語相互の関係を述べなさい。
（危害要因，食品由来のリスク）

【解答例】　危害要因とは健康に悪影響を及ぼす可能性を持った食物の中の生物的，化学的，物理的な作用を引き起こす物，食物の状態である。生物的，化学的，物理的な危害要因のいずれもが，食品の生産・流通現場に存在しうることから，フードシステムの各段階での制御が求められる。

食品由来のリスクとは食品中に危害要因が存在することによって健康に悪影響が発生する「確率」と「重篤度」の関数と定義される。

上記の定義から，食品由来のリスクはフードシステムにおける危害要因の管理の状態によって影響される。危害要因をいかに制御するかで食品由来のリスク，つまり人の健康への悪響も左右されることになる。

演習問題 2　食品安全施策において科学的根拠に基づいた措置が求められるようになった要因を3点挙げなさい。

【解答例】　食品とフードシステムは以下のような条件下にあることが認識されてきたこと（以下から3点挙げる）。

・食品とフードシステムには完全に排除することは不可能な危害要因が存在すること
・食品とフードシステムをとりまく環境中には常在菌があること
・食品とフードシステムをとりまく環境や水が外的な汚染にさらされる可能性があること
・食品に関連する微生物の突然変異などの予測が困難な要因があること
・生産工程の管理や検査などには技術の限界があること
・ヒューマンエラー発生の可能性があること
・食品生産・製造，流通現場での衛生思想が後退する可能性があること

演習問題 3　フードチェーンにおける食品安全確保のために一般衛生管理の実施を担保することの重要性について，他の措置との関連を踏まえて述べなさい。

【解答例】　食品安全管理の仕組みを機能させるために，フードシステムの一次生産から製造・流通段階のいずれにおいても作業環境と生産工程の基本的な衛生を管理する「一般衛生管理」の実施が求められる。それを土台として特定の危害要因を集中的に管理するHACCPのような仕組みが構築され，機能するためである。一般衛生管理プログラムの例として，一次生産段階ではGAP（適正農業規範），製造段階ではGMP（適正製造規範）が挙げられる。

4章 地球規模の飢餓克服に向けて

本章では，飢餓とその原因，世界の食料需給およびフードセキュリティの現状，世界の食料需給見通しを通じて，地球規模での飢餓克服に向けた政策対応について解説する。

4.1 はじめに

人類の歴史は，飢餓の発生との戦いの歴史である。人類は，科学技術が進んでも，依然として飢餓のリスクから逃れられていない状況にあり，2020年時点でも，世界の10人に1人が飢餓に苦しんでいる状況にある。2015年の国連本部で採択された「持続可能な開発目標」(SDGs)では，2030年までに世界における飢餓をゼロとする国際的合意に基づく目標が合意された。しかし，2020年以降，世界的に感染が拡大したCOVID-19パンデミックの発生により，現状ではこの目標達成は難しい状況となっている。

地球規模の飢餓克服は，これまで人類が成しえなかった非常に難しいテーマである。しかも，現在も飢餓に苦しんでいる多くの人々がいることからも，看過できない重要なテーマである。本章では，地球規模での飢餓がなぜ発生するのか，その原因と解決に向けた国際的な政策対応について解説していきたい。本章では，飢餓に関する重要なキーワードとして，**フードセキュリティ**を用いる。これは，食料の供給・備蓄，入手，アクセス，安定性，栄養面や保健衛生面における摂取・利用の確保を意味する国連食糧農業機関(FAO)の定義である。また，「食糧」とは主食を意味し，「食料」は主食を含む，食べ物全般を意味する*。

＊ なお，本章の見解は筆者個人のものであり，必ずしも筆者の属する組織の公式見解ではない。

4.2 世界のフードセキュリティの現状

4.2.1 飢餓とその原因

まず，飢餓の定義について解説したい。**飢餓**とは，FAOの定義によると，エネルギーを十分に摂取できないことによる不快感や痛みを与える身体感覚のことを意味し，活動的で健康的な生活を送るために十分な量のエネルギーを定期的に摂取しないことにより，慢性化することを意味する。このため，FAO などの国際社会では，飢餓は慢性的栄養不足と同義的に使用されている。また，**栄養不足**とは，十分に食料を得ることができない状態が最低 1 年間続く状態で，食事によるエネルギー必要量を満たすには不十分な食料摂取の水準として定義されている（FAO 2015）。なお，飢饉は飢餓と混同されやすいが，**飢饉**は，地域的な食料生産または流通システムの失敗による一定地域内での急激的，極端な食料不足を意味する（Cox 1981）。飢餓の発生は，多くは 2 種類に分けられる。第 1 に飢饉，第 2 に慢性的貧困による飢餓である。慢性的貧困は，人々が恒常的に栄養不足や病弱な状態を強いられることを指し，より根深く，より多くの人々に影響を与える（Sen 2000）。

飢饉は一般的には，食料生産が大幅に減少した時にのみ発生すると思われがちであるが，実際には食料の総供給量減少が必ずしも伴わない事例（1943 年のベンガル飢饉，1973 年のエチオピア飢饉，1974 年のバングラデシュ飢饉など）も発生した。1840 年代のアイルランド飢饉は，国内のジャガイモの病気による食料生産の減少が発端ではあったが，こうした時代でもアイルランドから英国本土には大量に食料が輸出されていたため，当時のアイルランドを含む大英帝国には食料が豊富にあった。ただし，アイルランドの多くの人々にはこうした食料を買う資金がなく，そうした食料が十分に人々の手に入らなかったという事実が記録されている（Eagleton 1995）。また，1973 年のエチオピア飢饉は，同国のウォロ地区で発生したが，同地区の食料価格は他の地域を上回ることはなく，下回ることさえあった（Sen 1981）。そして，1974 年のバングラデシュ飢饉では，洪水が引き起こした失業による農村労働者の所得の欠乏により発生したことが直接的な原因であると考察された（Sen 2000）。

Sen は飢餓の直接的理由は，「**交換権限**」（Exchange entitlement）の悪化であると論じた。「交換権限」とは所有する物との交換で入手できるさまざまな財の組み合わせからなる集合体であり，ここでの交換と交易，生産あるいは両者の組み合わせを通じて行われると Sen（1981）は定義している。このように，飢餓は，食料生産がどれだけあるかによって決まるものではなく，人々の財の所有関係，つまり「権限」（Entitlement）によって決まるものである。私的所有に基づく市場経済において，「権限」は交易，生産，自己労働，相続・移転によって得られる。人々が十分な食料を入手して飢餓をさける能力をもつかどうかを左右するのは，「権限」関係全体であり，食料供給はその人の権限関係に影響を与える多くの要因の中の一つに過ぎない（Sen 2000）。この権限には，現金所得，食料生産，資産のみならず，食料と交換できる財（家畜，農産物など）やサービスが含まれる。ただし，こうした権限を量のみ確保しても，食料価格の急激な上昇などで相対的な価値が低下し，権限が縮小することによっても飢餓は発生することに注意が必要である。また，国・地域によっては，宗教や社会的慣習により，一部の社会的階層，少数民族，社会的弱者などの人々に十分に食料が分配されないケースもある。さらに，家庭内でも女性や子供などに十分に食料が配分されないケースもある。

以上のように，飢餓は，飢饉のみならず貧困とも密接に関係している。飢餓を減らすには，食料生産の増産に加え，貧困を解消し，人々が必要とする食料を購入できるように十分な所得を得られるようすることに加え，食料を平等に分配することが重要となる。そして，この貧困の問題は，途上国だけでなく，先進国でも発生しており，地球規模の問題となっていることに注意が必要である。

4.2.2　フードセキュリティとは

それでは，世界の飢餓の状態を示す，フードセキュリティの定義について解説したい。国際社会で初めて，フードセキュリティの概念が議論されたのは，第二次世界大戦中の1943年のホット・スプリング会議（米国）であり，「全ての人々に適切かつ持続的な食料供給を確保すること」が合意され，その対策が議論された。そして，1974年以降，国際的な議論が重ねられた結果，国際的に使用されているフードセキュリティの定義は，「全ての人がいかなる時にも，彼らの活動的で健康的な生活を営むために必要な食生活のニーズと嗜好に合致した十分で安全かつ栄養のある食料を，物理的にも社会的にも経済的にも入手可能であるときに達成される」であり，2009年にFAO「世界食糧サミット」において合意された。これが現在の世界の食料問題について議論する国際会議で使用されている「フードセキュリティ」の定義である。

フードセキュリティには4つの大きな構成要素がある。まず，第1に，量的充足（Availability）である。これは，国内生産または輸入によって供給される，適切な品質の食料を量的に十分に確保することを意味する。この供給には食料援助も含まれる。第2に，物理的・経済的入手可能性（Access）である。これは，栄養ある適切な食料を獲得するために必要な権限への個人によるアクセスである。第3に，適切な利用（Utilization）である。これは，栄養的に満足な状態を達成するために，十分な食事，清潔な水，衛生，健康管理を通じた食料の利用

コラム　日本の飢饉の歴史

日本では，江戸時代の享保，天明，天保の飢饉が「近世の三大飢饉」として知られているが，古墳時代の第10代天皇である崇神天皇の在位以降，これまでに506件の飢饉が文書として記録されている。このうち，現在，記録として残っている西暦567年から現在までの506件の飢饉の発生原因としては，天災に該当する日照りが23.7%，水害が18.8%，風害が7%，地震・津波が7%，鳥獣害が2.8%となる一方，人災である流行病が10%，戦争など他の人災要因が10%となっている（中島 1996）。ただし，これらは記録に残っている飢饉のみで，これら以外にも数多くの飢饉が日本では，発生していたものと考えられる。

を意味する。このことは，フードセキュリティにおいて，食料・農業部門以外の重要性を示唆している。第 4 に，安定性（Stability）である。これは，フードセキュリティを確保するために，いかなるときも全世帯，個人が十分な食料にアクセスできることを意味する。とくに，偶発的ショック（異常気象による危機や経済的危機）および循環的現象（季節的な食料不安）の結果として，食料へのアクセスを失うリスクにさらされることは避けるべきである。このため，安定性の概念は，フードセキュリティの量的充足とアクセスの両側面に関連することになる。

そして，フードセキュリティは，世界，地域（地理的区分），国，地方，自治体，集落，家庭，個人レベルまでを包括している。この中で，日本の「食料安全保障」は国レベルでのフードセキュリティと位置付けられる。わが国の「食料安全保障」は，「予想できない要因によって食料の供給が影響を受けるような場合のために，食料供給を確保するための政策やその機動的な発動のあり方を検討し，いざというときのために日頃から準備しておくこと」（農林水産省）を意味する。先進国の「食料安全保障」は，フードセキュリティという包括的な概念に含まれるが，あくまでもその一部であり，部分集合である（生源寺 2013）。以上のように，国際社会において，人類共通の課題であるフードセキュリティを明確に定義していくことは，各国間における今後の国際的な食料問題の対象を明確にすることにより，国際的な政策協調をより有効に実行するためにも極めて重要である。

4.2.3　世界の食料需給の推移

世界の食料需給は，以上のフードセキュリティの定義のうち，「量的充足」に該当し，最も基本的かつ重要な構成要素である。また，世界食料需給が均衡した状態を表す国際食料価格は，フードセキュリティの定義のうち，「物理的・経済的入手可能性」および「安定性」を表す重要な構成要素である。食料需要の増加率は，人口増加率，1 人当たりの所得増加率，食料需要の所得弾性値（需要が消費者の所得変化にどの程度反応するかを示す尺度），そして価格弾性値（需要が価格変化によりどの程度反応するかを示す尺度）によって決定される。また，食料供給量の増加率は食料価格，資源と技術進歩によって決定される。さらに，技術進歩により，供給曲線は右側にシフトするが，土壌などの資源の劣化が進む場合，供給曲線の左側へのシフトとなる。一方，農業生産は，自然条件の制約により，生産量の変動が大きいことや生産に一定期間を有することから，需給変動に対応するために一定期間の「タイムラグ」（時間差）が生じるという特徴を有する。世界食料需給のこれまでの中長期的な推移を見てみると，増加する需要量に供給量が反応することにより，需要量と供給量が概ね均衡する状態となっている。これは食料価格が上昇すると生産者が利潤を最大化する行動をとることにより，増産インセンティブが高まり，次年以降の作付面

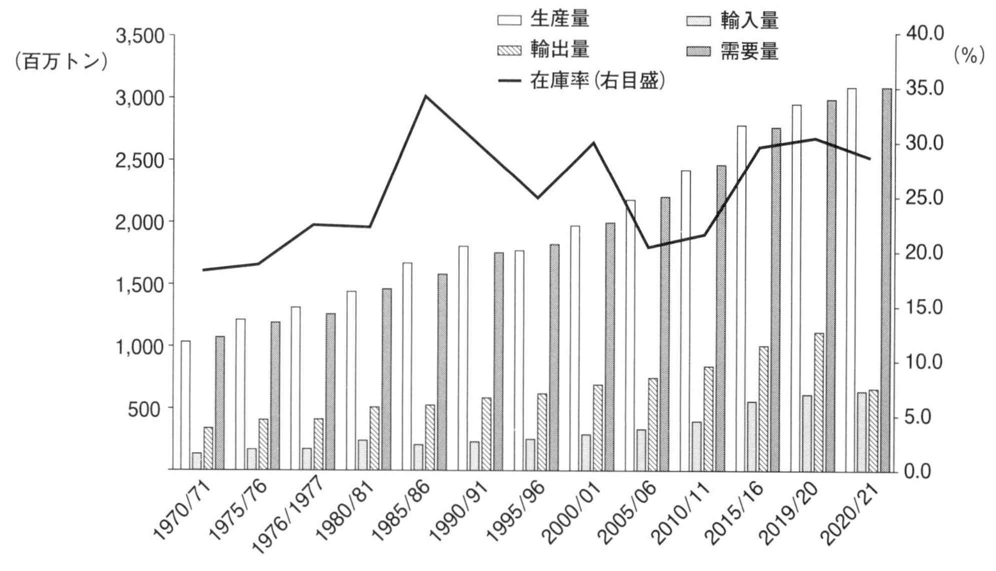

図 4.1　世界の長期的な穀物・大豆需給の推移

出典：USDA-FAS (2021) より作成

注：穀物は，小麦，コメ，トウモロコシ，ソルガム，大麦，オーツ麦，ライ麦，ミレット，ミックスグレインある

積と農産物の生産量が増加することによる。ただし，増産した時点では前年の需要量以上に供給することもあるため，この場合，国際食料価格は下落することになる。そして，この食料価格下落により，生産者による増産インセンティブは下がり，翌年の作付面積や農業投入財（肥料，農薬，農業機械など）の減少により，同年の生産量が減少することから，国際食料価格は再び上昇することになる。これまでの世界食料需給は基本的にこうしたサイクルを繰り返してきた。

世界の穀物・大豆の需要量は，人口および所得の増加による畜産物需要の増加に伴う飼料用穀物需要増加，植物油需要増加などの要因から増加傾向にある（図 4.1）。一方，世界全体の穀物・大豆生産量は天候要因や生産国の農業政策などによる変動はあるものの，1970 年代以降，増加傾向にある。世界全体の穀物・大豆の生産量は変動を伴いながらも，概ね需要量増加に対応している。また，世界の穀物・大豆の期末在庫率（当該年の期末在庫量を需要量で除した値）については，1985 年頃に比べて現在は低いものの，1970 年から現在まで，基調として増加傾向にある。なお，期末在庫率は食料需給の状況を示す指標として用いられ，在庫率が低いほど需給がタイトであることを意味する。

国際穀物・大豆価格については，2006 年秋から 2008 年夏にかけて，主産地における減産を契機とし，その他の複合要因も加わり高騰し，2012 年に再び，高騰したものの，2013 年以降は変動を伴いながら下落傾向で推移してきた。ただし，2019 年以降は，上昇基調にある（図 4.2）。国際食料価格の水準およ

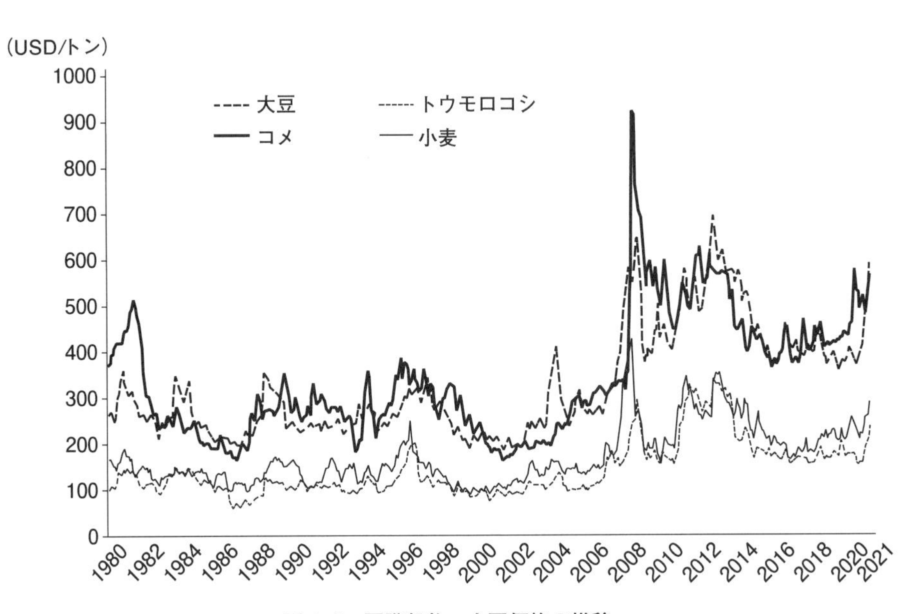

図 4.2 国際穀物・大豆価格の推移
出典：World bank (2021) より作成

び変動性を決定する要因としては，需給の基礎的要因であるファンダメンタル要因，投機資金などによるテクニカル要因，各国・地域政府の農業・貿易政策の変化によるポリティカル要因があげられる。ただし，中長期的に国際食料価格を俯瞰する場合，このうちファンダメンタル要因である世界食料需給・貿易の状況が最も重要な要因となる。

世界のトウモロコシ需要量については飼料用需要量の増加，世界の大豆需要量についても飼料用需要量の増加に加えて，植物油需要量の増加により，増加傾向で推移している。さらに，農産物を主原料とするバイオ燃料需要量も増加している。世界のバイオ燃料生産量は，2006 年から 2019 年にかけて 3.2 倍に増加した (F. O. Licht 2020)。また，世界の食料需給におけるバイオ燃料使用割合は，世界のサトウキビ生産量の 21.5% (2018 年)，同トウモロコシ需要量の 14.2% (2019 年)，同大豆油需要量の 18.3% (同)，同菜種油需要量の 18.1% (同)，同パーム油需要量の 18.6% (同) であった*。このため，バイオ燃料生産は世界食料需給に影響を与えているものと考える。現在では，米国，ブラジル，EU などの多くの国・地域においてバイオ燃料の義務目標量や混合義務の設定などによるバイオ燃料政策を導入しており，各国・地域がこうしたバイオ燃料政策を維持した場合，各国・地域政府がバイオ燃料需要量を一定期間保証することを意味する。こうした政府による保証された確実な需要がある限り，バイオ燃料需要が国際食料価格における「下支え」効果として機能し，食料価格が下落しにくい構造となる。このように，2000 年代半ば以降，各国・地域におけるバイオ燃料政策が，国際食料価格における「下支え」効果として機能

* F. O. Licht (2020) および USDA-FAS (2021) を用いて筆者推計。

したことに加え，中国がトウモロコシをはじめとする穀物・大豆の純輸出国から純輸入国に転換したことにより，世界の食料需給・貿易構造は大きく変化した。こうした構造的変化により，今後，世界の食料生産量が増加し，在庫率が上昇しても国際食料価格は2006年以前の水準に戻りにくい需給・貿易構造となっており，こうした構造が今後も続くことが見込まれる点に十分，留意する必要がある。

4.2.4　世界のフードセキュリティの現状

世界食料需給は，フードセキュリティの重要な構成要素であるが，そのすべ

表4.1　フードセキュリティの構成要素

四大構成要素	フードセキュリティ指標
供給可能性（Availability）	平均食事エネルギー供給充足度 平均食料生産額
	穀物および根茎類由来の食事エネルギー供給割合 たんぱく質供給量平均値 動物由来たんぱく質供給量平均値
物理的・経済的入手可能性（Acess）	道路全体に占める舗装道路率 道路密度 鉄道密度
	国内総生産（購買力平価ベース）
	国内食料価格指数
	栄養不足蔓延率 貧困層の食料支出割合 食料不足の深刻度合 食料不足の蔓延率
安定性（Stability）	穀物輸入依存率 灌漑された耕作地率 商品輸出総額に対する食料輸入額の割合
	政治的安定性および争乱／テロ行動がない状態 国内食料価格の不安定性 １人当たりの食料生産変動性 １人当たりの食料供給変動性
適切な利用（Utilization）	改良水資源へのアクセス 改良衛生設備へのアクセス
	消耗性疾患に罹患している５歳未満児の割合 発育不全の５歳未満児の割合 体重不足の５歳未満児の割合 体重不足の成人の割合 貧血症の妊産婦の蔓延率 貧血症の５歳未満児の蔓延率 ビタミンA欠乏蔓延率 ヨウ素欠乏蔓延率

出典：FAO（2015）より作成

てを表す指標ではない。フードセキュリティは，関連する多くの原因に由来し，多様な事象および物理的状況となって現れる。FAOでは，2013年以降，31から成るフードセキュリティ指標を導入し，フードセキュリティを構成する4つの側面を個別に評価することで世界各国・地域のフードセキュリティの評価を行っている（表4.1）。この指標では，量の確保のみのならず，栄養・衛生面の確保も重要な位置付けとなっている。このうち，栄養不足蔓延率から算出される栄養不足人口が世界のフードセキュリティの状況を表す指標として，世界で最も多く使用されている。

2015年には「国連持続可能な開発サミット」が開催され，加盟国首脳の参加のもと，その成果文書として，「持続可能な開発のための2030アジェンダ」が採択された。このアジェンダでは人間，地球および繁栄のための行動計画として，17の目標と169のターゲットからなるSDGs（持続可能な開発目標）が設定された。このうち，貧困をなくそうという第1の目標に続き，第2の目標として，飢餓をゼロ，つまり，「飢餓に終止符を打ち，食料の安定確保と栄養状態の改善を達成するとともに，持続可能な農業を推進する」目標が設定された。さらには，2030年までに，「飢餓を撲滅し，全ての人々，特に貧困層および幼児を含む脆弱な立場にある人々が，一年中安全かつ栄養のある食料を十分得られるようにする」などの8つのゴールも設定された。

FAOによると，2020年における飢餓に苦しむ人々は世界で7億6,800万人と推計されている。世界の人口に占める栄養不足人口の割合は，2005年の12.4％から2017年には8.1％に低下したものの，2020年には9.9％に上昇した（図4.3）。このように，世界の栄養不足人口の割合は，これまで減少傾向に

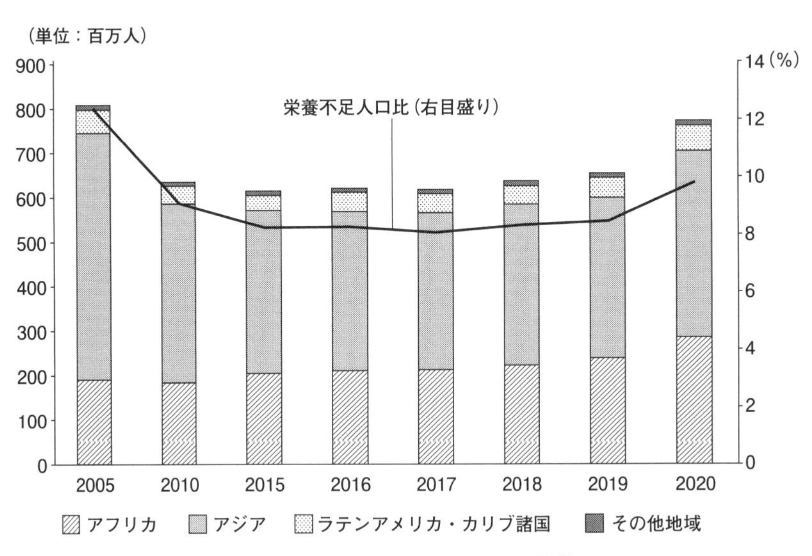

図4.3　世界の栄養不足人口の推移
出典：FAO（2021）より作成

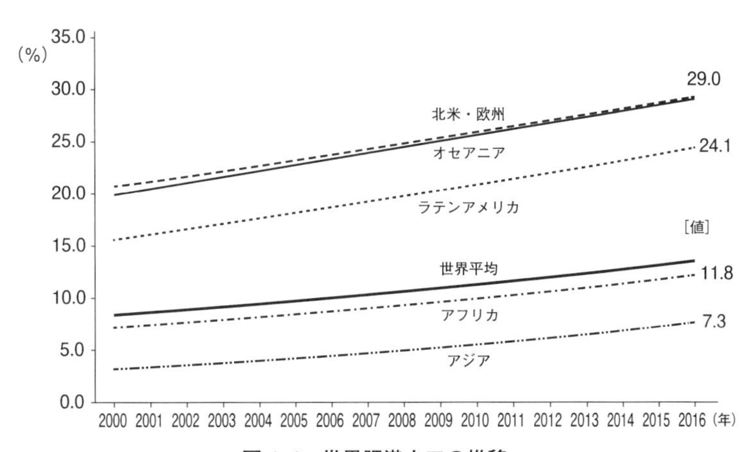

図 4.4　世界肥満人口の推移

出典：FAO (2020) より作成

あったものが，上昇傾向に転じている。そして，現在も世界の 10 人に 1 人が飢餓に苦しんでいる状況にある。とくに，サハラ以南アフリカ地域では全人口の 21.0%とほぼ 5 人に 1 人が飢餓に苦しんでいる状態にある。このため国際社会は，2030 年までに飢餓をゼロにするという「持続可能な開発目標」(SDGs) に向けてより一層，対策を講じる必要があり，とくにサハラ以南アフリカ地域については，飢餓撲滅に向けて重点的に対策を講じる必要がある。

また，これと同時に世界では成人の肥満の問題も深刻化している。世界の成人の人口に占める肥満人口の割合は，2000 年の 8.3%から 2016 年には 13.2%に上昇傾向にある (図 4.4)。そして，2017 年において世界の成人のうち 8 人に 1 人以上が肥満の状態であると FAO は推計している。世界で最も肥満人口割合が高い地域は，北米・欧州，オセアニアの 29.0%であり，ラテンアメリカ地域の割合も 24.1%と高い。一方，アフリカおよびアジア地域における割合は比較的，低いものとなっている。このように，世界の多くの国・地域において栄養不足と肥満が共存している状況にある。このため，我々は，食料の「量の確保」のみならず，栄養面における「質の確保」にも取り組んでいく必要があり，関連する国連・国際機関や各国・地域政府とも連携して，栄養面や保健衛生面における摂取・利用の確保のための取組を強化することが国際社会からも求められている。

4.3　世界の食料需給見通し

4.3.1　世界の食料需給見通しの意義と各機関による予測

中期的な世界の食料需給においては，途上国を中心とした人口増加・経済発展に伴う食生活の変化などによる食料需給のひっ迫要因が考えられる。世界の食料需要量が長期的にどのように推移するかは，人口の増加，各国の経済成長率と食料需要の所得弾性値に大きく影響されるが，これまでのような比較的高い経済成長率が続く場合は，1 人当たりの食料需要量の増加と人口増加との相乗効果により，食料需要量が増加することが考えられる。将来の世界の食料供給に関しては，中長期的にも気候変動による影響，水資源の制約，土壌劣化，土地資源の制約による影響が懸念される。こうした状況において，世界食料需給の将来予測を行うことは，国際社会が世界のフードセキュリティの状況を早期警戒的に把握し，迅速な対応を講じるためにも，極めて重要な課題となっている。本節では，各機関による世界の食料需給見通しについて紹介し，世界の食料需給見通しの意義と課題について解説する。

10 年程度の中期的な世界の食料需給見通しに関しては，現在，経済協力開発機構（OECD）および FAO，米国農務省，ミズーリ大学コロンビア校，農林水産政策研究所など世界のさまざまな機関から公表されている。また，各国・地域を対象としたものでは，欧州委員会，豪州農業・水資源省，ブラジル農牧供給省，中国農業部市場早期警戒専門委員会などが毎年，食料需給見通しを公表している。また，定期的ではないが，これまでに FAO，IFPRI（国際食料政策研究所），農林水産省などが長期的な世界食料需給についての予測結果を公表した。

4.3.2　OECD-FAO 農業見通し 2020-2029 の概要

OECD と FAO が共同で行っている「OECD-FAO 農業見通し 2020-2029」（OECD-FAO Agricultural Outlook 2020-2029）は，約 40 品目もの食料（水産物含む）を，38 か国・11 地域を対象（2021 年 9 月現在）に，各国・地域政府，国際機関などとも連携し，現在，世界でも最も多くの品目，国・地域をカバーした予測を行っている。2020 年に公表した「OECD-FAO 農業見通し 2020-2029」は，世界の食料需給について 2017〜19 年を基準年として，2029 年までの展望を示した。これまでの現行の農業関連政策や経済社会情勢が継続することを前提とした趨勢予測は，いくつかの前提条件に基づいている。とくに，世界の人口予測と 1 人当たりの GDP 成長率予測は，将来の食料需要量を決定する重要な要因である。まず，世界の人口は 2017〜2019 年の 76 億人から 2029 年に 84 億人に増加するという国連人口推計中位予測値（2019 年）を用いた。また，1 人当たりの GDP 成長率は，予測期間中，年平均 2.8％の増加を前提とする OECD 経済見通し（2019 年 11 月），および IMF 世界経済見通し（2019 年 10 月）を用いた。このほかにも予測期間中，これまでの技術変化・消費構造が継続し，現行の各国・地域の農業・貿易政策が継続，平年並みの天候が継続することなどを前提とした。

以上の前提条件をもとに，OECD および FAO は世界の食料需給見通しを行った。まず，世界の**食料需要量**は人口に 1 人当たりの食料需要量を乗じて求められる。予測の結果，世界全体の食料需要量は今後 10 年間で増加するものの，増加率はこれまでの10年間を下回る見込みである。今後の食料需要量増加は，世界人口の増加が寄与する見込みである。予測期間中，各国・地域の消費構造に大きな変化は見られないものの，中所得国を中心に所得に占める食料品支出の割合は減少し，世界平均でみても，食料摂取量における動物性たんぱく質および脂質などの割合は増加し，主食（穀物など）の割合は減少する見込みである。また，**食料生産量**は作物の単収（生産性）に収穫面積を乗じて求められた農産物生産量を意味する。世界の食料生産量は需要量に対応して増加するものの，生産量の増加率はこれまでの10年間に比べて低下する見通しである。このうち，今後10年間における農産物生産量の増加率のうち，85%は単収の増加が寄与する。単収は，今後，農薬および肥料使用量の増加といった生産投入財の集中化，品種改良など技術変化により増加する見込みである。世界の**食料貿易量**は，今後10年間は増加するものの，増加率はこれまでの10年間に比べて低下することが見込まれる。以上を踏まえ，今後10年間で多くの国際食料価格が下落基調で推移する見通しとなった。これは，今後，多くの品目で食料生産量の増加率が需要量の増加率を上回ることによるものである。

4.3.3　COVID-19シナリオが世界食料需給に与える影響試算

以上の「OECD-FAO農業見通し2020-2029」では，OECDおよびFAOは，趨勢見通しを示したが，これとは別にCOVID-19の影響を勘案したシナリオ予測も実施した。なお，筆者はOECDにおいて本趨勢見通しと本シナリオ予測を担当した。シナリオ予測は，趨勢見通しに対して，不確実な要素を勘案した農業関連政策や社会経済情勢の変化による代替的なシナリオを加えることで，こうした要素が食料需給に与える影響を評価することを目的としている。趨勢見通しでは，OECD経済見通し（2019年11月）および国際通貨基金（IMF）世界経済見通し（2019年10月）に基づき，GDP成長率は予測期間中に年平均で

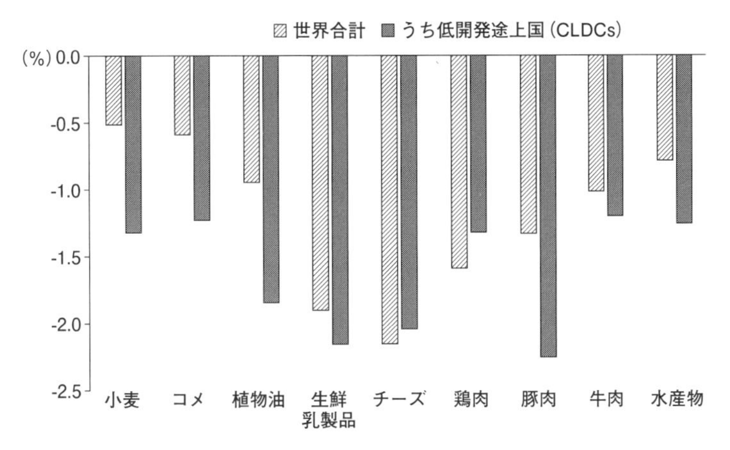

図4.5　COVID-19が世界食料需要量に与える影響（2020-21年度）
出典：OECD-FAO（2020）より作成

3.4％増加する前提条件に対して，COVID-19 シナリオでは 2020 年の世界全体の GDP 成長率が 3.0％低下する IMF の同年 4 月公表の予測値を設定した。

図 4.5 は，2020～21 年度における世界の食料需要量について，COVID-19 シナリオによる予測結果と趨勢見通し結果の変化率を表したものである。これは，COVID-19 による「経済ショック」が世界の短期的な食料需要量に与える影響を示しており，短期的には，すべての世界食料需要量が減少することがわかる。とくに，2020～21 年の世界の食料需要量の減少率は，生活必需品であるコメや小麦などに比べて，より付加価値の高い乳製品や肉類が大きな影響を受ける予測結果となった。とくに，低開発途上国の食料消費量は，多くの品目で世界平均に比べて，さらに減少することになり，とくに，小麦，コメ，植物油，豚肉は世界平均に比べて消費量が大幅に減少する結果となった。この影響試算の結果，COVID-19 は低開発途上国に深刻な影響を与える可能性があるため，今後も注視が必要である。

4.3.4　世界の食料需給見通しの課題

世界食料需給は，現在の傾向が続く場合に起こり得る問題点について事前に警告を与え，望ましくない事態が現実化することのないように対策を講ずることを目的としている。世界の食料需給見通しは，将来に向かっての目標や警告とし，さまざまに想定されたシナリオに基づいたシミュレーション分析を行うことにより，予測の結果を望ましい方向に導くための政策を考えていくことが重要となる。以上のように，「OECD-FAO 農業見通し 2020-2029」では，中期的な趨勢予測のほか，COVID-19 が世界食料需給に与える短期的影響評価を行った。ただし，こうした予測を行う上でも，現在（2021 年 9 月）のところ，COVID-19 パンデミックによる更なる感染拡大，サバクトビバッタおよびアフリカ豚熱（ASF）の更なる影響，気候変動の影響，国際原油価格の変動などの不確実性やリスクもある。このため，こうした不確実性や課題を踏まえて，OECD および FAO をはじめとする各機関はより精度の高い見通しを今後，実施していくことが国際社会から求められている。

また，食料需要量の見通しについても重要な課題を有している。前述のように，途上国では食料に交換する「交換権限」に乏しいため，食料の有効な需要が発生していないケースが数多く存在していると考えられる。こうした需要は，将来，途上国において所得が向上し，「交換権限」を有する者が増加することにより，有効な需要として反映されるが，現在のところ，多くの途上国において，所得が十分ではないため，食料消費の有効な需要が発生していないものと考えられる。貧困の裏側に隠れているこうした食料需要量についても今後の課題として推計を行い，世界の食料需給見通しに反映していくことが必要である。

4.4　地球規模の飢餓克服に向けて

4.4.1　今後の世界のフードセキュリティの展望

前述のように，FAOによると，2020年における飢餓に苦しむ人々は世界で7億6,800万人と推計されている状況にある（FAO 2021）。また，2017年時点で，世界で30億人が健康的な食生活を送ることが困難となっており，そのうちアジアでは19.3億人（人口の37%），アフリカでは9.6億人（人口の74%）が困難であると見込まれている（FAO 2020）*。

＊　FAOの定義する人間活動に最低限必要な熱量，基礎的栄養素を満たす熱量，各国別の食生活ガイドラインで必要とされている熱量を満たさない人口の割合である。詳細はFAO（2020）を参照されたい。

飢餓人口が増加している状況下，COVID-19パンデミックは，世界のフードシステムの脆弱性を高め，その機能が悪化していることが，世界各地から報告されている。COVID-19パンデミックによる世界的な景気後退は，途上国を中心とする人々が，食料へアクセスすることを困難なものとした。このため，2019年から2020年にかけて世界の栄養不足人口は，1億5,360万人増加することが推計された（図4.3）。地域別ではアジア地域のうち南アジアにおける増加が最も多く，この1年で1,380万人の栄養不足人口が増加することが推計された。世界の栄養不足人口は，2005年から2015年にかけて減少傾向にあり，2016年以降は，微増傾向にあったものが，2020年は前年比22%増加と高い増加率となり，これまでの傾向が大きく変わることとなった。パンデミックの状況次第では，世界の栄養不足人口がさらに増加する可能性も考えられる。こうした状況は，SDGsにおける飢餓をゼロにするという目標達成を危ういものにしている。とくに，世界では，5歳以下の1億4,400万人が発達障害となっている。さらに貧血，低体重，子供の肥満，母乳育児，栄養失調などに関する具体的目標の達成は現状では困難となる見込みである（FAO 2020）。子供の時期の発達障害は，学習障害などを引き起こすことにより，その後の成長にも影響し，こうした人々の割合が高い場合は，その国の経済発展阻害の要因となりうることにも十分，注意が必要である。

2020年にFAOから公表された「世界の食料不安の現状　2020年報告」（The State of Food Security and Nutrition in the World）では，SDGsの目標から5年経った今日，未だ2030年までに目標を達成する方向には向かっていないことが強調された（FAO 2020）。以上のように，現状では，SDGsにおける飢餓をゼロにするという目標達成は他の目標と同様に非常に難しい状況となっている。

4.4.2　飢餓克服に向けた取り組み

それでは，地球規模での飢餓の撲滅というこれまで人類が成しえなかった悲願を達成するにはどのような対策が必要なのかを考察したい。まず，短期的な飢餓の解消に向けた取り組みは，WFP（国連世界食糧計画）に代表されるように，災害・紛争などによる飢饉の発生した地域の住民に対する緊急援助による迅速な食料の供給体制が必要となる。そして，中長期的な供給側の取り組みとしては，今後も農業投資を継続的に実施していくことが必要である。国際食料価格が軟調に推移することは，一般的に，世界の食料が余っているメッセージと解されるため，生産者の増産意欲を低減させ，作付面積，農業投入財などの減少を促すことが考えられる。そして，政府や民間農業関連企業・投資企業なども，将来の農業収益の増加が見込めないのであれば，今後の研究開発投資，農地投資，農業機械・設備投資といった農業投資額の減少につながる。

歴史を遡ると，1970年にFAOが公表した1980年の世界の食料需給見通しでは，穀類および油脂類は過剰となる予測結果を公表した。この時点でFAOが楽観的な見通しを語るようになった背景として，「緑の革命(Green Revolution)」に対する過大評価があった(梶井 1988)。こうした近代農学に基づく科学的農業が温帯地帯の先進国から熱帯，亜熱帯地域の途上国へ波及していった過程は「緑の革命」と呼ばれている(藤田 1998)。「緑の革命」は，小麦，コメの近代品種の開発・普及により，南アジア，東南アジアでの小麦・コメの生産性を高め，その後の途上国における食料自給の達成に寄与した。しかし，1972年は世界同時的な不作により，国際食料価格は1973年および1974年に高騰した。大塚(2014)は，「緑の革命」が穀物の価格を低下させ，それが将来も食料が十分にあるという錯覚を生み，その錯覚が増産努力を怠ることにつながり，その結果，食料価格が高騰したことから，こうした「油断」も最近の食料価格高騰の大きな原因であることを指摘した。

1973年および1974年の国際食料価格の高騰は，主産地における減産が発端ではあるが，1970年代後半からの国際社会の食料供給に対する「楽観論」により，国際社会や主要生産国・地域が十分に対策を講じなかったことによる「油断」も原因としてあるものと考える。また，2000年代初めの世界食料需給は，膨大な在庫量を抱えており，世界的に食料が余っているものと，一般には認識された。このことは各国政府などにより，余剰感があると認識されたトウモロコシを中心とする農産物からのバイオ燃料生産の増加にもつながった。そして，バイオ燃料向け需要量が増加する状況下において，主産地における減産などを契機に複合的な要素も加わり，国際食料価格は2006年秋から2008年秋まで高騰した。このため，こうした将来の食料需給に対する「油断」こそが世界食料需給のひっ迫を引き起こしてきた最も重要な要因の一つであると考えられる。

一般に食料は人々の必需品であるため，食料価格が上昇する時が異常であると人々に認識されることで，価格上昇時のみに関心が高まりやすい傾向にある。しかし，食料となる農産物は農業生産者にとって重要な所得源である点も忘れてはならない。食料価格が低いことは，途上国の都市住民の家計にはプラスとなっても，農村地帯では農民所得を低下させ，栄養不足人口を増やすことにより，世界のフードセキュリティの状態を悪化させることにもつながることが考えられる。こうした食料価格が低い状態が続くと生産者の増産意欲が減退し，農業生産が低迷することになり，将来的に食料価格の上昇や価格が不安定化するリスクを抱えている。さらに，食料価格が低いほど，フードロスが増加する傾向がみられるように，フードロスと食料価格は逆相関の関係にある（小泉 2016）。所得が一定であるとの条件の下，食料価格が低いことは，フードロスの増加を招き，環境問題などを発生させることが考えられる。このため，国際的な食料価格が低い状態が続くことは，価格上昇と同じように大きな問題となる。

長期的な食料供給量に大きな影響を与える要因として最も重要なのは，IPCC 第5次報告書第2作業部会（以下，IPCC WG2 という）が指摘したように，気候変動の影響による気温，降水量の変動などが農業生産に与える影響であると考えられる。とくに，気候変動は農業生産を通じて，危険な状態にあるフードセキュリティの状態をさらに悪化させることが国際社会でも懸念されている。気候変動が農業生産に与える影響では，これまでの先行研究をみても，対象地域や作物などによってかなりの差異がある。IPCC WG2 では，とくに，熱帯および温帯地帯の主要作物（小麦，コメおよびトウモロコシ）については，適応策がない場合，その地域の気温上昇が 20 世紀後半の水準より 2℃ またはそれ以上になると，個々の場所では便益を受ける可能性はあるものの，気候変動は負の影響を及ぼすと報告した。このため，SDGs の目標 2 のうち，ターゲット 2.4 のように，「2030 年までに，生産性を向上させ，生産量を増やし，生態系を維持し，気候変動や極端な気象現象，干ばつ，洪水その他の災害に対する適応能力を向上させ，漸新的に土地と土壌の質を改善させるような，持続可能な食料生産システムを確保し，強靭な農業を実践する」ことが重要となる。

これまでみてきたように，長期的な視点からの気候変動リスクに対して世界食料需給そして国際食料価格を安定させるためには，各国政府，民間などによる継続的な農業研究開発投資，農地投資，品種改良，肥培管理を中心とする生物学・化学的農業技術（BC 技術*1）投資，そして機械的農業技術（M 技術*2）のような農業機械・設備投資といった農業投資が必要不可欠である。ただし，こうした農業投資を行う際には，「農業およびフードシステムにおける責任ある投資のための原則」（Principles for Responsible Investment in Agriculture and Food Systems）*3 に則ることが必要である。そして，バイオ燃料生産により，食料価格を下支えすることは，価格が下がりにくい需給構造を意味する。これは同時に価格の暴落を防ぐことにより，農民の所得の維持・増加にもつながる。

世界の食料貿易においては，輸出補助金および同等の効果をもつ措置や輸出制限措置を撤廃し，世界の市場における歪みを防止することが必要である。さらに，在庫政策としては，適切な在庫管理システム，食料不足時における迅速かつ柔軟な在庫放出が必要となる。一方，主食用作物の生産には補助金や貿易制限措置などが適用されることで国内生産を刺激しているものの，栄養価の高い果実や野菜への補助が低いため，一般には，栄養価に優れている食料価格が高いことが，世界的にも問題となっている。このため，栄養価に優れた食料となる農産物の生産性向上に向けた農業投資の促進も必要である。また，これと

*1　BC 技術とは，Biological-Chemical Technology の略である。

*2　M 技術とは，Mechanical Technology の略である。

*3　農業投資によって生じうる負の影響を緩和しつつ，同時に農業投資の促進を通じて農業生産の拡大，生産性の向上を図ることで，投資受入国政府，小農を含む現地の人々，そして投資家という 3 者の利益の調和と最大化を目指すものである（外務省 2016）。詳細は小泉（2017）を参照されたい。

併せて，こうした農業投資の促進による農業技術を農家レベルまで浸透させるための農業普及教育活動の促進も必要である。そして，栄養価の高い食料価格を人々が入手しやすい価格にすることや健康的な食生活の強化のための政策としては，栄養面に十分配慮した学校給食プログラムの推進，栄養価に優れた食品への補助金の適用などが重要となる。とくに，健康的な食生活の促進のためには，高カロリーな食品や飲料への課税や規制，栄養教育の促進なども必要となる（FAO 2020）。さらに，フードサプライチェーンの充実も世界のフードセキュリティの確保にとって重要な要素となっている。とくに，非効率的な食料貯蔵，インフラの未整備，未発達な食料加工技術によるフードロスの発生などを抑制することなども必要である。

COVID-19 パンデミック以降，世界的に，飢餓人口の増加のみならず，サプライチェーンの混乱などの問題が指摘されている。米国をはじめ多くの国・地域において，2020 年には食料サプライチェーンが混乱をきたし，短期的な需給バランスが崩れ，食料価格の上昇を招いた。そして，世界的にも安全で栄養価の高い食料へのアクセスに関わる食料・保健システムの長年にわたる不平等が表面化した（Laborde et al. 2020）。このため，地域レベルで強靭な食料生産システムを発展させることへの重要性が高まっている。このように，COVID-19 のパンデミックにより，フードセキュリティの確保に向けて，フードサプライチェーンの強化が世界的にも重要な課題として浮上してきている。このため，2021 年 9 月に開催される「国連フードシステムサミット」（Food Systems Summit 2021）では，フードシステムの強靭化，健康的で安全な食料アクセスに関するフードシステムなども重要なテーマの一つとして，議論の対象となる。「国連フードシステムサミット」や関連会合の開催により，フードサプライチェーンの重要性が国際的に注目され，今後，国際的議論が深まるものと期待される。

4.5 おわりに

本章では，飢餓とその原因，世界のフードセキュリティの現状，世界の食料需給見通しを通じて，地球規模での飢餓克服に向けた政策対応について解説した。世界の食料需給は，2000 年代半ば以降の世界食料需給・貿易構造の大きな変化により，国際食料価格は 2006 年以前の水準に戻りにくい需給構造となっていることに注意が必要である。世界の食料需給見通しは，現在の傾向が続く場合に起こり得る問題点について事前に警告を与え，さまざまに想定されたシナリオに基づいたシミュレーション分析を行うことで，予測の結果を望ましい方向に導くための政策を考えていくことが重要となる。今後も COVID-19 パンデミックによる更なる感染拡大，気候変動の影響，国際原油価格の変動などの不確実性やリスク，途上国を中心とする食料の潜在的需要量の問題を踏まえて，OECDおよびFAOをはじめ，各機関はより精度の高い予測を実施していくことが国際社会から求められている。

2020年における飢えに苦しむ人々は世界で7億6,800万人と推計されている。現在も世界の10人に1人が飢餓に苦しんでおり，とくに，サハラ以南アフリカ地域では全人口の21.0%とほぼ5人に1人が飢餓に苦しんでいる状況にある。世界の栄養不足人口の割合は，これまで減少傾向にあったものが，上昇傾向に転じている。一方，世界では約30億人が健康的な食生活を送ることが困難となっており，同時に成人の肥満の問題も深刻化している。このように，世界の多くの国・地域では，栄養不足と肥満が共存している状況にある。このため，国際社会としては，これまでのように食料について「量の確保」のみならず，栄養面における「質の確保」にも取り組んでいく必要がある。このため，関連する国連・国際機関が各国・地域政府などとも連携して，栄養面や保健衛生面における摂取・利用の確保のための取組を強化することが必要である。

このように世界的にも飢餓人口が増加している状況に加えて，2020年以降の世界的なCOVID-19パンデミックは，世界のフードシステムの脆弱性を高めている。COVID-19パンデミックによる世界的な景気後退は，途上国を中心とする人々が，食料へアクセスすることを困難なものとし，2019年から2020年にかけて世界の栄養不足人口は，1億5,360万人増加することが推計された。今後のパンデミックの状況次第では，世界の栄養不足人口がさらに増加する可能性も考えられる。こうした状況は，SDGsにおける飢餓をゼロにするという目標の達成を危ういものにしている。このため，2030年までに飢餓をゼロにするという「持続可能な開発目標」（SDGs）に向けてより一層，対策を講じる必要があり，とくにサハラ以南アフリカ地域では飢餓撲滅に向けて重点的に対策を講じる必要がある。

一方，COVID-19パンデミック発生以降，世界的に食料不足人口の増加のみならず，サプライチェーンの混乱などの問題が指摘されており，フードサプライチェーンの強化がフードセキュリティの確保に向けた重要な要素として国際社会でも認識されている。2021年の「国連食料システムサミット」では，食料システムの強靭化も重要なテーマの一つとして議論される。FAOでは，2013年以降，31から成るフードセキュリティ指標を導入し，フードセキュリティを構成する4つの側面を個別に確認することにより，フードセキュリティの評価を行ってきた。しかし，フードサプライチェーンに関する指標は十分でなく，今後，新たな指標の導入が必要であると考える。

地球規模での飢餓の撲滅は，これまで人類が成しえなかった悲願であるが，この飢餓の撲滅を2030年までに達成するのが現状では厳しい状況となっている。科学技術への過度な信頼や食料価格の下落，世界の人口に占める栄養不足人口の割合が一時的に低下傾向にあったことなどの要素が「油断」となって，飢餓人口の増加などの「危機」として現われているものと考える。「食料危機」

は災害のように忘れたころにやってくるものであり，これまでの歴史が物語るとおりである。このため，今後もフードセキュリティの状況に「油断」することなく，気候変動などの長期的なリスクを十分考慮した上で，将来のリスクに対するレジリアンス（回復力）を高めていくための農業投資を継続的に実施する政策が，世界の飢餓人口の減少に寄与できるものと考える。

また，飢餓は飢饉のみならず貧困とも密接に関係しており，飢餓を減らすためには，食料生産の増産のみならず，貧困を解消し，必要な食料を購入できるように十分な所得を得られるようにすること，人々の食料の均等分配を阻害する社会的慣習などを変えていくことも重要となる。そして，この飢餓の問題は，途上国だけでなく，先進国でも発生しており，地球規模の問題となっている。このように，世界の飢餓を克服するためには，貧困などの問題にも取り組まなければならない。とくに，貧困問題は，COVID-19パンデミックにより，さらに深刻な問題となっている。世界的な飢餓の克服は，人類の悲願であり，この問題解決に向けて，関係する国連・国際機関，各国・地域政府に加えて，すべての関係者との強力な連携体制で不断の努力を行うことが必要である。

演習問題1　食料価格が低いことは，世界の飢餓にどのような影響をもたらすのか考えを述べよ。

【解答例】　食料価格が低いことは，都市部の消費者の家計にとってはプラスとなるものの，農家にとっては食料となる農産物の販売・交換が重要な所得源となるため，農民の所得を低下させることにより，飢餓人口が増加するリスクがある。また，食料価格が低い状態が続くことは，生産者による作付面積・農業投入財の減少，農業投資といった増産インセンティブの減退により，将来的に食料価格の上昇や価格不安定化を招くリスクを抱えている。

演習問題2　世界の飢餓撲滅に向けて関係国際・国連機関，各国政府などはどのような役割を果たすべきか考えを述べよ。

【解答例】　世界の飢餓撲滅に向けて，短期的には，飢饉の発生した地域の住民に対する緊急援助による迅速な食料の供給体制が必要である。また，中長期的には，気候変動などの将来的なリスクに対応するレジリアンス（回復力）を高め，農業生産の増加を促す農業投資やフードサプライチェーンの拡充を図るための農業投資が必要である。また，これに加えて，人々が健康的な生活を送るために必要な食料を確保できるようにするには，人々が十分な所得を得ることが必要である。このためにも，世界における慢性的な貧困を解消することが必要である。さらには，人々の食料の均等配分を阻害する社会的慣習などを変えていくことも重要となる。

5章
自然災害と向きあう農業・農村

豪雨による洪水や，地震による津波が襲ってきても，そこに人の営みが無ければ災害にはならない。ダムや堤防を築く土木技術の発達により，人は災害リスクの高いエリアに進出して多くの便益を得る一方，自然を十全にコントロールできると過信するようになり，そのことがさらに大きな災害を引き起こしている。われわれは科学技術の限界を知り，自然と折り合いをつけながら，災害と向きあっていかなければならない。

5.1　列島を次々に襲う自然災害

2011年3月11日の東北地方太平洋沖地震（東日本大震災）以降，熊本地震（2016年4月），北海道胆振東部地震（2018年9月）と，大きな地震が立て続けに起きた（表5.1）。また2020年7月には豪雨が日本列島を襲い，球磨川や飛騨川などが氾濫し，その前年（2019年10月）にも台風19号により，千曲川や阿武隈川など，全国各地で河川が氾濫した。ここ数年だけでも，西日本豪雨（2018年），九州北部豪雨（2017年）と，毎年のように台風や豪雨による水害が発生し（表5.2），多くの尊い命が失われた。もはや都市・農村を問わず，いつ

表5.1　2001年以降の主な地震

発生年月日	地震名	マグニチュード	最大震度
2001年3月24日	平成13年（2001年）芸予地震	6.7	6弱
2003年9月26日	平成15年（2003年）十勝沖地震	8.0	6弱
2004年10月23日	平成16年（2004年）新潟県中越地震	6.8	7
2007年3月25日	平成19年（2007年）能登半島地震	6.9	6強
2007年7月16日	平成19年（2007年）新潟県中越沖地震	6.8	6強
2008年6月14日	平成20年（2008年）岩手・宮城内陸地震	7.2	6強
2011年3月11日	平成23年（2011年）東北地方太平洋沖地震	9.0	7
2016年4月14日，16日	平成28年（2016年）熊本地震	7.3	7
2018年9月6日	平成30年北海道胆振東部地震	6.7	7

出典：気象庁「気象庁が名称を定めた気象・地震・火山現象一覧」「日本付近で発生した主な被害地震（平成8年以降）」

表5.2　2010年以降の主な豪雨・台風被害

期　間	名　称	地域独自の名称等，主な被害
2011年7月27日～30日	平成23年7月新潟・福島豪雨	五十嵐川や阿賀野川（新潟県）の氾濫等
2012年7月11日～14日	平成24年7月九州北部豪雨	「熊本広域大水害」，「7.12竹田市豪雨災害」，八女市（福岡県）や竹田市（大分県）の土砂災害・洪水害，矢部川（福岡県）の氾濫等
2014年7月30日～8月26日	平成26年8月豪雨	「広島豪雨災害」，「8.20土砂災害」，「2014年8月広島大規模土砂災害」，「丹波市豪雨災害」，「2014高知豪雨」
2015年9月9日～11日	平成27年9月関東・東北豪雨	「鬼怒川水害」，鬼怒川（茨城県）や渋井川（宮城県）の氾濫等
2017年7月5日～6日	平成29年7月九州北部豪雨	朝倉市（福岡県），東峰村（福岡県），日田市（大分県）の洪水害・土砂災害等
2018年6月28日～7月8日	平成30年7月豪雨	「西日本豪雨」，広島県や愛媛県の土砂災害，倉敷市真備町（岡山県）の洪水害など，広域的な被害
2019年9月（台風第15号）	令和元年房総半島台風	房総半島を中心とした各地で暴風等による被害，台風「ファクサイ」
2019年10月（台風第19号）	令和元年東日本台風	東日本の広い範囲における記録的な大雨により大河川を含む多数の河川氾濫等による被害，台風「ハギビス」
2020年7月3日～31日	令和2年7月豪雨	「熊本豪雨」，西日本から東日本の広範囲にわたる長期間の大雨，球磨川（熊本県）などの河川氾濫や土砂災害による被害

出典：気象庁「気象庁が名称を定めた気象・地震・火山現象一覧」

どこにいても自然災害に遭うことを，われわれは覚悟しなければならない。

自然災害と向きあうとき，都市と比べて農村のアドバンテージとして挙げられる点は，人口密度が低く，水を湛えられる水田があるという空間的特性や，地域社会のまとまりが良い点などである。人口密度の低さや，水田の湛水機能を組み合わせれば，自然災害を予防・緩和する農村空間を創ることが可能となるし，地域社会のまとまりのよさは，いざ災害が起きたときに，それを切り抜けていくための大切な資産となる。

そこで本章では，①農地のもつ災害予防・緩和機能，②災害時における地域社会の機能，そして，③災害に強い地域を創るための方策に焦点をあてて，自然災害と向きあう農業・農村について考えていく。

5.2　農地の災害予防・緩和機能

わが国の農業，とりわけ水田農業は，用水の確保の点からも，水害から農地を守るという点からも，水との戦いと共生の歴史であった。そして農地には，洪水時の遊水地としての役割を担わされてきたという歴史もある。さらにそもそも農業は，多面的機能として**洪水調節機能**や**土砂崩壊防止機能**を有しているといわれている。そうした農業や農地がもつ災害予防・緩和機能を活かしながら，われわれは自然災害と向きあっていかなければならない。

5.2.1　農地の遊水地としての機能

藤沢周平の時代小説『蝉しぐれ』には，農業と水害にまつわる次のような場面がある（藤沢 1991）。江戸時代の海坂藩（藤沢作品ではお馴染みの架空の藩，庄内藩がモデル）を，秋の嵐が襲ったときの話である。

> 領内を流れる五間川の氾濫から下流にある城下町を守るために，普請組の侍と手伝いの農民たちが上流の堤防を切開して水を溢れさせようとした。そのとき稲が稔っている水田を犠牲にしないように，切開位置の変更を主人公・牧文四郎の父が上司に進言し，水田が犠牲にならずに済んだため，農民から大変感謝された。

このことが文四郎の人生にも大きな影響を与えていくのであるが，この話には農業と水害にまつわるさまざまな要素が含まれている。まず用水として水を確保するにも，水害から農地（及び農作物）を守るためにも，農業は水との戦いと共生の歴史であったという点である。そして物語では主人公の父の進言により，結果として農地は洪水の被害を免れたのであるが，そうでなかった場合，いざというときには城下町を守るために，農地が**遊水地**としての役割を担わされ，犠牲になっていたことを示している。もちろん『蝉しぐれ』は小説であり，そこで語られている話もフィクションなのだが，次に紹介するように，実際に農地は洪水時に遊水地としての役割を担わされてきたのである。

河川工学の大熊孝は，その著書『洪水と水害をとらえなおす―自然観の転換と川との共生』（農文協，2020）の中で，西日本豪雨（2018年）の岡山県倉敷市真備町小田川水害について，次のように述べている。

> この氾濫で問題なのは，高馬川や末政川など小田川に合流する支川の堤防の高さが小田川堤防の高さよりおおむね1m以上低かったことである。高馬川や末政川も勾配の緩い河川であり，これらの堤防の高さは合流先の小田川の堤防高さに合わせるべきである。それが低かったということは，小田川の水位が上がれば，支流に逆流して溢れることを是認していたことになる。これは難しい問題であるが，かつてこの区域は水田しかなく，溢れたとしても大きな被害が出るところではなかった。そこで，ここをいざという時の遊水地の役割として位置づけられていたのではないかと考える。

下流の倉敷市街地を水害から守るため，上流の水田は遊水地として位置づけられていたというのである。遊水地の役割を担わされてきた水田を住宅地として開発してしまえば，そこが浸水して大きな被害を受けるのは当然のことであるし，当該エリアの遊水地としての機能も損なわれることになる。

なお上の引用箇所において，大熊が「これは難しい問題であるが」と断っているように，農地を遊水地として位置づけることは，難しい問題をはらんでいる。というのは，かつては洪水が起きたとき，農地を犠牲にしても市街地を守ることが暗黙の了解になっていたのだが，現在では農地を犠牲にすることに関して，農家の了解を得ることが相当困難になっているからである。またもともと遊水地として位置づけられていたエリアであっても，いったんそこが住宅開発されてしまえば，住民の命を守らなければならず，河川の氾濫を許容するわけにはいかないのである。

しかも河川の氾濫の場合，遊水地として犠牲となる農地の所有者（あるいは利用者）の範囲である「**受苦圏**」[*1]と，それによって水害のリスクが軽減される人々の範囲である「**受益圏**」にはズレがある場合が多いということも，農地を遊水地として位置づけることに関する合意形成が困難になる理由の一つとして考えられる。あるエリアに遊水機能をもたせ，別のエリアを守るということに関して，犠牲となるエリアの関係者の合意を取り付けるのは，そもそも困難なのである。江戸時代においても，治水をめぐって，対岸の住民や，上流と下流の住民が激しく対立し，殺人まで起きたという[*2]。

*1 「受益圏」,「受苦圏」は，環境社会学の用語である。受益圏と受苦圏が分離した環境問題としては，工場による騒音や重金属汚染，新幹線や空港などの大規模開発による公害などが挙げられ，受益圏と受苦圏が重なっている環境問題としては，自動車による大気汚染，ゴミの集積や飲水の汚染などが挙げられる（高田 2001）。

*2 古島（1967）によれば，現在の横浜市の鶴見川において，天保 11 年（1840 年）の大洪水の際に鶴見村の洪水対策の強化をめぐって，鶴見村と対岸や上流の村々との激しい対立があったという。また寛政 4 年（1792 年）にも綱島村と対岸諸村が激しく対立し，2 人が殺害されるという事態にまでいたっている。このように洪水対策をめぐって村々が激しく対立したのは，いずれかの村で堤防が強化されれば，対岸あるいは上下流にある別の村の被害が大きくなったからである。

5.2.2 津波緩衝帯としての「減災農地」

農地に災害予防・緩和機能を持たせるというアイデアは，津波対策としてもその効果が認められている。農業・食品産業技術総合研究機構（以下，農研機構）が，東日本大震災後に提案した「減災農地」も，その中の一つである（毛利・丹治 2012）。「**減災農地**」とは，海岸堤防背後の農地を階段状に整備するなどして，農地を津波緩衝帯として機能させようというものである。「減災農地」による津波減勢機能については，水理模型実験によって，農地の段差や第 2 堤防により津波到達距離が短くなり，津波到達時間が長くなる効果が確認されている（桐ら 2002）。

ところで「減災農地」というアイデアの核心部分は，農地の段差による津波減勢機能もさることながら，むしろ「減災農地」の空間的位置が持つ津波緩衝帯としての役割にあるといってもよいだろう。「減災農地を核とした津波減災空間」のイメージを図 5.1 に示しておく。被災前に低地部にあった集落を高所に移転させ，住宅跡地を農地に転換し，そうして整備した低地部の農地を津波緩衝帯と位置づけ，海岸堤防（第 1 堤防），第 2 堤防兼道路と組み合わせて，津波から集落（生命と生活）を守る津波減災空間なのである。

実はこのアイデアは，東日本大震災のときに「ラッキービーチ」（USA TODAY，2011 年 4 月 1 日）や「吉浜の奇跡」（読売新聞，2011 年 11 月 10 日）と呼ばれた岩手県大船渡市吉浜の取り組みからヒントを得ている。吉浜では，明治三陸津波（1896 年）の後，海岸にあった住宅を山麓の高所に移転させ，低地部を農地に転換してから，住民は農地を津波緩衝帯として捉えており，東日本

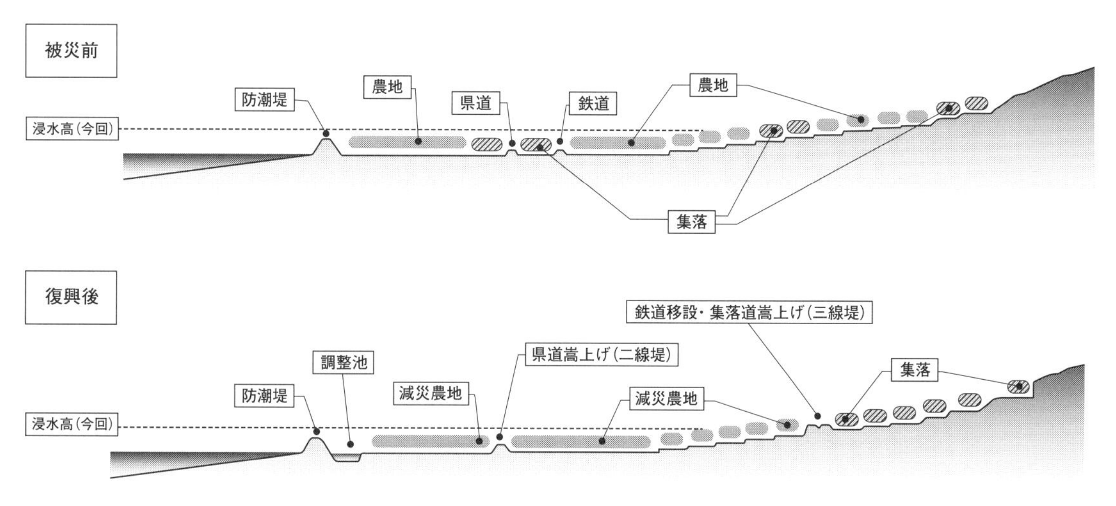

図 5.1　減災農地を核とした津波減災空間のイメージ
出典：福与(2020)

大震災の津波でも，人命と住宅への被害を最小限におさえることができたのである。

吉浜において，このような津波減災空間が成立した背景としては，生業が農業と漁業の両方で生計を立てるという「**半農半漁**」であったため，農地(及び農作物)の被害のリスクを分散できたこと(伊藤 2021)，また「受苦圏」(農地を犠牲にする人々の範囲)と「受益圏」(津波被害のリスクが軽減される人々の範囲)が重なっていたため，農地を津波緩衝帯として位置づけることに関して合意形成されやすかったという点が挙げられる。さらに住居の高所移転の際に，道路や墓地も高所に移転させたことも，住民が低地部の津波浸水区域に再び戻ることを抑制した要因と考えられる。

5.2.3　多面的機能としての災害予防・緩和機能

そもそも農地には，特別に遊水地としての役割を担わせなくても，そこで農業を営むことで，結果として自然災害を予防・緩和する機能を，農業の多面的機能の一つとして備えている。多面的機能として一般的に挙げられる機能のうち，雨水を一時的に貯留して洪水を調節する機能や，傾斜地において土砂崩壊や地滑りを未然に防ぐ土砂崩壊防止機能などがそれである(日本学術会議 2001)。

ところが，近年，耕作放棄地が増加しており，それとともに農業の多面的機能の低下も懸念されている。図 5.2 は，耕作放棄地が増加した場合，どのような影響が生じるかについて，**デルファイ法**を用いて予測したものである(福与ほか 2004)。デルファイ法とは，古代ギリシャのデルフォイの御神託がその名前の由来であり，専門家(神様の代わり)に対して複数回アンケート調査(神託

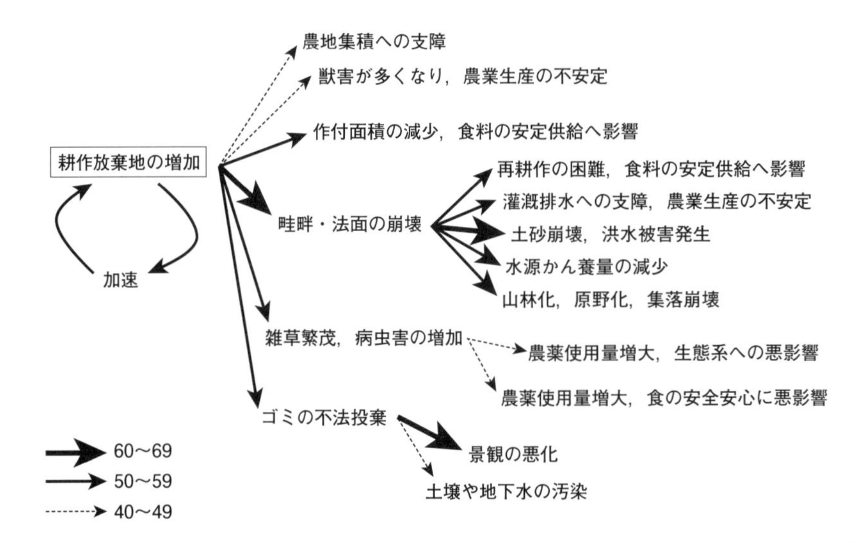

＊矢印の太さは，専門家に2回にわたり影響の大（100），中（50），小（25），無（0）を評価してもらった平均値

図5.2　耕作放棄地の増加の影響
出典：福与ほか（2004）

を得る）を行うことにより，意見集約をはかる方法である。

図5.2を作成するために，農地に関わる専門家集団である農業農村工学会の会員のうち，博士と技術士の資格を有する会員を対象にアンケート調査を2回繰り返し，2回目は1回目の結果を見ながら回答してもらうという方法により専門家の意見を集約した（回答数1回目：788，2回目：730）。この予測結果の中で，専門家により最も懸念された影響が，「耕作放棄地の増加」が「畦畔・法面の崩壊」につながり，それが「土砂崩壊，洪水被害」をもたらすという点である。農地を放棄することなく利用・管理し続けること自体が，自然災害の予防・緩和につながる一方，いったん耕作放棄されてしまえば，その機能は失われてしまうのである。

コラム　**霞堤の種類と機能**

古くからある治水技術の一つとして**霞堤**がある。霞堤とは，不連続で，その不連続部分が雁行状に重複している構造の河川堤防のことである。ただし霞堤には，「緩流河川型霞堤」と「急流河川型霞堤」があることには注意が必要である（大熊 1987）。緩流河川型霞堤は，洪水時に不連続な箇所から洪水が逆流して滞留することにより，洪水調節の機能（遊水地としての機能）をもつ。一方，急流河川型霞堤は，急勾配ゆえに逆流して滞留する水量は少なく，洪水ピークの低減効果はほとんど見込めない。むしろ，上流で氾濫したときに氾濫流をすみやかに河道に還流させる機能を持つ。多くの霞堤は急流河川型霞堤であり，霞堤と呼ばれる堤防一般に，遊水地としての洪水調節機能があると考えるのは誤解である（大熊 2020）。

5.2.4 田んぼダム

水田に，農業生産の結果としてではなく，意図的に洪水調節機能を持たせようという試みが**田んぼダム**である。田んぼダムとは，水田の落水口の断面積を，落水量調整板等を用いて縮小することにより，大雨時の水田からのピーク流出量を抑制する取り組みのことをいう。このことにより排水路の流量を抑え，洪水被害を軽減することが可能となる。この田んぼダムの試みは，新潟県ではじまったとされ（新潟県「新潟県発　田んぼダム実施中」），近年では多くの地域で取り組まれている。

田んぼダムの特徴は，農地（及び農作物）を犠牲にせず，低コストで水田をダムとして機能させるという点にある。ただし取り組み自体には，生産性の向上など，農業生産者へのメリットがないため，別途，インセンティブが必要となる（吉川ほか 2011）。また洪水調節効果を上げるためには，流域特性にあわせて生産者が計画的に取り組む必要があり，そのための合意形成も田んぼダムの普及にとってハードルとなる。現在では，日本型直接支払制度の一つである多面的機能支払交付金制度を活用した活動として取り組まれることが多い（農林水産省「多面的機能支払交付金事例集」）。

国土交通省は，ダムや堤防のほか，遊水地，霞堤（コラム参照）の保全など，河川流域のあらゆる関係者が協働して流域全体で治水対策を行う「流域治水」への転換を唱えているが（国土交通省「流域治水プロジェクト」），田んぼダムも「流域治水」の有効な手段の一つに位置づけられよう。

5.3 自然災害に対応した農村社会

農村の地域社会のまとまりの良さは，いざ自然災害が生じたとき，地域に暮らす生活者にとって頼りがいのある資産となる。一方，過疎・高齢化，混住化などにより，農村の地域社会の機能も低下してきており，それを補完する主体として災害ボランティアが注目されている。

5.3.1 災害時において発揮された地域社会の機能

農村の地域社会は，住民相互の関係の強さゆえ，災害時において住民がお互いの安否を確認し合うなど，さまざまな機能を果たす。ここでは，新潟県中越地震（2004年10月）の場合を例に，自然災害に対応して地域社会がどのように機能したのかを見ておこう。

表5.3は，新潟県中越地震のときに小千谷市J地区と川口町（現：長岡市）A地区において地域社会が果たした機能を，地震発生直後，避難所生活時，仮設住宅入居時といった3つの避難生活ステージごとに整理したものである（福与 2011）。2地区で確認された震災時における地域社会の機能は，おおよそ以下の6つに整理できる。

表 5.3　新潟県中越地震における地域社会の機能（小千谷市 J 地区・川口町 A 地区：2004 年 10 月〜2005 年 3 月）

避難生活ステージ	地区	地域社会が機能したと見なされる活動	機能の種類
地震発生直後	J	三叉路に 9 戸が集まった。山の上に 2 戸が逃げたが，三叉路に集合した方の住民が懐中電灯を振り回して迎えにきて集落全戸（11 戸）が合流した。それから公民館に行き 1 夜をすごした。	安全確認・確保
	J	道路が寸断されていたため「早めに脱出しなければいけない」と判断し，橋の三叉路に「SOS」を描いた。	安全確認・確保
	A	耐雪設計の車庫に班単位に避難した。	安全確認・確保
避難所生活時	A	毎朝 8 時に朝礼を行った。	情報収集・共有
	A	地区独自に炊き出しを行った。	避難生活互助
	A	仮設住宅に入居できるまで避難家族を車庫や公民館に収容し続けた。	避難生活互助
	J	マイクロバスを借りて，集落全員で区長の嫁の実家に風呂を使いに行った。	避難生活互助
	A	支援物資を地区の人口割りで平等に配分した。	資源公平分配
	A	自衛隊の炊き出し等に対応するため各班 1 日 1 人の労働力を供出するように当番制（徴兵制と呼ばれる）とした。	義務公平負担
仮設住宅入居時	A	地区ごとに連絡長体制（連絡長→班長）を構築した。	情報収集・共有
	A	一斉除雪（途中で抜ける人は地区の代表に断って抜けること）	義務公平負担
	A	一斉除雪（高齢世帯等の不参加を認める）	避難生活互助
	J	元の集落に帰るか帰らないかを 6 回議論を重ねてきたが，3 月上旬に集団移転を正式に決めた。	自律的合意形成
	J	移転先のどの区画に配置されるかは，くじ引きで決めた。	資源公平分配

出典：福与（2011）

① **安全確認・確保機能**：被災直後に，住民を広場や公民館など，安全な場所へ誘導し，安否未確認の住民がいる場合，探索し，その安否を確認する機能。

② **情報収集・共有機能**：被害状況や支援に関する情報を収集し，朝礼を行ったり，役員が伝令にまわったり，掲示板に張り出したりして避難生活に関わる情報を住民間で共有する機能。

③ **避難生活互助機能**：被害の小さい住民が，被害の大きい住民の生活を支援したり，子供や老人といった弱者の避難生活を青壮年が扶助したりする機能。

④ **資源公平分配機能**：支援物資など，避難生活に必要なものを，世帯数などに応じて公平に分配する機能。

⑤ **義務公平負担機能**：避難生活を行うための役割や当番を，公平に負担する機能。

⑥ **自律的合意形成機能**：復興計画や事業などに関して住民が集まって話し合い，今後の方向性を自律的に見いだし，合意形成にいたる機能。

これらの機能を，時系列的に整理すると次のようになる。震災発生直後には，①安全確認・確保機能が発揮され，次に避難所に落ちついた段階では，③避難

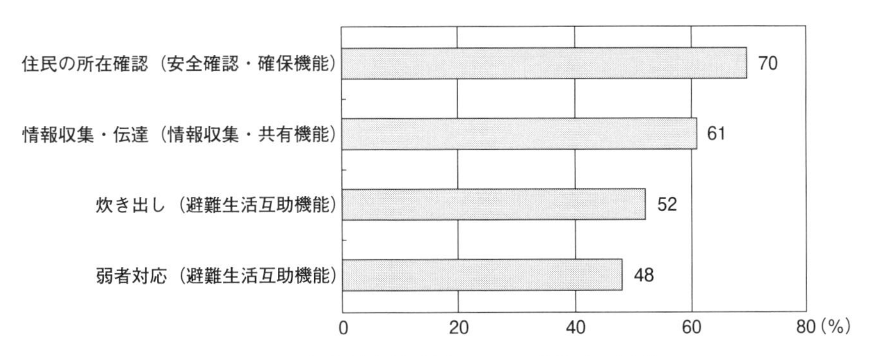

図 5.3　新潟県中越地震における自治会の活動

出典：福与（2011）

生活互助機能，④資源公平分配機能，⑤義務公平負担機能といった平時の地域社会にも見られるような相互扶助的な機能が発揮された。そして仮設住宅に入居して復興に向かっていく段階では，③～⑤の機能とともに，⑥自律的合意形成機能が発揮されるようになり，どのステージにおいても②情報収集・共有機能が重要であった。

ところで新潟県中越地震のときには，どれくらいの地域社会が機能したのであろうか。新潟大学が2006年に実施した小千谷市の自治会長へのアンケート調査結果（有効回答66）によって確かめてみよう（福与2011）。図5.3は，自治会で行った活動の割合である。7割の自治会が住民の所在確認を行っており，6割が情報収集・伝達を行っている。また避難生活互助機能に相当する「炊き出し」は半数以上の自治会で，同じく「災害弱者への対応」も半数近い自治会で実施している。なかでも安全確認・確保機能を発揮した自治会が7割と多かった点は注目される。被災直後には行政機関も麻痺し，住民の安全確認・確保が行えないというリスクがある。そういった中で，住民の安全確認・確保を地域社会が行うことの意味は大きい。

一方，都市において，災害時に地域社会はどのくらい機能したのであろうか。総合研究開発機構（1995）によれば，阪神・淡路大震災の神戸市では機能した自治会が約3割であったという。それと比較すると，新潟県中越地震では地域社会が機能したといえる。ただし，ここで示された7割と3割という数字の差を，単純に「災害時に農村では地域社会が機能し，都市では機能しない」と解釈すべきではないだろう。阪神・淡路大震災の神戸市でも，まちづくり活動が行われていた地域では，自治会が中心になって避難所を運営したことが報告されており（総合研究開発機構1995），機能した地域社会も存在した。このことは，農村か都市かに限らず，日ごろから活動が活発な地域社会は，非常時でも機能することを示している。したがってここで明らかとなった数字の差も，平時から機能している地域社会の割合の差が，震災時において機能した地域社会の割合の差となって現れたと解釈すべきであろう。

このことを地域社会における人と人の関係の観点からいいかえると,「農村では(都市と比べると)日常生活を送っていく上で(昔ほどではないが)地域社会の人間関係を資源として動員しており,災害時においても動員された」となる。資源として動員される人と人との関係(資産としての人間関係)を,**ソーシャル・キャピタル**(**社会関係資本**)というが(コールマン 2004, パットナム 2006),その概念を用いていいかえれば,「平時からソーシャル・キャピタルが蓄積されているような地域社会では,災害時においても,それを資源として用いることができる」ということになる。

ところで農村の地域社会といえども,中山間地域では過疎・高齢化により,平地や都市近郊では混住化・兼業化が進み,従来のようにその機能を発揮しづらくなっている。とりわけ,過疎・高齢化による地域社会の機能低下は深刻である。新潟県中越地震(2004 年)のときにも,高齢者のみが居住しているような山間部では,地域社会でまとまって避難行動をとれなかった地域も存在した(福与 2011)。過疎・高齢化が進んだ地域では,災害時において地域社会に最も期待される災害発生直後の安全確認・確保機能が発揮されないことが,今後,危惧される。したがって自治体は,そういったリスクのある地域をあらかじめ把握した上で,自治体職員等による住民の安全確認体制を構築しておく必要がある。また災害対応の観点からも,学校区あるいは旧村の範囲で,近隣の集落が統合したり,連合したりするような地域社会の再編を検討する必要性が生じてきているといえよう。

5.3.2　仮設住宅と地域社会

仮設住宅の入居のあり方が,被災者の避難生活や地域の復旧・復興に大きな影響を及ぼす。阪神・淡路大震災(1995 年)のときの神戸市では,仮設住宅の入居に際しては,地域社会のまとまりは配慮されず,高齢者・障害者等の社会的弱者を優先的に入居させ,「要介護者コミュニティ」をつくってしまったため,「孤独死」などに象徴される生活障害が生じたと指摘されている(山下・菅 2002)。

仮設住宅の入居においては,何よりも被災者を孤立させない配慮が必要となる。この点を解決するために,仮設住宅の入居に際しては,できるだけ集落等,地域社会単位にまとめることが求められる。また,まとまって入居することにより,地域社会の持つ情報伝達・共有機能や,生活互助機能,復興に向けての自律的合意形成機能の発揮が期待できる。図 5.4 は,新潟県中越地震のときの小千谷市の千谷第 1 応急仮設住宅における入居状況である。5.3.1 で述べたように,小千谷市 J 地区は,集落でまとまって入居できたため,仮設住宅入居後も J 地区住民相互で何回も話し合う機会が確保された。このため,困難とされた集落移転の合意形成も可能になったのである(福与 2011)。

ところが,仮設住宅の立地条件や入居条件によって,地域社会でまとまって

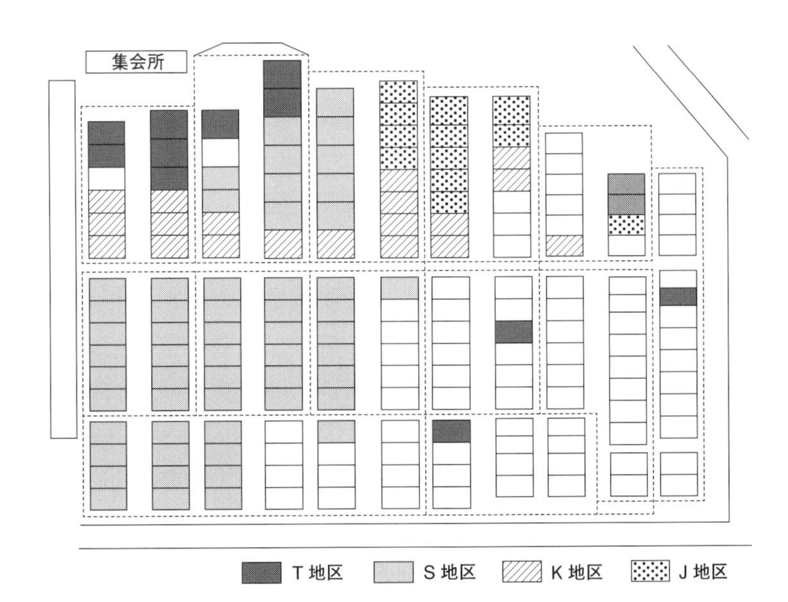

図 5.4　集落単位に入居した仮設住宅
出典：福与(2011)

入居することが困難なこともある。こういった場合には，仮設住宅において新たな地域社会を構築し，それまでの地域社会が果たしてきた機能を代替させることが必要となる。こうした取り組みの一つとして，東日本大震災のときの福島県相馬市のケースが挙げられる。相馬市の場合，仮設住宅の入居に際して，できるかぎり元の地域社会にまとめることを原則としたが，用地の確保や立地条件，被災者の個別事情(要介護，ペットなど)によって，まとまった入居が困難なケースも多かった。そこで，仮設住宅の1列5世帯ごとに「戸」を設けて「戸長」を置き，約80戸(集会所単位)ごとに「組」を設けて「組長」を置くといったように，仮設住宅内で新たな地域社会を構築した(天川 2015)。これを相馬市では「組長戸長制度」と呼んでいるが，この制度により，①市職員を「組」毎に配置し，②「組長戸長会議」を開催して情報伝達，意思疎通を図り，③リヤカーを用いた移動販売による買い物支援，夕食提供などの対策を講じることにより，入居者の孤立を防いだのである。

5.3.3　ボランティア受け入れと地域社会

阪神淡路大震災(1995年)のとき，発災後1年間で延べ約140万人の**ボランティア**が活躍し(兵庫県「阪神・淡路大震災一般ボランティア活動者数推計(H7.1～H12.3)」)，広く注目を集めた。その一方で，新潟県中越地震(2004年)の際には，ボランティア受け入れに関して農村特有の問題が生じた。災害ボランティアに対して農村の地域社会がどのように対応したのか，ふたたび新潟県中越地震の際の川口町(現 長岡市)A地区の場合で見てみよう(福与 2011)。

A地区では，震災発生直後の時期は，「見ず知らずの人をムラに入れない」，

「ボランティアお断り」という方針をとった。これは①「泥棒が怖い」という治安上の理由，②地域の事情がわからず，技能もないボランティアを受け入れてもボランティアの世話をする仕事が増えるだけと思われていたことによる。ところが震災発生から2週間が経過し，地域も少し落ち着きを取り戻し，倒壊家屋の片づけなどに人手が必要となった段階でボランティアを受け入れるようになった。さらに転機となったのが，地区にボランティアの拠点（川口町災害ボランティアセンターの支所）ができ，ボランティアをコーディネートするボランティアが地区に常駐するようになったことである。常駐ボランティアは2週間駐在して，家屋解体後の分別，冬囲い，水路の泥上げ，鯉の池揚げなど，約70件の仕事をコーディネートした。常駐ボランティアの存在が，ボランティア労働力を有効に配分し，地区役員の負担軽減にもつながった。

地域社会の機能が（かつてよりは低下したといえども）まだまだ高いとされる農村でも，ボランティアの活動は生活互助機能の補完的機能を果たしており，大きな支援となった。しかしA地区の事例で見られるように，ボランティアが農村の地域社会に受容され，有効に機能するためには，ボランティアが地域に入るタイミング（災害発生直後の混乱期は避ける）と，ボランティアをコーディネートする仕組みが鍵を握る。

5.4　災害に強い地域づくり

災害に強い地域を創るためには，災害リスクの高いエリアの都市開発を制限する制度が必要であったり，危険エリアから住居を移転させるためのハード事業が必要であったりするが，とりわけ重要なのが，地域に居住する生活者自身が，「自分たちの地域は自分たちで守る」，「自分たちの地域のことは自分たちで決める」という意識を持つことである。

5.4.1　参加学習型の計画づくり

津波にせよ，洪水にせよ，自然の脅威は，地形条件などにより地域固有の姿で現れる。災害に強い地域を創るためには，地域住民が行政に頼りきることなく，「自分たちの地域は自分たちで守る」，「自分たちの地域のことは自分たちで決める」といった地域の内発性が発揮されることが重要である。しかし農村でも，過疎・高齢化や，混住化などにより，地域社会の空洞化が進み，内発性を発揮できなくなっている地域が増えてきている。このため，災害に強い地域を創るためには，地域の内発性を引き出すような「仕掛け」が必要となる。地域の内発性を引き出し，育てるための「仕掛け」の一つが，被災住民が「参加」し，専門家の知見などを「学習」しながら話し合い，合意形成をはかる「**参加学習型の計画づくり**」なのである。

復興計画をつくるにも，避難計画をつくるにも，「参加学習型の計画づくり」

の中では，住民が「学習」するというプロセスがとても重要になる。というのは，「堤防の高さをどれくらいにすれば，津波はどこまで到達するのか」といった点や，「土砂災害が起きやすいエリアはどこなのか」という点に関して，専門家の知見を住民が学びながら話し合い，住民間で情報や認識を共有していくことこそが，災害に強い地域づくりにつながるからである。そして，そうした場面において効果を発揮するのが，**ビジュアライズ（見える化）**技術なのである。

筆者は，東日本大震災の復興現場で，さまざまな分野の専門家とともに，フォトモンタージュによる景観シミュレーションや，沿岸農地の氾濫シミュレーションモデルによる津波浸水シミュレーションや，数理計画モデルによる農地利用最適化シミュレーションをビジュアライズしながら被災住民に地域の復興について話し合ってもらってきた（福与 2020）。ここではフォトモンタージュによる景観シミュレーション技術により，被災住民による復興計画づくりを支援した一例として，岩手県大船渡市吉浜のケースを紹介しておこう。

吉浜は，5.2.2において，「減災農地」のヒントになった地域である。明治三陸津波（1896年）の後に住居を山麓の高所に移転させていたため，東日本大震災では巨大津波が押し寄せたにも関わらず，被害を最小限（犠牲者1名）にとどめたことは，5.2.2で述べたとおりである。このため早くから被災住民自身が吉浜農地復興委員会を立ち上げ，「海岸堤防を高くしないかわりに，第2堤防（兼集落道）を設置する」という復興計画案を策定して合意形成をはかろうとしていた。こうした被災住民自身による復興計画づくりに対して，筆者らがまず行った技術的支援が，吉浜農地復興委員会が作成した復興計画案の景観シミュレーションを，話し合いの場において映写したことである。

復興計画案にある第2堤防（兼集落道）をCG（コンピュータグラフィックス）により描いた景観シミュレーション（図5.5）を会場で映写したとき，話し合い

現況

右奥にある住宅の石垣の高さまで津波は押し寄せてきた。

シミュレーション

低地部のどこからでも避難できるように第2堤防を階段状にする。

図5.5　景観シミュレーション事例
出典：福与（2020）

に参加した被災者からは，「第２堤防の高さがちょうど津波に浸かった程度の高さなので，もう少し高くしないと住宅への浸水を許してしまうのではないか」とか，「第２堤防を整備することによって，津波が到達しなかったエリアの方に津波が遡上してしまうのではないか」といった疑問が呈せられたりした。さらに地域のお祭りの場に関するシミュレーション（神社から神輿が一直線に海に降りられるような参道整備のイメージ図）を映写したときには，「これを見たら元気が出てきた」，「お祭り広場も整備したらよい」といったように会場が急に活気づいた。このように，景観シミュレーションには，計画案に対する参加者の理解を促進し，話し合いを活性化する効果とともに，復興にむけて被災住民に「元気を取り戻してもらう」という心理面への波及効果も認められたのである。

5.4.2　災害リスクの高いエリアにおける都市開発の制限

自然災害で人が命を失わないようにするためには，地域住民自身が「学習」して，災害に強い地域づくりを行う一方で，災害リスクの高いエリアには住宅等を建設させないようにする**土地利用計画制度**を行政側は整えておく必要がある。

わが国では，これまで都市開発を優先させ，災害リスクの高いエリアであっても住宅等の建設を許容してきたという歴史がある。そのことが，当該エリアに居住することとなった人の命や財産を奪うばかりか，そこに住宅等が建設されることにより，遊水地としての機能など，当該エリアが有していた災害予防・緩和機能を低下させることにもつながった。

大熊（2020）は，都市開発と水害の関係を次のように述べている。

> もともと洪水が氾濫しやすいところを，そのことを無視して都市開発したがゆえに水害に遭っているケースがほとんどである。行政も，設計者も，買い手も地形条件に無関心で，いわば「自然バカ」に陥っているのである。

また藻谷浩介も，乱開発と水害との関係について，毎日新聞「時代の風」（2019年11月10日）で次のように指摘している。

> 支流が本流に合流する地点でバックウォーター現象が頻発しているのは，遊水地機能を果たしてきた大河川沿いの湿田地帯を半世紀以上も乱開発した結果，本流の水位がすぐ上がるからだ。

大熊と藻谷の指摘を合わせると，全国各地で同じようなことが起きていると考えてもよいだろう。

災害リスクの高いエリアに住宅等の建設を許容してきたゆえに被害を大きくしてしまったのは，近年の台風や豪雨の場合ばかりではない。東日本大震災の津波被災地でも同様のことが生じている。

毎日新聞(2011年5月15日朝刊)は，「二重防潮堤にも限界」という見出しで岩手県宮古市田老の3・11を特集している。田老は，明治三陸津波(1896年)では死者1,867人，昭和三陸津波(1933年)では死者・行方不明者911人という壊滅的な被害を繰り返し受けてきた地域である(山下 2005)。そういった津波被害に対して，田老の人々は海岸堤防によって地域を津波から守る道を選択し，第1堤防(1,350 m)，第2堤防(582 m)，第3堤防(501 m)と，総延長2,433 mの防潮堤をX字型に配置し，「田老の万里の長城」といわれる津波防御システムを築き上げてきた。しかしこの「田老の万里の長城」でさえ，東日本大震災の津波を防ぐことができなかった。津波は海岸堤防を越え，明治と昭和の津波よりも少なかったとはいえ，死者161人という大きな被害を，またしても田老にもたらしたのである(宮古市「宮古市の被害状況」)。

毎日新聞の特集では，後で建設された第2堤防と第3堤防の内側に次々と民家が建ち，第2堤防と第1堤防の間に挟まれた地区の死者・不明者の割合が最も高く，第3堤防と第1堤防の間に挟まれた地区がそれに続くことを指摘した上で，「なぜ住宅建設を規制しなかったのかと今も言われる。しかし核家族化が進む中，二重に囲まれた地区にはもう土地がなく，町は黙認するしかなかった」という元町長の発言を紹介している。「二重に囲まれた地区」とは第1堤防の内側のエリアのことで，「住宅建設を黙認してしまった地区」とは，死亡率の高かった第2堤防，第3堤防と第1堤防の間に挟まれたエリアのことである。かつての自治体のトップが，規制して家を建てさせないようにすべきだった危険なエリアに，住宅の建設を黙認してしまったことを証言しているのである。

頻発する自然災害から人々の生命を守るためには，低地部にあり，津波や洪水の被害に遭いやすく，遊水地としての機能を果たすような土地や，崖崩れや地すべりなどのリスクの高い土地など，災害リスクの高いエリアの都市開発の制限をより強化する土地利用計画制度*1の整備が求められている。

5.4.3　換地処分による土地利用整序化

災害リスクの高いエリアにある住宅，たとえば低地部の津波浸水区域にある住宅を高所に移転させ，住宅跡地を農地に転換するような空間の整備が必要だったとしても，そういったハード事業を進めていくためには，それぞれの土地の所有権など，個人の権利を調整する必要が生じる。このような場合，**換地処分**という法的手段が土地利用整序化に役に立つ。換地処分は，工事前の土地(従前の土地)に対して，工事後の土地(換地)を定め，換地を従前の土地と法律上同一とみなす機能を持つ。もし換地処分を用いなかったら，一つ一つの土地に対して，分筆したり，合筆したりしながら所有権などの権利を移動させるという膨大な手続きが必要となってしまう*2。

ここでは，換地処分による土地利用整序化の一例として，東日本大震災の津波被災地である宮城県南三陸町の西戸川工区(27.8 ha)の場合を見てみよう

*1　2020年に都市計画法が改正され，災害レッドゾーン(災害危険区域，土砂災害特別警戒区域，地すべり防止区域，急傾斜地崩壊危険区域)については，都市計画区域全域(市街化区域，市街化調整区域，非線引き都市計画区域)で，自己以外の住宅や業務用施設に加え，自己の業務用施設(店舗，病院，社会福祉施設，旅館・ホテル，工場等)の開発が原則禁止にされた(国土交通省「防災・減災等のための都市計画法・都市再生特別措置法等の改正内容(案)について」)。また市街化調整区域においては，浸水ハザードエリア等における開発許可が厳格化された。しかしこのような規制強化も，災害レッドゾーンや都市計画区域に入っていない土地の開発に対しては効力を持たない。

*2　換地処分を用いた場合と，用いなかった場合の手続きの違いを，単純な例で比較しておく(図5.6，森田 2000)。ここでは，三角形の土地A(所有者:甲)，B(所有者：乙)を，工事により長方形の土地A'，B'に整備し，A'を甲が，B'を乙が所有することとする。もし換地処分を用いなかった場合，次の手続きが必要となる。まずAをA1とA2に分筆し，BをB1とB2に分筆する。次にB1の所有権を乙から甲に移転する。そしてA1とB1を合筆してA'とする。同様の手続きをB，B'についても行う。一方，換地処分を用いた場合，工事前の土地Aを工事後の土地(換地)A'と見なし，BをB'と見なすため，手続きをいっきに進めることができる。

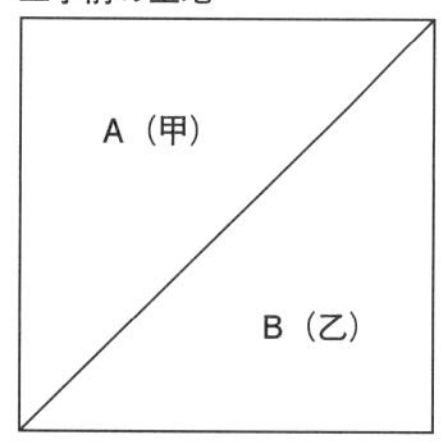

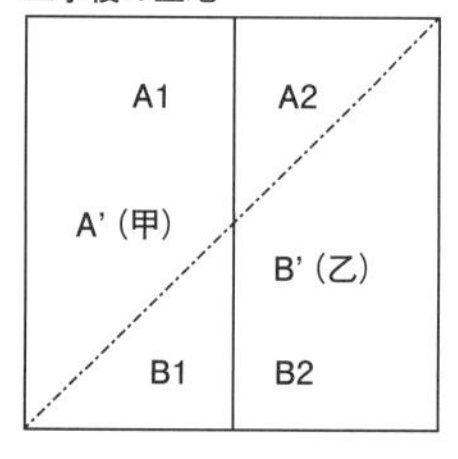

図 5.6　換地処分の仕組み
出典：森田（2020）を加工

＊1　防災集団移転促進事業は，「防災のための集団移転促進事業に係る国の財政上の特別措置等に関する法律」に基づき，被災地域や災害危険区域において住民の居住に適当でない区域（移転促進区域）にある住居の集団的移転を行うための事業である（国土交通省「東日本大震災の被災地で行われる防災集団移転促進事業」）。東日本大震災の被災地においては，事業に必要な経費の全額が「東日本大震災復興特別区域法（復興特区法）」に基づく復興交付金及び震災復興特別交付税として事業を施行する自治体に交付されるほか，移転先の住宅団地の最低規模が10戸以上から5戸以上に緩和されたり，移転する被災者の負担が軽減されたりするなど，特例が設けられている。

＊2　農山漁村地域復興基盤総合整備事業は，傍注＊1の防災集団移転促進事業と同様に復興交付金及び震災復興特別交付税により実施される事業で，津波により被災した農山漁村地域の復興を目的として農地等の生産基盤整備を行う。単なる

（図 5.7）（郷古ほか 2015，鈴木 2021）。

西戸川工区では，震災直後には津波被害にあった低地部の20戸全てが地域外に移転する予定であった。また被災した農家の多くが，農地の復興には消極的であったと聞く。そのままいけば，被害を免れた住民だけで地域社会を存続させたり，農業を復興させたりしていくことが大変困難な状況となっていた。そこで防災集団移転促進事業[*1]を活用して地域内の高所に新たに住宅団地（1区画330㎡）を建設したため，被災20戸のうち7戸がそこに移転することとなった。このことにより，地域の世帯数と人口を一定数確保し，地域社会の存続をはかることができたのである。

一方，農山漁村地域復興基盤総合整備事業[*2]により，農地や農道，農業水利施設を，被災前より改良して復興させることができた。図 5.7 をみると，被災前は，非農用地（宅地など），水田，畑が混在した土地利用であったが，復興後は，住宅が災害危険区域の外側の高所にまとまって移転し，水田や畑もそれぞれまとめられたことがわかる。震災直後，多くの被災者が農地の復興に消極的であったにもかかわらず，農地の復興事業を進めることができたのは，被災者（農地所有者）の事業負担金がゼロであったことと，復興後の農地の利用・管理について，担い手の目処が立ったためである。

防災集団移転促進事業では，移転促進区域の宅地（1.9 ha）が 5,800 円／m^2 で南三陸町に買い取られ，それらの土地は農山漁村地域復興基盤総合整備事業及びその換地処分に組み込まれ，一部は移転住宅用地（57 a）に，一部は道路用地（90 a）や貯水池用地（36 a）になった。農地については，水田は被災前には1区画あたり 13.7 a／筆だったのが，復興後には 38.2 a／筆になり，畑は被災前には1区画あたり 9.5 a／筆だったのが，復興後には 20.8 a／筆になるなど，それぞれ1区画あたりの面積が大きくなった。復興した農地（水田 8.4 ha，畑 11.2 ha）は，地域に残った担い手農家（3戸）と，震災後に新たに設立した西戸川営農組合（組合員 34 名）が，その大部分（水田：9割以上，畑：約8割，2020 年時点）を耕作している。

このように2つのハード事業の活用によって，災害危険区域から住宅を高所に移転させるとともに，農地の区画を大きくしたり，貯水池を整備したり，道路を拡幅したりするなど，生産・生活基盤を充実させることができた。こういった事業を進めていく上で，工事前の区画（386 筆）の土地に対して，工事後の区画（172 筆）の土地（換地）を定め，「換地」を「従前の土地」と法律上同一とみなす効果を持つ換地処分は，所有権（権利者 66 人）を調整するのに大きな役割を果たしたのである。

なお東日本大震災のような大規模災害のときに，このようなハード事業を地域の合意形成をはかりながら進めていくためには，被災自治体（宮城県，南三陸町）の職員だけでは人員が不足した。他の自治体（鹿児島県など）からの応援があったことが，復興事業の推進に一役買ったことを付け加えておく。

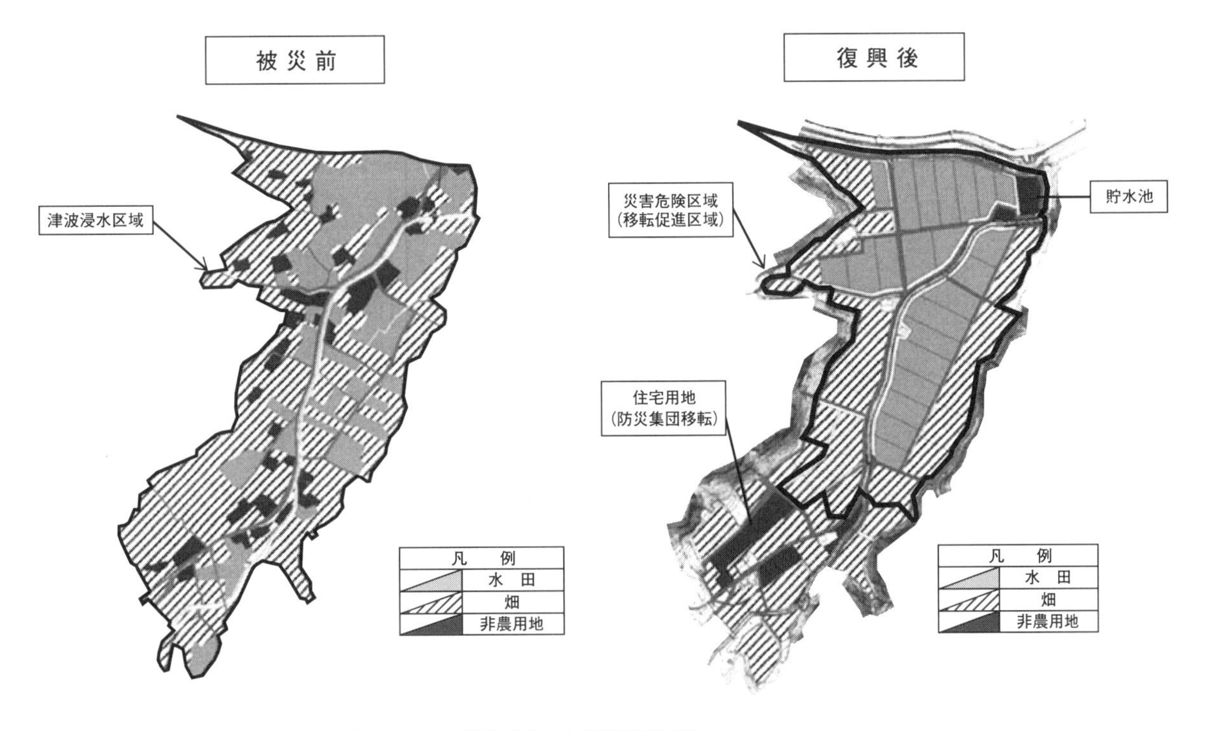

図 5.7　西戸川工区の土地利用整序化
出典：郷古ほか (2015)　資料：宮城県農地復興推進室

5.4.4 「現場知」の収集と蓄積

5.1節で述べたように，自然災害は毎年のように日本列島を襲ってくる。これまでも，それぞれの災害で生じた困難な課題に即応して，実用的な対策や工夫，気づきや教訓，知恵が，地域住民や自治体職員，技術者や専門家などによって生みだされてきた。このような現場の経験に根ざした教訓や知恵を「現場知」と呼ぶ (有田ほか 2020)。今後頻発することが予想される自然災害に備えて，「現場知」を散逸させることなく収集・蓄積し，それをいつでも誰でも参照できる仕組みを構築しておく必要がある。

そうした「現場知」の収集・蓄積の試みの一つとして，ここでは東日本大震災復旧･復興研究会『現場知に学ぶ農業･農村震災対応ガイドブック 2018』(以下，ガイドブック) を紹介しておこう。このガイドブックの「現場知」は，農業農村工学分野の自治体職員から得た情報を中心に収集されたものではあるが，大規模災害の復旧・復興時における「現場知」の組織的記録を試みた先駆的な例である。

ガイドブックは，「現場知」を蓄積するにあたって，①災害の復旧・復興現場において情報の是非を即断できること，②短時間で読めること，③記述が具体的であること，といった方針で編集されている。それぞれの「現場知」は個票として1ページにまとめられ，震災緊急対策→震災直後対策→震災復旧対策

原形復旧ではなく，大区画化により農地の面的な集約をはかり，経営の大規模化・高付加価値化を行い，収益性の高い農業経営の実現を目指している (宮城県「農山漁村地域復興基盤総合整備事業」)。宮城県気仙沼地方振興事務所資料によると，西戸川工区は農山漁村地域復興基盤総合整備事業 (復興基盤総合整備事業) の南三陸地区の5工区のうちの一つである。

→発災前対策といったように時系列に沿って配列されている。一例を挙げると，「震災直後対策」の「外部支援の受け入れ」という項目には，5.4.3の最後に触れた他自治体からの支援に関連して「業務内容に応じた派遣職員の配置」といった表題の個票が掲載されている。

ここで紹介したガイドブックは，現在，冊子体(及びそのPDF版)として存在する。しかし，毎年のように襲ってくる自然災害への対応から生み出される「現場知」を収集・蓄積し，多くの災害現場で役立てていくためには，今後，web上でさまざまな主体が書き込み，追加・修正していくようなオンライン・ガイドブックのような形態にしていく必要がある。

演習問題1　農業が有する多面的機能のうち，自然災害を予防・緩和する機能としてはどのようなものがあるのか述べよ。

【解答例】　雨水を一時的に貯留して洪水を防止する機能や，傾斜地において土砂崩壊や地滑りを未然に防ぐ土砂崩壊防止機能。

演習問題2　災害が発生したとき，地域社会に最も期待される機能は何か。その理由とともに述べよ。

【解答例】　被災直後に，住民を広場や公民館など，安全な場所へ誘導し，安否未確認の住民がいる場合には探索し，その安否を確認する機能。被災直後には行政機関も麻痺し，住民の安全確認・確保が行えないというリスクがあるから。そういった中で，住民の安全確認・確保を地域社会が行うことの意味は大きい。

演習問題3　5.4.1で，復興計画案に関する景観シミュレーションを，被災住民の話し合いの場で映写したとき，どのような効果が認められたのか述べよ。

【解答例】　復興計画案の理解を促進し，話し合いを活性化する効果。精神的に落ち込んでいた被災者を元気づける効果。

6章 持続可能な水産資源管理とは

水産資源は，持続可能性とは切っても切り離せない関係にある。それは，水産資源が再生可能資源だからである。再生可能資源は，管理を適切に行えば永続的に利用することができるが，適切に行わなければ枯渇に繋がる。本章では，近年の政策的な動向にも触れながら，こうした，水産資源の持続可能性とその管理について考える。

6.1 はじめに

2015年に定められた国連の持続可能な開発目標（SDGs）の目標14は，「海の豊かさを守ろう（持続可能な開発のために海洋・海洋資源を保全し，持続可能な形で利用する）」である。国内でも，約70年振りに抜本的な見直しが行われた改正漁業法が2018年12月に成立し，2020年12月に施行されたが，この改正の目的のひとつは「水産資源の持続的な利用」にある。これらはつまり，現在の海洋資源，**水産資源**が**持続可能**な形で管理，利用されていないと考えられていることを意味している。そもそも，持続可能な水産資源管理とは何であろうか。また，なぜ水産資源は持続可能な形で管理，利用されないのであろうか。本章では，資源経済学やゲーム理論の基礎的な知見も援用しながら，これらの問題と，日本および世界の水産資源の現状についてみていく。

6.2 漁業生産量と水産資源の状況

6.2.1 漁業生産量の動向

図6.1は，世界の漁業・養殖業の生産量の推移を示したものである。1990年代以降，漁船漁業（獲る漁業）の生産量は頭打ちになっており，とくに海面漁船漁業ではやや減少するなど，生産量の伸びはすべて養殖業によるものであることが分かる。なぜ漁船漁業の生産量は頭打ちになっているのであろうか。それは，水産資源が**再生可能資源**だからである。

再生可能資源とは，資源が次の世代の資源を生み出す（再生産する）資源のことである。これは，石炭や石油などの非再生可能資源（枯渇性資源）と異なり，

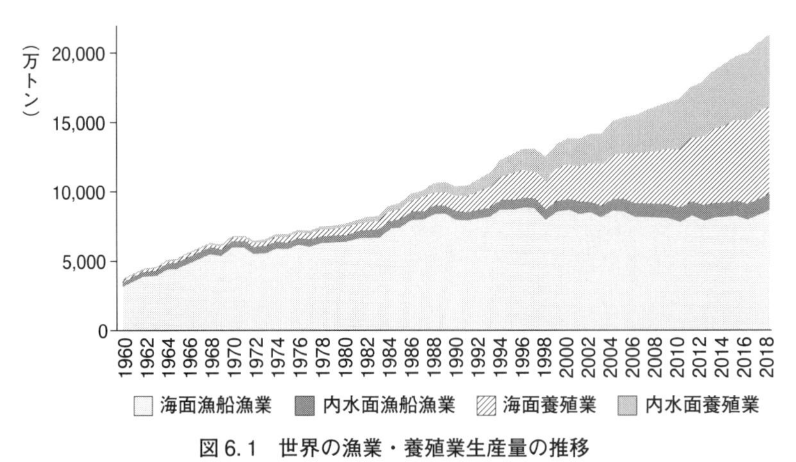

図 6.1　世界の漁業・養殖業生産量の推移

出典：水産庁「令和元年度 水産白書」掲載データをもとに作成。元データは，FAO「Fishstat (Capture Production，Aquaculture Production)」(日本以外の国) および農林水産省「漁業・養殖業生産統計」(日本)

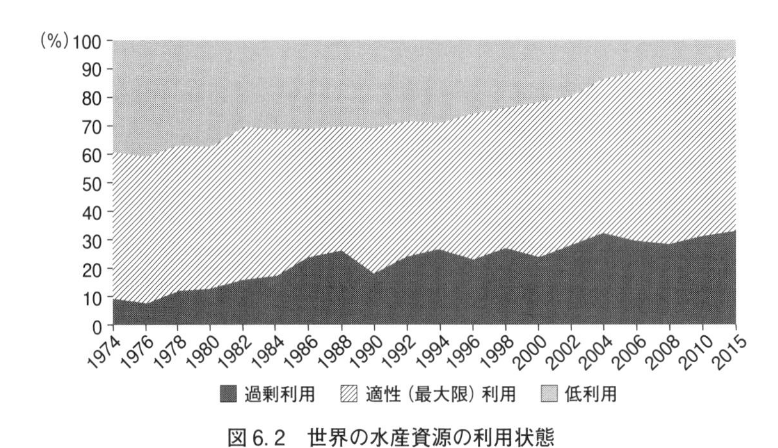

図 6.2　世界の水産資源の利用状態

出典：水産庁「令和元年度 水産白書」掲載データをもとに作成。元データは，FAO「The State of World Fisheries and Aquaculture 2018」

採取する量を適切な範囲にとどめておけば，永続的に利用することができる。反対に，採取する量が適切な範囲を超えてしまうと，資源の減少や枯渇に繋がる。では，水産資源は，現在どの程度利用されているのであろうか。採取する量は，適切な範囲にとどまっているのであろうか。

6.2.2　水産資源の利用状態

図 6.2 は，資源評価の結果をもとにして国連食糧農業機関 (FAO) がまとめた，世界の水産資源の利用状態の推移を示したものである。低利用 (underfished) の状態にある (生産量を増大させる余地がある) 資源の割合が大きく減少し，**過剰利用** (overfished) の状態にある (漁獲が適正な水準を上回っている) 資源の割合が大きく増加していることが分かる。適正利用 (maximally

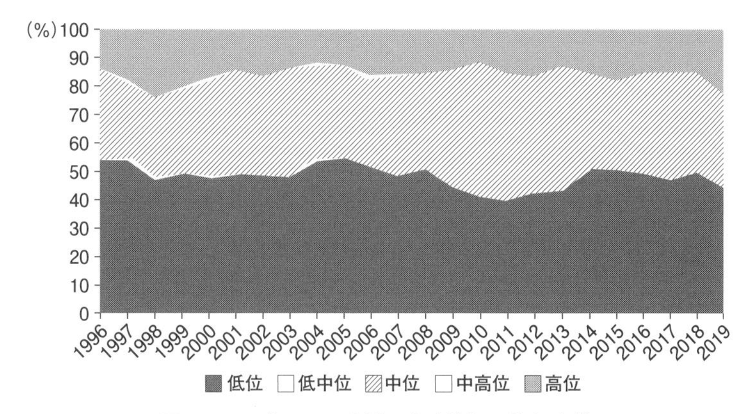

図 6.3　日本の周辺水域の水産資源の資源水準

出典：水産庁「令和元年度 水産白書」掲載データをもとに作成。元データは，水産庁・水産総合研究センター（水産研究・教育機構）「我が国周辺水域の漁業資源評価」

sustainably fished）と低利用を合わせた持続可能（susutainable）な資源の割合は，1970 年代後半には約 90%あったものが，現在は 70%を下回る水準にまで減少している。

では，日本ではどうであろうか。図 6.3 は，水産庁がまとめた，日本の周辺水域の水産資源の資源水準（資源評価対象魚種に占める低位～高位の魚種・**系群**[*1] の割合）の推移を示したものである（低中位と中高位に該当するものは少なく，それぞれ低位と中位，中位と高位の間にわずかに見える白抜き部分のみである）。中位～高位水準の魚種・系群の割合はわずかに増加傾向にあるものの，依然として 55%程度にとどまることが分かる。なお，図 6.2 は漁獲の強さ（フロー），図 6.3 は資源の量（ストック）に関する評価であり，評価軸は異なるが，ともに，資源の管理，利用が適正に行われているかどうかと密接に関係する。

*1　同じ種のなかでも，分布，回遊，産卵，成長などで，独自の生物学的特徴を有する集団のこと。

6.3　過剰利用のメカニズム

前節において，漁船漁業の生産量が頭打ちになっている背景として，水産資源の過剰利用が世界的に増加し，日本では半数近くの魚種・系群において資源水準が低位となっていることが確認された。再生可能資源は採取する量を適切な範囲にとどめておけば永続的に利用することができるにもかかわらず，なぜ過剰利用に陥るのであろうか。本節では，そのメカニズムについてみていく。

図 6.4 は，一般的な財の生産関数（財の生産における生産要素の投入量（X）と生産物の産出量（Q）の関係）である。この形状は，たとえば農業生産を行う際に，一定の面積の農地に対し労働力を投下すればするほど生産量は増加するが，労働力の追加的な投下に対する生産量の増分は徐々に小さくなる（逓減する）ことを意味する。

漁業生産においてはどうであろうか。干潟で採貝[*2] を行う場合を考えてみ

*2　貝採りのこと，漁業として行う場合はジョレンやマンガ（万牙）とよばれるカゴのついた大きな熊手のような道具などを使用する。

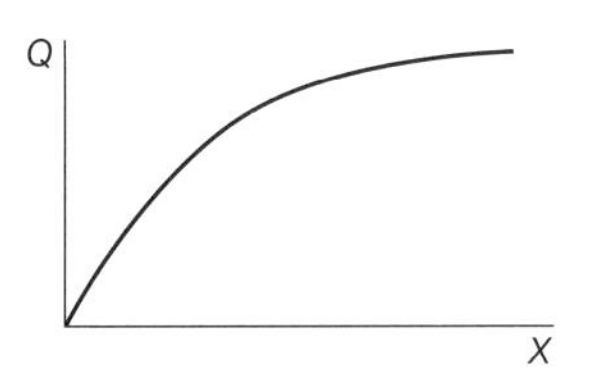

図 6.4　一般的な生産関数

る。採貝の場合も，農業と同様に，その増分は逓減しつつも，一定の面積の干潟に対し労働力を投下すればするほど生産量は増加するであろう。しかし，これは短期の場合である。長期（年単位）でみた場合，一定の干潟に対する投下労働力を増やせば増やすほどその年の生産量は増加するが，獲りすぎてしまうと次年度に新たな稚貝を発生させるための親貝を減少させてしまうため，一定の水準を上回ると，投下労働力が多ければ多いほど生産量が減少することになるし，仮に貝を獲り尽くすようなことになれば，（周囲から資源が流入してこない限り）次年度以降の生産量はゼロとなる。

このことを，単純なモデルを用いて確認する。漁獲量（生産量）は資源量と**漁獲努力量**（漁獲のために投下される資本，労働などの量）によって決まるものとして漁獲量を (1) 式で表し，資源の再生産関係を (2) 式で表す。

$$Q = aZE \tag{1}$$

$$H(Z) = bZ\left(1 - \frac{Z}{K}\right) \tag{2}$$

Q は漁獲量，Z は資源量，E は漁獲努力量，H は純増殖量（再生産による変化（増加）量）であり，a，b は使用技術と対象資源によって外生的に決まる定数，K は同じく外生的に決まる環境収容力（環境によって規定される生物の個体数の上限）である。なお，a，b，K はすべて正である。また，(2) 式はロジスティック関数とよばれ，いわゆるＳ字カーブを描く，生物の個体数の変化を表す際に一般的に使われる関数である。Ｓ字型となるのは，生物は個体数が少ないときには増殖速度が遅く，個体数の増加に伴い増殖速度が指数的に増加する一方，一定水準を超えると生息環境の悪化により増殖速度が遅くなっていき，最終的に環境収容力を上限に個体数が横ばいになるためである。

投下する漁獲努力量を毎年一定に保つと，投下量が少ない場合には漁獲量が少なく資源量が増加していき，一定水準を超えると増殖速度が遅くなっていき，どこかで毎年の漁獲量と増殖量が等しくなり，均衡に達する。反対に投下量が多い場合には漁獲量が多く資源量が減少していき，一定水準を下回ると増殖速度が遅くなっていくが，資源量の減少に伴い漁獲量も減少し，やはりどこかで毎年の漁獲量と増殖量が等しくなり，均衡に達する。こうして均衡に達するとき，

$$Q = H(Z) \tag{3}$$

が成立するため，これに (1) 式，(2) 式を代入し Z で整理してから再び (1) 式

に代入すると，

$$Q = aKE - \frac{a^2}{b}KE^2 \tag{4}$$

が得られる。a，b，Kは正の定数であるので，(4)式から，EとQ，すなわち一定に保たれた漁獲努力量(E)と均衡における漁獲量(Q)の関係(漁業の長期の生産関数)は，図6.5のようになる。

これは，一定の大きさの漁場に対し努力量を投下すればするほど生産量は増加するが，一定の水準を上回ると投下努力量が多ければ多いほど生産量が減少することを意味しており，この生産量が最も多くなる点(頂点)における生産量は，**MSY**(Maximum Sustainable Yield：**最大持続可能生産量**)とよばれる。

MSYを達成する漁獲努力量(E_{MSY})を上回ると，努力量を増やしたにもかかわらず生産量が減少するという矛盾に直面するが，なぜそのような事態が生じる(すなわち過剰利用に陥る)のであろうか。図6.6の曲線は，生産物価格は一定であるものとし，図6.5に示される生産関数に生産物価格をかけることで，一定に保たれた漁獲努力量(E)と均衡における生産金額(漁獲金額)の関係を示したものである。縦軸が量でなく金額(P)となっている点に注意されたい。図6.6の直線は漁獲にかかる費用を表しており，漁獲努力量の増加に対し比例的に増加する(すなわち単位当たり費用はcで一定である)ものとしている。

図6.6から，生産量はE_{MSY}のもとで最も大きくなるが，漁獲金額から費用を引いた利潤は，E_{MEY}のもとで最も大きくなることが分かる。このような利潤が最も大きくなる点における生産量は，**MEY**(Maximum Economic Yield：**最大経済的生産量**)とよばれる。単独の漁業者が独占的にこの漁場を利用するのであれば，通常，このE_{MEY}での漁獲努力量の投下を行うものと考えられる。しかし，**オープンアクセス**，すなわち誰もが自由に参入できる条件のもとでは，利潤が発生していれば参入が行われる。そして，参入により漁獲努力量が増加し，(単位当たり費用が著しく高くない限りは)E_{MSY}を超えてもしばらくは利潤が発生しており，最終的に，投下努力量がE_{OA}まで増加したところで利潤が消滅し均衡(競争均衡)に達するが，これはまさに，投下努力量が一定の(適

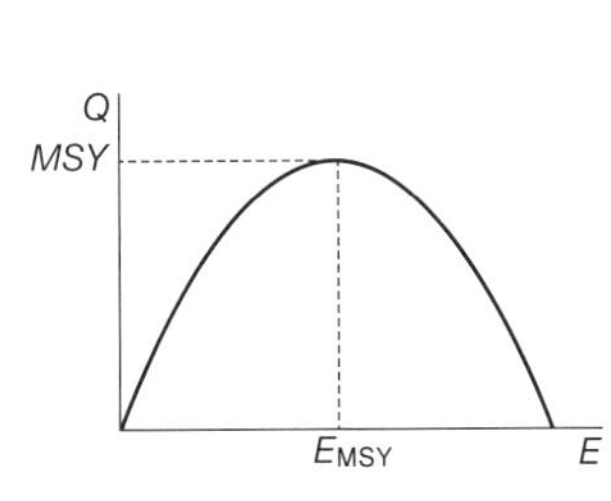

図6.5　漁業の生産関数

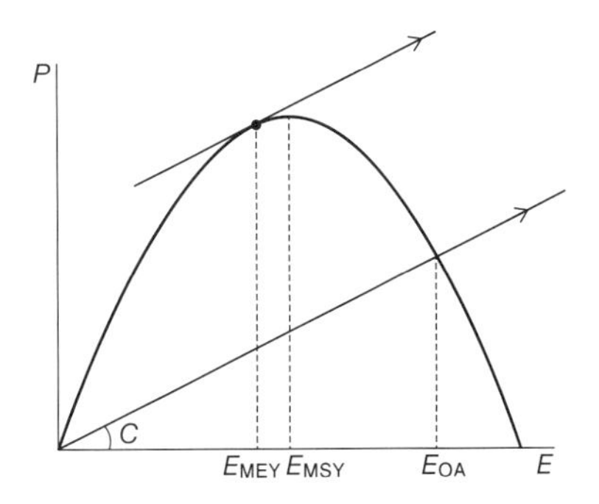

図6.6　MSY・MEYと競争均衡

切な）水準を上回り，資源量，生産量が減少しているという過剰利用の状態である（なお，本章では静学モデルのみを扱ったが，より一般的な動学モデルについては，コンラッド（2002）などを参照されたい）。

6.4　資源管理の制度

前節では，オープンアクセスのもとでは利潤が消滅するまで参入が行われ，過剰利用が発生することが確認されたが，6.2 節でみたように，現在，利用状態や資源水準の悪化は一定の範囲にとどまっている。本節では，このように一定の効力を発揮していると考えられる資源管理の制度についてみていく。

6.4.1　国際的な資源管理

現在の国際的な海洋資源，水産資源の管理の基礎を成すのは，海の憲法とよばれる，1982 年に採択され 1994 年に発効した「海洋法に関する国際連合条約」（**国連海洋法条約**）である（同条約成立までの流れについては，桜本（1998）に詳しい）。

かつての海洋法は領海 3 海里（5, 556 メートル）と公海の 2 つの区分しかなく，公海自由の原則に基づき公海上の資源利用に関する取り決めもなかったことから，技術進歩により，適切な（持続可能な）水準を上回る漁獲努力量の投下が行われるようになった（技術進歩による漁獲努力量の増加は，図 6.6 の直線の傾き（単位当たり費用）を小さくしていくと，曲線との交点が右にシフトしていくことにより確認できる）。とくに，高い技術をもつ先進国を中心とした海洋国は，世界中の海へと進出し，途上国を中心とした沿岸国との対立を生み出した。

そうしたなか，国連海洋法条約制定のきっかけとなったのは，1945 年に出されたアメリカ合衆国によるトルーマン宣言である。これは，アメリカ合衆国沿岸の公海で操業する外国漁船から資源を保護するために，公海上に境界線を定め，その内部にいる生物資源に対する権利を主張するもので，すでに始まっていた沿岸国と海洋国の対立を顕在化させることに繋がった。その後，1958 年に第 1 次国連海洋法会議が行われ，1973 年に開始された第 3 次国連海洋法会議において 200 海里排他的経済水域の設定が認められたが，条約の成立に先行する形で 1976・1977 年に多くの国が 200 海里漁業水域を設定した。そして，1982 年の第 3 次国連海洋法会議第 11 会期にて国連海洋法条約が採択され，1994 年に発効した。

同条約では，沿岸の国は**基線***から 12 海里（22, 224 メートル）を超えない範囲での領海の設定が認められている。また，領海の外側に領海の基線から 200 海里（370.4 キロメートル）を超えない範囲での EEZ（Exclusive Economic Zone：**排他的経済水域**）の設定が認められ，その水域における主権的権利を行

＊　測定の起点となる線のこと。一般に最干潮時の水陸の境界線（海岸線）が用いられるが，海岸線が著しく曲折している場所や海岸に沿って至近距離に一連の島がある場所などにおいては，適当な地点の間を結ぶ直線を用いることもできる。

使することができる一方で，生物資源について，魚種ごとの漁獲量の上限である**TAC**（Total Allowable Catch：**総漁獲可能量**）を決定するとともに，適切な保存・管理措置をとる義務を負うことが定められている。こうして資源管理の義務を負った国は，自国の水産資源に関し，たとえばMSYをベースにするなどの科学的な方法により（必要に応じて行政的，経済的，社会的な状況を考慮しながら）TACを決定し，その管理を行う。

定められたTACは，競争的な漁獲を認め，上限に達したらシーズンを終了する「オリンピック方式」とよばれる方法で管理することもできるが，漁獲枠を漁業者に配分する**IQ**（Individual Quota：個別割当）**方式**や，その譲渡を可能にした**ITQ**（Individual Transferable Quota：譲渡可能個別割当）**方式**などにより管理することもできる。かつてはオリンピック方式の採用が多かったが（桜本 1998，pp. 168-169参照），近年は，多くの国でIQ・ITQ方式が取り入れられている。

また，ストラドリングストック（2つ以上の国のEEZもしくはEEZと公海にまたがって分布する資源）および高度回遊性魚類資源については，2001年に発効した「分布範囲が排他的経済水域の内外に存在する魚類資源（ストラドリング魚類資源）及び高度回遊性魚類資源の保存及び管理に関する1982年12月10日の海洋法に関する国際連合条約の規定の実施のための協定」（国連公海漁業協定）において，これらの資源の利用には，**地域漁業管理機関**への加盟，もしくは同機関が定める保存管理措置への合意が義務づけられた。そして，それぞれの地域漁業管理機関において，資源評価や，その結果に基づいた漁獲量規制，漁獲努力量規制などが行われる。

カツオ・マグロ類では，ミナミマグロについてはCCSBT（The Commission for the Conservation of Southern Bluefin Tuna：みなみまぐろ保存委員会）が，その他のカツオ・マグロ類については水域ごとに，WCPFC（The Western and Central Pacific Fisheries Commission：中西部太平洋まぐろ類委員会），IATTC（Inter-American Tropical Tuna Commission：全米熱帯まぐろ類委員会），ICCAT（International Commission for the Conservation of Atlantic Tunas：大西洋まぐろ類保存国際委員会），IOTC（The Indian Ocean Tuna Commission：インド洋まぐろ類委員会）の4つの機関がそれぞれ管理を行っている。その他にも，たとえばNPFC（The North Pacific Fisheries Commission：北太平洋漁業委員会）では，サンマ，マサバなどの管理を行っている。

6.4.2　日本の資源管理

日本の漁業，資源の管理の根幹は，**漁業許可**と**漁業権**である。「水産資源の保護，漁業調整その他の公益上の目的から，一般にはその操業を禁止した上で，特定の者に限って禁止を解除」（牧野 2013，p. 43）された，すなわち漁業許可を与えられたものが許可漁業である。漁業権には，定置漁業権（大型定置網），区画漁業権(養殖)，共同漁業権の3つがあるが，共同漁業権は，漁業協同組合(漁協)に与えられ，組合員が共同でその権利を行使するという，江戸時代の「律令要略」(1741年)の「山野海川入会」の項に示される「磯猟は地附根附次第也」を継承した，漁業者による自治の理念が残されたものである(漁業許可と漁業権の詳細，ならびに過去からの流れについては，牧野 2013，小松・有薗 2017などを参照されたい)。

水産資源の管理は，投入に関する規制(投入量規制：漁船数の制限など，技術的規制：漁具の規制など)と産出に関する規制(産出量規制)に大別される。TACの設定は，産出量規制である。上述の通り，国連海洋法条約の成立に先行する形で1976〜1977年に多くの国が200海里漁業水域を設定したが，それを受けて日本においても1977年に漁業水域に関する暫定措置法を定め，200海里漁業水域を設定した。そして，1982年に国連海洋法条約が採択され，翌1983年に日本も署名し，1994年に発効した。その後日本は1996年6月に批准し，それにより，日本もEEZの設定が認められ，その水域における主権的権利を行使することができるようになるとともに，生物資源について，TACを決定して適切な保存・管理措置をとる義務を負うことになった。

一方で，日本の資源管理は，伝統的に，そして国連海洋法条約成立以降も，投入に関する規制を中心にして行われてきた。許可漁業には大臣許可漁業，法定知事許可漁業，一般知事許可漁業があり，大臣許可漁業，法定知事許可漁業は，**漁業法**や水産資源保護法に基づき，隻数や総トン数(船の大きさ)，操業区域・期間，漁具・漁法などが制限される。一般知事許可漁業は，漁業法や水産資源保護法に基づいて都道府県知事が定める漁業調整規則により，同様に隻数や総トン数，操業区域・期間，漁具・漁法などが制限される。(共同)漁業権漁業では，漁業法や水産業協同組合法に基づき漁業権者(漁協)が定め，都道府県知事の認可を受けた漁業権行使規則により，当該漁業を行う資格や総トン数，操業区域・期間，漁具・漁法などが制限される。

沿岸において，漁船の近代化による漁獲努力量の過剰とそれによる資源の減少が表面化してきたが，他方で，200海里漁業水域の設定により過剰努力量を沖合，遠洋へと転嫁させていくことが難しくなったことなどから，1970年代後半頃から，「資源管理型漁業」への移行が新たな政策的課題となった。1979年には全国漁業協同組合連合会(全漁連)が運動方針として資源管理型漁業への転換を打ち出し，1983年には参議院農林水産委員会にて資源の保護・育成や漁獲努力量の適正化，協業化などを掲げた「資源管理型漁業の確立に関する決議」が採択され，同年に開催された第1回全国漁業協同組合大会でも，協同意識の高揚や自主管理の実施，営漁計画の構築などを掲げた漁協運動の基本方針が決議された。1990年には資源管理協定制度が設けられた。資源管理協定については，海洋水産資源開発促進法の第13条に「漁業者団体等は，一定の海域において海洋水産資源の利用の合理化を図るため，当該海域における海洋水産資源の自主的な管理に関する協定（以下「資源管理協定」という）を締結し，当該資源管理協定が適当である旨の行政庁の認定を受けることができる」と定められている。これは，「公的規制措置については，機動的な対応が難しいこと，規制をするに当たって明確な科学的・合理的な根拠が必要であること等の限界があることから，全国各地で漁業者団体等によって行われている自主的な漁獲規制を制度化し促進することによって，公的規制を補う形で，海洋水産資源の利用の合理化を一層促進」（田中 1995, p. 22）することを目指したものである。

国連海洋法条約の批准に伴い，1996年に「海洋生物資源の保存及び管理に関する法律」（TAC法）が成立し，翌1997年から魚種ごとに漁獲量の上限を定める総漁獲可能量制度（TAC制度）が開始された。当初から対象となったのはサンマ，スケトウダラ，マアジ，マイワシ，サバ類，ズワイガニの6種で，翌1998年からスルメイカも追加され，計7種となった。魚種については，「主要魚種のうち，漁獲量が多く経済的価値が高い魚種，資源状態が極めて悪く緊急に保存及び管理を行うべき魚種，我が国周辺水域で外国漁船による漁獲が行われている魚種のいずれかに該当し，かつ，漁獲可能量を設定するに足るデータや知見の蓄積があるものの中から優先度の高いもの」（平成8年度版漁業白書, p. 11）を根拠に制度の対象となる特定海洋生物資源が指定され，「その他の魚種については，今後の漁業や資源の動向，漁獲可能量制度の定着度合，科学的知見の蓄積状況等に応じ，順次特定海洋生物資源に指定していく」（同）とされるが，2021年2月現在，WCPFC（中西部太平洋まぐろ類委員会）での国際合意に基づいて2018年に新たに導入されたクロマグロを除き，TAC魚種の追加は行われていない（ただし，漁業法の改正に伴い，今後大幅な追加が行われる見込みである）。

TAC制度では，MSYをベースにするなどの科学的な方法によりTACが定められる（ただし，その際，必要に応じて行政的，経済的，社会的な状況が考慮されるため，ABC（Allowable Biological Catch：生物学的許容漁獲量）を上回るTACが設定されるなどの問題が数多く指摘されている）。その後，過去の漁獲実績などに基づき，TACは大臣管理分と知事管理分に分けられ，さらに大臣管理分は各漁業種類に，知事管理分は各都道府県に配分される。配分されたTACは，上述のオリンピック方式によって管理することもできるが，TAC法に定められる協定（「TAC協定」とよばれる）に基づいて管理することもできる。TAC制度は一般的にトップダウン型の管理手法であるといわれるが，TAC協定により,最終的な調整,管理には漁業者が主体的に関わることが可能となる。このように，日本のTAC制度は，その運用において，過去に培われてきた漁業者による自治の理念や自主管理の理念，枠組みを利用したものとなっている。

6.5　なぜ資源管理が上手くいかないのか

6.3節では，オープンアクセスのもとでは過剰利用が発生することが確認されたが，前節では，現実にはそれを防ぐための制度が存在する（すなわちオープンアクセスではない）ことも学んだ。現在，利用状態や資源水準の悪化は一定の範囲にとどまっていることから，こうした制度が一定の効力を発揮していると考えられるものの，利用状態や資源水準がよいわけではなく，十分な効力を発揮しているともいえない。本節では，前節でみた資源管理の制度がなぜ十分な効力を発揮しない（ことがある）のかについて，複数の視点から検討する。

6.5.1　コミュニティー内部におけるオープンアクセス問題

6.3節ではオープンアクセスを「誰もが自由に参入できる」状態とし，このもとでは技術進歩により漁獲努力量が増加することを述べた。誰もが自由に参入できる状態でなければ，言い換えると，参入が制限されていれば，もしくは限られたメンバーのなかであれば，この問題は発生しないのであろうか。

上述のように，単独の漁業者が独占的に漁場を利用する際には，通常，E_{MEY}での漁獲努力量の投下が行われる。複数の漁業者に漁業の許可，もしくは権利を与える際も，その数を，許可，権利を持つすべての漁業者が漁獲努力量を最大限投下した場合に，その合計がE_{MSY}となる水準にとどめれば，過剰利用を防ぐことができる。しかし，ここで考えなくてはならないのは，たとえば技術が進歩したり，環境が変化したり，もしくは権利を与えられるコミュニティーのメンバーが増えたりすることにより，許可，権利を持つすべての漁業者が漁獲努力量を自由に投下すると適切な（持続可能な）水準を超えてしまうような状況になった際に，それを抑制するような仕組みが内包されているかどうかという問題である。このことを，再び採貝を例として，個人の最適行動の観点から考えてみる。

たとえば，次のような状況を考える。X人の漁業者が干潟を共同で利用して採貝漁業を営んでおり，大きな貝が採れると20円で売れるが，小さな貝であると1円でしか売れない。ただし，小さな貝が採れた場合にそれを売らずに放流すると，1年後には大きな貝となり，5分の1の確率で，X人の漁業者の誰かが再び採ることができることが，過去の実験の結果から分かっている。さて，このような状況において，小さな貝が採れた漁業者は，その貝を1円で売るだろうか，それとも放流するだろうか。

このとき，合理的な漁業者は次のように考えるはずである。小さな貝を放流した場合，その貝は，5分の1の確率で20円，5分の4の確率で0円へと変わる。つまり，期待値としてその貝の持つ価値は4円である。放流しなければその価値は1円なので，放流する方が3円の得である。ただし，1年後にその貝を再び採るのはX人の漁業者のなかの誰かであるので，個人でみた場合には，期待値は4/X円となる。このことから，干潟を利用する人数が3人以下であれば放流する方が得であるが，4人であれば無差別（どちらでも同じ）で，5人以上であれば放流せずに小さいまま売る方が得であることが分かる。5人以上の場合には，コミュニティー全体として考えた場合には放流する方が得であるにもかかわらず，合理的な漁業者は売る方を選択するであろう。

これは，漁獲努力量の投下についてもそのままあてはまる。つまり，今獲り控えをすることで，将来の資源量の増加が期待される状況でも，全く同じ問題が成立する。今の獲り控えの影響（水揚げの減少）は個人で負担することになるにもかかわらず，将来の資源量の増加の恩恵は独占することができないからである。このように，すべての漁業者が漁獲努力量を自由に投下すると適切な（持続可能な）水準を超えてしまうような状況においては，個人個人が自分の利益を最大化しようとふるまうことにより，コミュニティー全体としての利益は最大化されないのである。

日本がこれまで主に採用してきた漁業許可や漁業権による規制は，たとえ許可数の制限を行ったとしても，技術の進歩や環境の変化に対応して許可数（もしくは操業日数・時間）を柔軟にコントロールする仕組みが内包されていない限り，過剰利用を防ぐことは難しい。漁業権に関しても，コミュニティーの内部で1人当たりの漁獲量（もしくは操業日数・時間）を適切にコントロールすることができなければ，過剰利用を防ぐことは難しい。林（2008）は，こうした問題を「共同体内部におけるオープンアクセス問題」（p. 416）と表現しているが，これは，たとえ外部からのアクセスが完全に排除されたとしても，コミュニティーに属する個々のメンバーが**共有資源**（ローカルコモンズ）に対して無制限に（個々の判断に基づいて）アクセスすることができる状況においては，オープンアクセスのもとでの共有資源（グローバルコモンズ）と同様の問題が生じ得るということである。

6.5.2　抜け駆け（ルール違反）の問題

前項では，参入制限が行われたとしても，中・長期的には，漁業者数や漁獲量，操業日数，操業時間などに関する適切なコントロールが伴わない限り，過剰利用を防ぐことはできないことが確認された。これは，漁業者数や漁獲量，操業日数，操業時間などに関する適切なコントロールが行われれば，過剰利用を防ぐことができるという（ごく当たり前の）ことであるが，現実においては，定められた規制，ルールがきちんと守られるのかという問題が存在する。

引き続き採貝を例として考えてみる。前項の例において，コミュニティー全体として利益が最大化されないという問題が存在したが，この問題の解決は「一見」簡単である。すなわち，コミュニティー全体で，「小さな貝が採れた場合は，それを売らずに放流する」というルールを定めさえすればよいのである。では，このルールは守られるであろうか。表6.1は，自分以外のメンバーが十分多い

表 6.1　自分の利得

		自分以外	
		守　る	守らない
自　分	守　る	今年の水揚げは少し減る 来年の水揚げは増える	今年の水揚げは少し減る 来年の水揚げは増えない
	守らない	今年の水揚げは減らない 来年の水揚げは増える	今年の水揚げは減らない 来年の水揚げは増えない

状況のもとで，自分と自分以外のメンバーがそれぞれルールを守った場合と守らなかった場合の，今年と来年の自分の利得（水揚げの変化）についてまとめたものである。

自分以外がルールを守ると仮定した場合，自分はルールを守るよりも守らない方が得である。いずれにしても来年の水揚げは増えるなかで，今年の水揚げを減らさずに済むからである。自分以外がルールを守らないと仮定した場合も，自分はルールを守るよりも守らない方が得である。いずれにしても来年の水揚げは増えないなかで，今年の水揚げを減らさずに済むからである。全員がこのように合理的に判断した結果，このルールは誰にも守られないことになる。これは，いわゆる「**囚人のジレンマ**」において，2 人の囚人がともに「自白」を選択する状況である（コラム参照。ただし，囚人のジレンマについては経済学やゲーム理論の一般的な入門書に記載されており（たとえば，神取 2014, pp. 311-314 など），インターネット検索においても多くの解説が見つかることから，詳しい説明はそれらを参照されたい）。

こうしたルールが誰にも守られない状況を防ぐには，どうしたらよいのであろうか。実は，この問題に対するヒントも，囚人のジレンマの問題のなかに隠されている。囚人のジレンマにおいて 2 人がともに自白を選択するのは，2 人が「別々の部屋で取り調べを受けている」ためである。仮に同じ部屋で取り調べを受けているならば，相手が自白しない限り自白しない（相手が自白すれば自分も自白した方が得であるが，自分が自白すれば相手も自白することが予想されるため，自分から自白することはない）ため，2 人とも「黙秘」を貫くことになる。ここから考えれば，こうしたルールを守らせるには，2 人を同じ部屋に入れる，すなわち，互いの行動が見える範囲で漁を行えばよいのである。

ただし，2 人が別々の部屋で取り調べを受けている状況であっても，囚人が自白を選択しないことも考えられる。たとえば，こうした取り調べが今回限りではない状況（これは「繰り返しゲーム」によって表現されるが，ここでは割愛する）や，報復が考えられる状況（神取 2014, p. 316）などで起こり得る。後者は，自分が自白したかどうかは刑期を通して相手に伝わるため，刑期を終えた後に報復される恐れがある状況においては，それが自分の利得に組み込まれるからである。

ここでのポイントは,「相手に伝わる」というところにある。採貝のように限られた範囲のなかで漁が行われるのであれば，行動（ルールを守っているかどうか）を互いに監視することも不可能ではないが，広い範囲で行われるものに関しては，直接的な監視は難しく，また，行動の結果も，刑期のように数値で明確に表現されるわけではない。つまり，資源管理に関するルールを守ったかどうかは将来的に資源が減ったかどうかでしか確認されず，そこには不確実性もあることから，現実には「どうも皆がルールを破っていそうだ」ということは分かったとしても，本当に破ったのかどうか，そして誰が破ったのかは分からない。このように，定められた規制，ルールがきちんと守られるのかという問題は，互いの行動が見えるかどうか，すなわち監視の問題に行き着くのである。

また,「報復」に対応した，ルール違反に対する相応のペナルティーも必要である。報復の意義はそれを利得に組み込ませることで自白のインセンティブを失わせることにあるので，確実に発見し，その場で制止できる場合以外は，摘発の確率とペナルティーの積（期待値）が，ルールを破るインセンティブを失わせるだけの大きさである必要がある。

なお，こうした問題の他の解決方法としては,「プール制」も知られる。プール制とは,「全ての漁業者の水揚代金をプールし，それを一定の基準にもとづいて個々の漁業者に再配分するシステム」（松井 2014，p. 308）のことで，水揚げをコミュニティーのメンバー全員で配分することにより，前項の例でいえば，放流せずに小さいまま売る場合の期待値は（均等配分の場合）$1/X$円（<

コラム　囚人のジレンマ

2人の容疑者A，Bが別々の部屋で取り調べを受けている。最大で懲役10年の容疑であるが，証拠が十分でないため，2人とも黙秘すればともに懲役2年となる。2人とも自白すれば，自白により減刑され，ともに懲役7年となる。ここで,「1人だけ自白した場合に，自白しなかった方を懲役10年とし，自白した方を懲役1年とする（ただし，2人とも自白した場合は先の通りともに懲役7年である）」という条件を2人に提示した場合，この2人の容疑者は自白するであろうか，それとも黙秘するであろうか。

このとき，それぞれの容疑者はもう1人が自白したか黙秘したか分からないなかで，次のように考えるはずである。「もし相手が自白した場合，自分は『自白すれば懲役7年，黙秘すれば懲役10年』である。もし相手が黙秘した場合，自分は『自白すれば懲役1年，黙秘すれば懲役2年』である。つまり，相手の行動にかかわらず，自分は自白した方が得である。」結果として2人の容疑者はともに自白を選択し，ともに懲役7年となるが，これはともに黙秘を選択した場合（ともに懲役2年）と比べ，2人とも損をした状態である。この選択は，それぞれにとって合理的であるにもかかわらず全体としては最適になっておらず，こうした状況は囚人のジレンマとよばれる。

		B	
		黙秘	自白
A	黙秘	2年 ＼ 2年	10年 ＼ 1年
	自白	1年 ＼ 10年	7年 ＼ 7年

4/X円）となり，放流する方が合理的となる。

6.5.3　IUU漁業について

こうしたルール違反の実例として，ここでは，IUU（違法・無報告・無規制）漁業の問題について概観する。IUUは，Illegal，Unreported，Unregulatedの頭文字を繋げたもので，それぞれ以下のものを指す（IUU漁業対策フォーラムホームページ（https://iuuwatch.jp）より）。Illegal fishing（違法漁業）：国家や漁業管理機関の許可なくまたは国内法や国際法に違反して行う漁業，Unreported fishing（無報告漁業）：法令や規則に反して無報告または誤報告された漁業，Unregulated fishing（無規制漁業）：無国籍または無加盟などの船舶が規制または海洋資源保全の国際法に従わずに行う漁業。

これらの**IUU漁業**は，資源管理上の問題はもとより，さまざまな面から多くの問題を引き起こす。たとえば，以下のようなものである。

(1) 資源管理への影響

漁業の規制の多くは，直接・間接に資源管理と関係する。これは，IUU漁業の多くは資源管理に影響を与える可能性があることを意味する。最も典型的な影響，問題は過剰漁獲，すなわち資源管理に関係する規制に反した魚の獲りすぎであるが，これはもちろん，中・長期的に資源の減少に繋がり，漁獲量の減少を招く恐れがある。

また，こうした過剰な漁獲量が正確に把握できない場合（ほとんどの場合がそうであると考えられる）は，資源量推定などに用いるデータの誤差が大きくなり，推定の誤差（もしくは区間）も大きくなる。すなわち，資源評価，資源管理の精度を引き下げることにも繋がる。

(2) 漁獲への影響

資源の減少による漁獲量の減少以外にも，漁場の争奪は，より直接的に漁獲量の減少を引き起こす。たとえば，好漁場として知られる日本海の大和堆においては，日本のEEZ内での北朝鮮船，中国船の違法操業により，ときとして日本船が漁場の移動を迫られている。

(3) マーケットへの影響

資源や漁獲への影響にくわえて，もしくは，たとえ資源や漁獲への直接的な影響がなかったとしても，IUU漁業に由来する水産物は，マーケットを通じて間接的に，IUU漁業に由来しない（適正に漁獲された）水産物に影響を与える。水産物を含め一般的な財は供給量が増えると価格が下がり，消費者は店頭で販売されている水産物が適正に漁獲されたものであるか，IUU漁業に由来するものであるかを識別できないため，IUU漁業由来の（たとえば密漁された）

水産物がマーケットに流入すると，適正に漁獲された水産物の価格にも影響を与える（価格を引き下げる）。これは漁業経営にダメージを与えるため，長期的には，漁業そのものの衰退にも繋がり得る。

この問題は，海外からの流入についてもあてはまる。阪井ら（2019）は，1990年8月から2016年12月の月次データを用いて連立方程式モデルを構築し，IU（違法・無報告）漁業由来の輸入品が国内イカ産業に与えている被害を推定している。先行研究（Pramod et al. 2017）で推定されているIU漁業由来のイカ類の輸入量をもとに，これらの輸入がなかった場合の状況についてシミュレーションを行った結果，IU品の流入により，イカ産業の収益金額の15〜29%にあたる243〜469億円が失われていると推定された。

(4) その他の影響

こうした資源，経営・経済的な問題以外に，社会的な問題も存在する。国内で行われる密漁が反社会的勢力の資金源となっていることが報告され（鈴木 2018），また，IUU漁船における深刻な人権侵害についても報告されている（ヒューマンライツ・ナウ 2021）。こうした問題は，社会的，人道的に重要であるが，倫理的消費の意識も高まるなかで，消費者にとっても無関係ではない。

6.6 持続可能な水産資源管理とは

駆け足であったが，本章では，日本および世界の水産資源の現状とその管理方法，そして，なぜ水産資源は持続可能な形で管理，利用することが難しいのかについてみてきた。最後に，漁業法改正を中心としたここ数年の日本の水産政策改革について概観するとともに，今後の持続可能な水産資源管理のあり方，および残されている課題について検討する。

6.6.1 水産政策改革について

2018年12月に漁業法が改正されたが，これは，1949年以来の約70年振りの大改正であるといわれる。改革の焦点のひとつは，TAC魚種の拡大をはじめとする「新たな資源管理システムの構築」である。そこでは，資源評価対象魚種は原則として有用資源全体をカバーし，TAC対象魚種も早期に漁獲量ベースで8割に拡大するとされている。また，資源ごとの管理目標として，最大持続可能生産量（MSY）を達成できる資源水準である「目標管理基準」と，それを下回った場合に管理を強化する資源水準である「限界管理基準」が設定され，準備が整ったものからIQも導入される。つまり，遠洋，沖合，ならびに沿岸の広域資源が中心になると思われるが，主要魚種においては，科学的根拠に基づく管理の徹底と操業の合理化を目指すということである。

もうひとつの焦点は，「漁業権制度の見直し」である。これまで，都道府県から地元の漁協，漁業者に優先的に付与されてきた定置網および養殖の漁業権の優先順位を廃止し，既存漁業者が適切かつ有効に活用している場合は継続利用を優先し，それ以外の場合は地域の水産業の発展に最も寄与すると認められるものに与えられることとなった。とはいえ，漁業権制度そのものは維持され，とくに共同漁業権については変更がないことから，沿岸の地先資源が中心になると思われるが，TAC や IQ が導入されない魚種については，引き続き，自主管理の枠組みを利用した「資源管理計画」（資源管理協定に移行予定）による取組みが重要となる（資源管理計画については，小野 2015 参照）。

2020 年 12 月には，「特定水産動植物等の国内流通の適正化等に関する法律」が成立した*。同法では，国内の漁業については，違法かつ過剰な採捕が行われる恐れが大きい魚種を特定第一種水産動植物に指定し，その採捕や譲渡しの事業を行うもの（届出採捕者）は，その採捕が適法に行われるものである旨を行政機関に対し届け出るとともに，届出の際に通知される番号を含む漁獲番号を伝達のうえ譲渡しを行うことが義務づけられた。また，届出採捕者，および買受業者，加工業者，流通業者等は，譲受けや譲渡しに際し，漁獲番号にくわえ，重量または数量や年月日，相手方の氏名等の事項に関する取引記録の作成・保存が義務づけられた。輸出に際しても，適法に採捕されたことを示す国が発行する適法漁獲等証明書の添付が義務づけられた。

* 詳しくは，水産庁ホームページ「特定水産動植物等の国内流通の適正化等に関する法律」https://www.jfa.maff.go.jp/j/kakou/tekiseika.html 参照。

なお，漁業法の改正において，漁業権侵害の罪の罰則が 20 万円以下の罰金から 100 万円以下の罰金へと引き上げられるとともに，特定水産動植物の採捕禁止違反の罪と密漁品流通の罪が新設され，3 年以下の懲役又は 3, 000 万円以下の罰金と，非常に重い罰則となった。こうした厳罰化は，前項で述べたような，ルール違反に対する相応のペナルティーとして，ルールを破るインセンティブを失わせることが期待されるのである。

また，海外からの輸入に関しても，国際的に IUU 漁業の恐れの大きい魚種を特定第二種水産動植物に指定し，適法に漁獲されたことを示す外国の政府機関等発行の証明書等の添付が義務づけられた。

国内の漁業，海外からの輸入ともに，こうした流通の適正化，すなわち**トレーサビリティー**の構築により，IUU 漁業の抑制が期待される（なお，トレーサビリティーについては 3 章に詳しい）。

6.6.2 おわりに

以上でみてきたように，水産資源の管理は，資源評価をいかに適切に行うかという問題もあるが，くわえて，たとえ資源評価が適切に行われたとしても，それに基づいてルールを定め，それを守らせるためには，監視をいかに行うかが重要となる。つまり，データ収集・評価，制度設計，管理（監視）がすべて揃ってはじめて，水産資源の持続的な管理が可能となるのである。近年は，ICT の導入も進んでおり，たとえば，沿岸漁業ではタブレット端末の利用（佐野 2018)や，遠洋漁業(国際資源管理)では人工衛星データの利用(Park et al. 2020)も行われている。国内の生産や輸出におけるトレーサビリティーシステムや，輸入における漁獲証明制度の構築も進められている。

とはいえ，日本のとくに沿岸漁業においては，6.4.2や前項でみたように，引き続き自主管理が重要な位置づけにある。6.5節でみたように，こうした資源管理の制度は，条件によっては十分な効力を発揮しないことがあるが，似たような条件のもとでも管理が上手くいっている地域と上手くいっていない地域があったり，そもそも資源管理に対し積極的な地域とそうでない地域があったりする理由は，必ずしも明確でない。

この問題に対するひとつのヒントは，時間割引率にあると考えられる。時間割引率とは，将来得られる金銭を現在の価値に換算する(割り引く)際の比率のことである。今日貰える1万円と1年後に貰える1万円であれば，多くの人にとって前者の方が価値が高い(好きな方を選べるのであれば前者を選択する)であろう。では，1年後に貰える1万円は，今日貰えるいくらと同じ価値であろうか。この換算比率は，人や状況によって異なるであろう。時間割引率が高いと，単独の漁業者が独占的に漁場を利用する場合であっても，資源を獲り尽くす可能性がある。たとえば，途上国で漁業以外のビジネスの収益率が著しく高い(資源の再生産率を上回る)場合は，資源をすべて獲り尽くして換金し，それを漁業以外のビジネスに投資するのが合理的である。これは，6.3節の末尾でふれた動学モデルとも関連する。また，年齢や漁業の継続意欲(後継者の有無)，資産状況(借入金の有無)なども，時間割引率や資源管理意識に影響を与える可能性がある。その他にも，不確実性に対する態度や過去の経験が，資源管理意識に影響を与えることも考えられる。

持続可能な水産資源管理の達成に向けては，上述のデータ収集・評価，制度設計，管理(監視)，およびそのための技術開発とともに，こうしたメカニズムの解明も期待される。

演習問題 1　漁獲努力量と漁獲量の関係が $Q=-5E^2+50E$，漁獲努力量と漁獲にかかる費用の関係が $C=5+2E$ で与えられるとき，E_{MEY}（利潤が最も大きくなる漁獲努力）の値を求めよ。なお，生産物価格は $P=0.2$ で一定であるものとする。

【解答例】　利潤は $P\times Q-C$，つまり $0.2(-5E^2+50E)-(5+2E)$ であるので，$-E^2+8E-5$ を E で微分して，$-2E+8=0$ より $E=4$ が得られる。

演習問題 2　IUU 漁業を防ぐにはどうしたらよいか。本文の内容を参考に検討せよ。

【解答例】　まずは監視が重要であり，そこではICT機器を活用できる可能性がある。一方，すべてを摘発することは難しいので，罰則の強化も抑止力となると考えられる。また，漁獲証明書等を利用したトレーサビリティーにより，流通段階でIUU漁業由来の水産物が入り込むことを防ぐことも効果的である。とくに，輸入される水産物や，多くが輸出される水産物については，効率的にチェックすることが可能である。その他にも，本文で触れていないが，IUU漁業由来でないことを保証する認証制度（エコラベル）なども，消費者の反応次第では効果が期待できるかもしれない。

7章 森林利用の持続可能性を高めるために

本章では，林学（森林学・森林科学）の長い歴史をたどる。森林の持続可能性は，非常に長期的な視野で考える必要があるからである。これにより，農学の一分野である林学が，1990年代以降，森林利用の持続可能性を高める上で，どのような課題に挑戦しているかを示したい。

7.1 はじめに

農林水産業・食料生産関連産業・農地・海洋・林地・放牧地・農山漁村のすべてを対象とする農学全般に比べれば，林学の扱う対象はごく狭い範囲である。しかし，農学の範囲が広大であるように，林学も，対象が林業・林産業・林地・山村に絞られるだけで，社会科学・人文科学・自然科学のすべてにわたる広大な分野を扱うことに変わりはない。加えて，森林を扱う林学は，その性格上，非常に長い時間を考えねばならない。木材の生産・加工・流通という狭義の産業を通じてのみならず，森林が生み出す多面的な機能を通じても，人々の生活や生産にかかわっている。つまり，長期性と多面性を考慮しつつ社会の要請に応えなければならない点に特徴がある。

1992年の**国連環境サミットUNCED**は，すべての学問に一石を投じた。UNCEDが学界に投げかけた課題は，その分野にかかわる人間の営為が，社会的にも，生態的にも，経済的にも持続可能であること，かつ，ローカルレベルからグローバルレベルまでのいずれにおいても持続可能であることであった。

この要請と前後して，日本では，多くの学問分野が，制度的に確立されてから1世紀という大きな節目を迎えていた。19世紀末～20世紀初頭の近代科学成立期を振り返る作業が活発化していたのはある意味当然であったが，UNCEDの要請はそれぞれの学問分野が自らを再定義するために，この振り返り作業を促進させたといえよう。

筆者の専門分野は「**林政学**」であり，林学のなかで社会科学的手法を駆使して，森林や林産物をめぐる人と人の関係を経時的に考える分野である。林学という学問分野の生い立ちは，その時代時代における社会関係を抜きには語れない。

以下，1人あたりの森林面積が比較的近い日本と欧州を中心に林学の生成と発展の歴史をたどる。これをまとめたうえで，最後に，循環の視点を加えて考察する。

7.2 近代林学のできるまで

7.2.1 中世までの森林に関する人間の知識

イリンは，名著『人間の歴史』のなかで，樹上で生活していた人類の祖先が木から降りることでヒトとなったと書いている。もともと森で暮らしていたのであるから，森林と人間のつきあいはかなり根源的である。

人類が文字記録を残すようになって以降，森林について人間がもっていた知見をたどると，少なくとも古代ローマ時代に書かれたプリニウスの『博物誌』に遡る。そこにはさまざまな樹木そのものの性質に加え，森林と水の関係に限ってみても，木を植えることで地下水が涸れるというマイナスの側面と，森林が雨を降らせるというプラスの側面の両方が書かれている。一般的に乾燥気候である欧州のなかでも，とくに雨の少ない地中海周辺に開けた古代文明圏で，都市建設や燃料のために森林の略奪的な利用が進み，そのために水源が涸れるという悪循環に陥っていたとすれば，森林と水の複雑な関係がすでに身にしみて理解されていたのであろう。一方で，今のフランスやドイツには広大な森林が残されていたことを考えると，文明化した地域で植林をせずとも，都市を構築し，材木や水は域外から調達すればよいという考え方がローマの為政者にはあったのかもしれない。今日に至るまで，地中海沿岸は量的にも質的にも森林の乏しい地域となっている。

残された森林地帯には，領主の支配が及ばず，人々が自由に利用していた林野があった。一方で，人々の利用や立ち入りを領主が厳しく制限する土地もあった。そもそもフォレスト forest という英語は，「外にあるもの」を意味するラテン語のフォリス *foris* から派生したもので，仏語のフォレ forêt や独語のフォルスト Forst も同根であるらしい。ここで「外にあるもの」の意味は，種々の文献をひもとくかぎり，人々が利用できると定められた林野の「外」にあったと解釈できそうである。

領主の利益は時代や地域によって変化するが，狩猟はその代表格であり，欧州においては21世紀の今でも富者の趣味となっている。もちろんそれ以上に，都市建設のための木材生産のために領民を排除する場合も多かったであろう。要するに，領主が一定の目的のために領民を排除する**法的区域**がフォレストであり，必ずしも樹木の生育状態は問われなかったといわれている。

では，樹木が生育していて領民が生活のための燃材採取などを許されていた林野を何と呼んだのかは，英独仏のそれぞれや，さらに地域や時代によって異なっていたようである。

相対的に森林への人口圧が少なかった時代には，フォレストを例外として，林野に対する人々の「**オープンアクセス**」が成立していたといわれる。日本でも，8世紀の養老律令に，山川藪沢（さんせんそうたく）から得られる自然の恵みは「公」と「私」が共に得るものであると書かれており，少なくとも建前上は，オープンアクセスが成立していたというのが通説である。

オープンアクセスが領主から黙認ないし公認されていた時期には，利用者である領民たち，ないし共同体民たちが，一定の自主ルールを設けてこれを利用していた事例が数多く知られている。燃材に限らずさまざまな恵みをもたらしてくれる森林を枯渇させないためである。もちろんすべてがうまく行ったわけではなく，失敗や争いごとがあったにせよ，こうした経験の積み重ねすべてが，森林の持続可能性にかかわるある種の「知」を共同体内に蓄積したと考えるのは自然なことであろう。

領主は，より経済的な利益につながる土地をフォレストとして独占していたわけだが，農牧地と比べて興味深いのは，水平方向の広がり（面積）だけでなく，垂直方向の高さが意味をもつということである。たとえば，領主は，太くて高く，材木として高価な樹木のみを欲し，その下に生える雑木は領民に燃材として分け与えても損はなく，領民を慰撫する効果もあると考えたかもしれない。実際，森林の下木を採取すると，残された上木の成長が促進されるというのは一般論として今日でも認められている。広域的にみると，時代が下るにつれて平地林は開墾が進み，奥地山岳林へと利用が進んでゆくので，山奥では**乱伐**が洪水を引き起こす。そうなると，山岳地の領民のみならず，平野部の領民や領

コラム 1　日本における植林の起源

文字記録が残されるようになったのが比較的新しい日本で，人為的な植林の起源を知るのは難しい。万葉集に，柿本人麻呂が詠んだ「いにしへの人の植ゑけむ杉が枝に霞たなびく春は来ぬらし」という歌がみえ，万葉の時代に，すでに「あのスギは（自然に生えたものではなく）昔の人が植えた」と推定するような伝聞ないし直観が存在したことがうかがわれる。史料による実証は困難であり，仮に考古学的方法より植生の推移を推定することができたとしても，そこにどのように人為が加わっていたかを実証することは難しい。律令国家におけるオープンアクセスの規定は「山」を含む非墾地を地方の権力者が私物化する動きにクギをさしたというのがひとつの解釈である。このとき「山」の一部に植林がなされていたとすれば，農地の開墾者に一定の権利が与えられていったように，植林者にも一定の権利を与えていたとも考えられる。その場合天然林としての「山」とは異なる規定があってもおかしくないが，詳細は不明である。おそらく植林地があったとしても，その面積は微々たるものだったのだろう。律令体制が崩壊し，「山」の用益についての争いがしだいに顕在化するはるか以前の上古において，なぜ植林がなされたのかは，日本語の「もり」に杜という字も当てられることからして，宗教的な意味合いがあったのかもしれない。言語学の専門家である岩松文代がこのあたりの文化的な事情を「語義史」として，行政用語や学術用語についての「定義史」とは区別して，論じている。眞下（2021）も参照のこと。

地経営にも影響を及ぼすことになる。

価値ある木材を求めて領主が領民の利用区域に進出していったり，山地での乱伐にともなって洪水や土砂災害などの現象が生じたりしたことは，「**林学**」という技術体系の発達を促した。

領主が狩猟のためだけにフォレストを用いていて，領民にはそれ以外の林野をオープンアクセスさせていた時代には，「林学」は必要なかった。林学が必要になってきた時代，すなわち狩猟だけでなく，領主にとっての木材の価値がとみに高まってきた時期は，16世紀頃，つまりヨーロッパ史にいう近世（初期近代）early modern に入ってからである。

7.2.2　近世における林学の発展

ドイツの森で暮らす人々には「木々に訊け」という格言があったそうだが，ある種の経験知は，共同体民の側にも，領主に雇われた森林担当の役人の側にも，それぞれの利益のために，存在したと考えられる。

16世紀の欧州では，大航海時代という言葉に象徴されるように，艦船用材に加えて，精錬・製塩などの**産業用燃材**の需要が急増した。精錬所や製塩所の多くは，森林地域の近辺に立地した。都市の形成による**住宅用木材**や市民生活に必要な燃材需要もあって，17世紀には領主による乱伐が盛んとなった。18世紀になると木材不足の深刻化を背景に，**区画輪伐法**と呼ばれる持続可能な**用材林経営法**が欧州や日本で，それぞれ独自に，実施されるようになった。現代

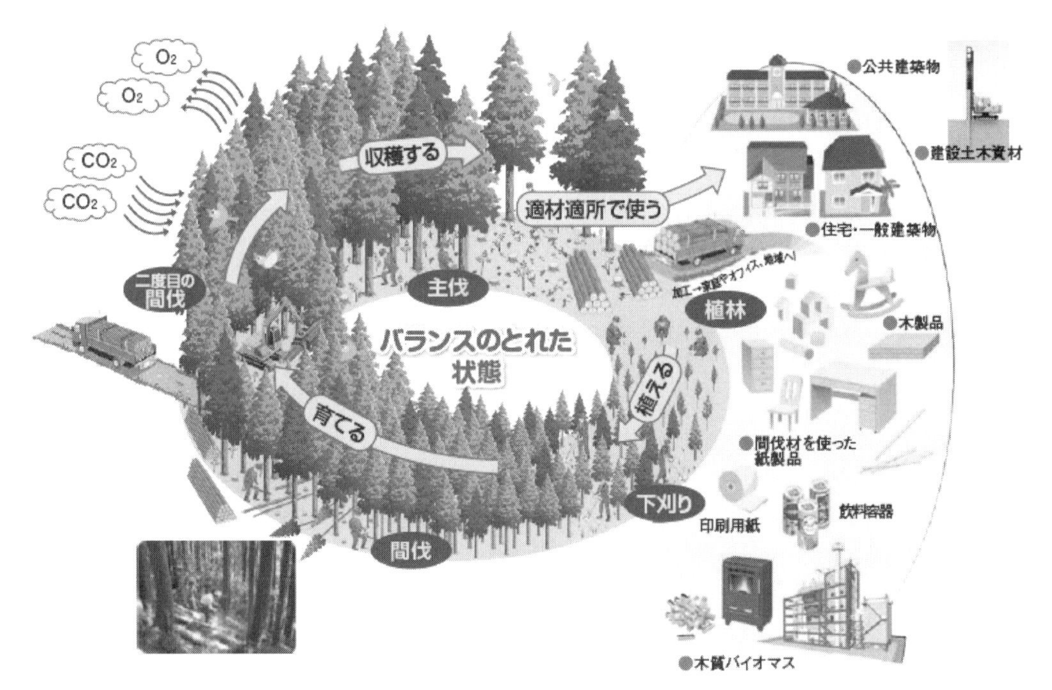

図7.1　区画輪伐法の現代的イメージ
出典：林野庁「平成29年度森林・林業白書」

日本の林野庁の公式文書である『森林・林業白書』に掲載された図 7.1 の左側に森林が輪状に示されている。いわば農耕における「輪作」の林業版である。

たとえば，40 年生の樹木を育成し伐採する必要があったとしよう。このとき，森林全体を 40 等分し，毎年 40 分の 1 ずつを伐採し跡地に植林しておく。これを 40 年間毎年繰り返して**伐採区画**をローテーションすれば，元の場所に戻ったときにはそこに 40 年生の樹木が育っている，という計算である。田中和博(1996) によると，すでに 14 世紀の古文書にこの方法が記載されており，広葉樹の低木林の利用計画に最も適した方法であり，19 世紀の前半までドイツでは広く採用されていたという。

この方法を含めた「**持続可能な造林**」をその主著『経済的造林学』(1713 年) において提唱したカルロヴィッツは，領主に仕える森林官・狩猟官を父にもつ北ドイツの鉱山技師である。鉱山では精錬用燃材のほか坑木と呼ばれる坑道の支柱材も必要だったから，鉱山開発をする際にはあらかじめ森林資源の手当をしておく必要があった。フライブルク大学で林学博士号を取得し，愛媛大学で林政学を講じている寺下太郎によると，UNCED の 7 年後にあたる 1999 年に，ドイツを代表する一般誌『ツァイト』誌は，カルロヴィッツを特集したという。2013 年に「カルロヴィッツ 300 年」がポピュラーなイベントとなった際には，「持続可能性がモダンだと思うの？私たちもそう思う。ただ，300 年前からずっとだけどね」という誇らしげな標語が飛び交ったという。

日本でも「**番繰山**」「**番山**」といった名称で，木材不足への対応策として区画輪伐法が案出・実践されていた。カルロヴィッツが日本の造林技術と異なっていたとすれば，森林の「持続可能性」Nachhaltigkeit (直訳すると「後に保つこと」) という表現により，技術に学問の光を当て，普遍化・一般化への道を開いた点にあったといえよう。

19 世紀になると，ドイツの各地でさまざまな分野の高等教育システムが発達した。ドイツにおける学術教育の確立とその日本への影響について数多くの実証研究を積み重ねてきた森川潤の一連の業績によると，林学部門についても，高等森林専門学校が設立され，大学のカリキュラムで林学を教えるところもあった。内容的には，現場の森林管理のマニュアルを教えるものから，一般化された法則や関連する周辺分野の知識を併せて教えるものまで多岐に及んだという。その背景として産業革命が本格化し，木材の資源的価値が認識されるようになり，林野行政を担う人材が各地で不足していたという事情を森川は指摘する。ドイツで林学を学んだ卒業生が初代および 3 代の学長となったフランスの国立高等森林専門学校では，「自然の力を模倣し，その作用を増進させる」という言葉が，現場重視主義とともに，校是となる。後述するように，19 世紀末のドイツには日本の留学生も相次いで渡航し，**ドイツ林学**を吸収し，日本の林学や林野行政を担う存在となった。イギリスやアメリカからは，フランスへの留学が盛んとなり，フランス経由でドイツ林学を吸収し，新大陸や植民地においてこれを適用する試みが始まる。

19世紀後半にはヨーロッパ山岳地帯の多くで洪水が頻発する。洪水や土砂対策についての研究はオーストリアやスイスが先進的な国として知られるが，フランスは，18世紀末の大革命を経て土地に関する私的権利の法体系を確立した国である。1820年代には**森林法典**を制定し，19世紀なかばには私権と公権の関係を制度的に秩序立てた上で，公共事業に着手していた。フランス山岳地における洪水対策としての**山地復旧造林事業**は，伝統的に山間放牧を行ってきた地元の農牧民との対立や紛争を招いたものの，この事業は，技術的側面もさることながら，共和政のもとで，土地所有者への補償をともなう公共事業として進められ，近代化とともに山村人口が都市部に移動し始めていたこともあ

コラム 2　近代科学における「数」の優位と林学

古代ローマ以来の博物学においては，樹木の性質を語る上で，手触りや薬効などありとあらゆる属性が記述されていたが，18世紀の植物学者リンネに代表される近代植物分類学は，花びらの数など，視覚により客観的に記述可能な属性，とりわけ数えられる属性に重きをおくようになった。社会における「数」は，近代社会において，その重要性を増したと考えられている。科学史家のポーターは，社会において，計量する能力を独占する専門家が権威者となる過程を論じているが，その例として，数量的に森林の経営計画を作成するドイツ林学者を挙げている。

森林の地域的な多様性を考えると，地元民の経験知を決してあなどるべきではないし，近代林学を学んで現場に赴いた技術者たちは地元民とのあつれきに少なからず苦悩することとなる。しかしながら，多くの場合，経験知が定性的な知見にとどまるのに対し，「数」の裏付けをもつ近代林学は，ひなびた山岳地域を含む世界中の森林地域に浸透してゆく。洪水問題についても，スイスでは早くから「量水試験地」が設けられ，林内雨量の測定が開始される。

こうした近代科学は，えてして数えにくい要素を軽視しがちである。成長した森林を何年目に伐採するか（**伐期**）を先に決めておけば，長期的な収支計算も容易にできる。これに対して，山岳地域における単木レベルの抜き切り（**択伐**）のような森林の取り扱いは，将来計画をたてにくい。森林の多面的な価値を保持しつつ，森林状態の変化に対応して意思決定をその都度行うこうした方法は，その後「**順応的管理**」と呼ばれ，広い意味での持続可能性にとって重要なキーワードになる。順応的管理は収益性をある程度犠牲にする場合が多い上，これを行うためには，**モニタリング**が重要である。この考え方は「**照査法**」と呼ばれ，スイスで考案されたものの，ドイツでもフランスでも主流とはならなかった。日本では北海道の一部に試験地が設置されたにとどまる。順応的管理の考え方は，森林管理における市民参加の考え方とともに，土地所有制度が比較的シンプルな北米など新大陸諸国の一部において盛んになっている。現代日本では，愛知県の矢作川流域においては市民参加によるモニタリングともいえる「**森の健康診断**」が，NPOによって実施され，専門家がアドバイザーとしてかかわる形が実現しており，先駆的な事例として注目されている。後述する「**赤谷プロジェクト**」も興味深い。

このコラムの最後に付言しておきたいのは，長期的な持続可能性を考えた場合，森林土壌のモニタリングが非常に重要であることである。森林の樹木が成長しているとき，それが土壌の厚みを犠牲にしていれば，地力が低下するから，持続可能とはいえず，略奪的な利用をしていることになる。この問題は，森林土壌の分解や流亡リスクの大きい熱帯地域ではとりわけ重大である。

って，一定の成功を収めた。その成果には，**渓流砂防技術**の本家筋であるオーストリアから視察団が来るほどであった。

産業革命以降のもう一つの大きな変化は，工業用燃材が化石燃料によって代替されるようになったことであった。燃材を採取するには低木によって構成される「**低林**」があればよく，先に述べた区画輪伐法はもともと低林の管理のために考えられたものである。ところが，国民経済全体でみると，化石燃料の使用によって燃材となる低木への需要は低下し，これを高木からなる「**高林**」に転換することで，林地面積1単位あたりの木材資源の量が増大する。これによって急増する木材需要に対応することができると考えられるようになった。

ここにおいて，初期近代(近世)の林学は，ほぼ確立したといえる。その特徴としては，経験知から科学知へ，数量的な計画にもとづく持続的な森林利用へ，領主の領土経営のための学問から国民経済のための学問へ，という3つの変化があり，これらにより木材不足への対応策として，荒廃地からの林地回復，すなわち林地面積の増加と，広葉樹低林の高林化，すなわち面積あたりの木材量の増加とを進めることにより，森林資源の回復を図ったといえる。

7.3　ドイツ林学の波及と20世紀における変容

20世紀初頭には，独仏林学が新大陸に広まる。アメリカの初代森林局長となったピンショーは，欧州留学経験者であり，西漸運動にともなう無秩序な森林破壊と森林面積の減少を**保護林**の設置により食い止めると同時に，森林利用と洪水防止などの利用競合問題について，「賢明な利用」を唱道し，多目的利用管理の考え方を創案した。

この多目的利用の考え方は，UNCED以降の国際合意である「**持続可能な森林経営**」につながるものだが，実は，カルロヴィッツ以来の伝統的なドイツ林学に欠けている部分だった。ドイツ林学は，プロイセンなど，北部の平地林地帯では，大規模な皆伐と，跡地への針葉樹一斉造林という極端な形で実践されたうらみがある。アルプスの**山岳林**では，これとは異なる択伐(抜き切り)作業を行っていた。西半分が山岳林地帯であるオーストリアの林野行政組織をみると，州の林野行政の幹部クラスはウィーン農科大学出身者だが，現場では，19世紀末に設立された地元の林業講習所を卒業して市町村に雇用された森林監守人たちが択伐作業を行うという体制が確立し，地元住民の信頼をえつつ，木材生産のみに偏らない管理・利用が実現していった。欧州アルプスでは，木材としての価値が高いトウヒが**郷土樹種**であり，成長速度の劣る北斜面のトウヒ材であっても，木目が詰まった楽器用材として珍重された地域もあった。また，同じドイツでも，南部のミュンヘンには「自然に還れ」と言ったことで知られるガイエルという造林学者もいたが，当時のドイツ林学の主流にはならなかったようである。ドイツ林学の波及を考える場合，ドイツ語圏のどの地域からの波及であったかを精査する必要があると思われるが，この点の研究は今後の課題となっている。

北ドイツにおいても，ある民間経営者は，経験的に，ブナの高木を地力維持のために残し，その他の林地で伐採造林を行っていた。上記の皆伐一斉造林とは異なり，手間はかかるが森林の多様性を維持しながら持続的に育成していく発想である。こうした民間知に触発され，これを学術研究のレベルに高めたメラーの『恒続林思想』は，1920年代初頭に刊行されるや，一躍，時代の寵児となる。日本でも，早くも翌年には同書が邦訳され，皇室の森林であり優秀な技術者を擁していた「**御料林**」や国有林ではこの斬新な技術を採り入れることとし，現場職員を増員し，万全の体制でことに当たった。しかし，気候風土の違いもあって成果を挙げられないうちに，戦時体制への突入により長期計画を立てることさえできなかった。

一方，本国ドイツでは，歴史の皮肉と呼ぶべき事態が起こった。「**恒続林**」という言葉が，「永遠の民族」という標語と親和的だったがゆえに，こともあろうにナチス政権の称揚するところとなったのである。このため，敗戦後，ナチス思想が徹底的に否定される中，恒続林思想もまた，否定された。こうして相変わらず皆伐一斉造林が林学の主流となったドイツで，ひとつの転機が訪れた。1970年代に顕在化した**酸性雨**問題である。この問題は社会問題としてクローズアップされ，多様な林相を造成していれば，被害を最小限に食い止めることができたという反省を技術者たちにもたらした。

ピンショーが森林局長として活躍していたアメリカから，恒続林思想がたけなわであり，ユダヤ人虐殺が始まる前のドイツを視察に訪れたレオポルドは，メラーなど先駆的な考え方に共鳴し，帰国後，**環境倫理**の考え方を広めた。

日本は，明治期に山岳地の荒廃に由来する洪水をたびたび経験していたが，戦時中の乱伐によりふたたび顕著な洪水被害に遭うこととなり，森林を復興することが明白な政策課題となっていた。荒廃地に植林することが何よりも優先され，植林された後の管理方法の検討は後回しにされたのである。敗戦後，占領軍の民主化政策や天然資源管理論の影響を一時期受けるものの，朝鮮戦争を機にアメリカも用材調達の対象として日本の森林資源をみるようになり，荒廃地への植林や樹種転換による低林の高林化による資源造成に重点をおくという林政の方向性が大きく変わるには至らなかった。その後，日本の林政は，北ドイツで盛行していた皆伐一斉造林方式を技術的基礎としつつ，1960年代なかばには，国内**林業振興政策**と同時に，政治的圧力により木材価格を下げるための外材輸入の自由化が断行され，林業経営者にとっては，いわばアクセルとブレーキが同時に踏まれた形になった。若い地質ゆえに地盤も崩れやすく林道開設のコストも高いという悪条件に加えて，**夏雨気候**によって夏の重労働である**下刈**作業が必須で，植林を省力化できない日本と，**地質年代**が古く，夏乾燥するため**天然更新**が容易である欧州・北米の多くとのコストの格差は歴然としており，国際競争の荒波に揉まれて木材価格は低落し日本の林業経営は圧迫された。つまり日本は，森林国ではあるが林業国とは言いがたい面があった。自由貿易が前提である限り，補助金なしでは立ちゆかない構造は，現在まで大きく変わっていない。

日本の**自然保護運動**は，森林を転用する開発業者に対しては概して寛容ないし無力である一方，国有林に対しては，森林管理のための林道建設や伐採方法に対して事細かく批判的見解を述べる傾向があった。木材価格の低落も手伝って，**国有林**は1970年代以降，徐々に方針を転換し，財政上の理由もあって，現在では伐採活動をほとんど行っていない。

日本の林学は，主として木材生産のための技術開発を行ってきた。国有林をめぐる論争は，林学のあり方に一石を投じた。海外事情に通じていた林政学者の熊崎実は，1970年代後半に，ミクロ経済学と政治過程論を援用して，林学の新たな意義を示し，「流域協議会」の設置を提言した。その後は国際比較や歴史的視点，資源循環の視点をも採り入れて，積極的に発言を続けている*。

＊ 2020年7月から雑誌『山林』に連載されている「『木のルネサンス』と林業の将来」シリーズ。

7.4 UNCED以降

UNCEDは，南北問題が大きなテーマであり，地球環境問題には南（発展途上国）と北（既発展国）の間で「共通だが，差異のある責任」があるとの合意に達した点が画期的であった。それまで既発展国は，途上国の森林破壊を批判してきたが，今度は途上国から，「既発展国自身の森林は持続可能に経営されているのか」「経営にとってコスト要因となる**生物多様性**は考慮しているのか」といった手痛い問いをつきつけられたのである。

こうした問題意識を媒介したのが，グローバルな問題意識をもち，ローカルな活動拠点を有する国際NGOであり，UNCED以降，主要な国際会議の議場には彼らが参加するようになったことも見逃せない。

こうした状況を受けて，各国は「**持続可能な森林経営**」を共通のキーワードとして，これをブレークダウンした「基準」「指標」を策定し，その状況を経年的な国別レポートにより公表しなければならなくなった。欧州では林政における環境配慮のあり方を議論する「**欧州森林保護閣僚会議**」が1990年にストラスブールで開かれていたが，93年の第2回ヘルシンキ会合での議論をもとに94年に「**ヘルシンキ・プロセス**」と呼ばれる6つの基準・指標に合意した。98年のリスボン会合では「コミュニティの参加」が宣言された。このコミュニティは狭義には周辺住民であり，広義にはステイクホルダーとしての市民であると考えられる。

市民社会の成熟にともない，いまや，「市民」は，専門家にとって不合理な意見を述べる厄介者ではなく，専門外からの意見や情報を提供し，専門家と討議しながら，場合によっては労力や資金を負担する存在に成長しつつある。

林学の課題も，「持続可能な森林経営」に向けた各種指標の改善やモニタリングの手法に加えて，多目的利用を同じ森林によって実現するのか**ゾーニング**によって実現するのかについて，それぞれのためにどのような技術が採用可能であり，経営にとって追加となる費用はどのくらいになるか，といった情報を市民に提供することが重要になってきた。

一例として，日本の国有林の一部で2003年から実施されている「**赤谷プロジェクト**」は，当該地域でのリゾート開発反対運動を担った自然保護団体が，その後，地域住民や林学技術者との協働により，国有林の森林管理計画の策定段階から経営に参画するという画期的な試みであり，「**協働型管理**」と呼ぶ研究者もいる。時間軸でこれをみると**順応的管理**であるともいえるだろう。こうした新しい管理方式において，「科学知」は唯一の解を求める権威的存在では

コラム3　長期的分析が必要な林学における横断面分析の意義

林学は，少なくとも近代科学のスタイルとしては，長期的なデータにもとづく数量的な分析が必要な分野である。しかし，洋の東西を問わず，19世紀末の時点でそのようなデータを後世のために蓄積するという発想はなかった。また花粉分析のような環境考古学的な方法論も知見も乏しかった。このため，多くの林学者は世界中を見聞し，ほぼ同じ時期におけるさまざまな森林や**林野制度**を観察することで，地域Aの状況が，時間が経てば地域Bの状況に移り変わるのではないか，といった予察を行った。植生遷移について，日本の林学の草分け的存在である本多静六もそうした予察的理論をもとに明治神宮の森の設計に加わり，その予察は90年後，100年後の科学的検証に耐え，高く評価されている。第二次世界大戦後の日本では，経済成長のもとでの森林資源の**成長予測**が全国規模で行われた。過去のデータは限られた試験地にしかなかったため，林野庁は日本全国の森林で，同程度の地力の若齢林と壮齢林の成長の度合いを比較することで，その地力状態において，若齢林が壮齢林の年数になれば壮齢林と同じ高さや太さに成長するであろうと仮定し，この調査データをもとに「収獲表」と称する成長予測表を作成した。一時点の横断的データから時系列の予測を行うこの方法は，個別の経営体の森林計画作成のためにドイツ林学が考案したものだったが，戦後の日本ではこれを全国規模で行ったのである。

ドイツ以外の欧州諸国は，全国規模の森林資源予測を行うためには，**サンプリング**によるモニタリング調査を定期的に行うことが必要と考え，北欧では1920年代に開始されていた。この方法は長い時間，根気よく調査を続ける必要があるけれども，一定の統計的誤差の範囲で，森林資源量とその変化を正確に測定することができるため，森林の炭素吸収量を測定することがグローバルな重要性をもつに至った21世紀に入り，日本を含む世界各国が採り入れることとなった。

このほか，19世紀末以降，世界各地の多くの森林で長期データの蓄積が行われている。21世紀に入って，こうしたデータをもとにした百年単位の時間スケールでの研究が可能となっているのは，まさに先人の努力の賜物であり，こうした意味での林学は今後さらなる発展が見込まれる。さらに古文書・絵図や花粉分析などを組み合わせて，ある土地における**森林被覆**や**森林利用**の遷移を推定する試みが，近年急速に発展している。

移ろいやすい社会の要請に敏速に応えることも，林学には求められる。したがって短期的に横断面比較をすることは，今なお有力な方法論となっている。

ない。科学的知見にもとづき，専門家として技術的選択肢を示すことが，今日の林学の課題となっている。

7.5　小括と循環の視点

以上，中世以来の林学の流れをまとめると，

① **オープンアクセスの時代**：経験知が蓄積される段階

② **近世**：区画輪伐法に代表される持続的収穫技術が確立される段階

③ **20世紀〜UNCEDまで**：基本的に持続的収獲の考え方だが，洪水対策と低林の高林化を両立させる多目的利用が基調となり，順応的管理と市民参加が一部の国・地域・経営体で導入される段階

④ **UNCED以降**：木材生産をある程度犠牲にする必要がある生物多様性への配慮など，より社会的・生態的な価値を実現する技術が一段と重要となる。狭義の持続的収獲から持続可能な森林管理への転換が，そのための協働型管理についての社会的議論をともないつつ，発展する段階

という4つの段階に整理できる。

つまり，ドイツが「持続可能性は300年前から考えていた」という伝統へのリスペクトは見習うべきだが，300年前に考えられていた「持続可能性」は実態上「収獲の持続」または「持続可能な収獲」を意味したのであって，森林の多面的な価値の持続やさまざまな関係者にとっての持続性を必ずしも意味していなかった点に留意する必要がある。

ここで，循環の視点から，森林管理の持続可能性を再考してみよう。

経済思想史の碩学である水田洋は，高度経済成長期以降の自然科学のあり方についてこう述べている。

> 「衣食住のどれをとっても，げんみつにいえば，自然破壊の成果」である。「自然自体もまた，生成と消滅のなかにある」「自然破壊のなかで，どれがとりかえしのつかないものであり，どれが自然の自己回復力にゆだねていいものであるかの区別が必要になる」「長期的で，ひろい連関を考慮した研究」，すなわち「人類の生存のための科学」がそのために必要である。「利潤や速度などの，せまい目標のために，他のすべてを顧慮しないで手段をととのえることが，科学的であり合理主義的であると考える態度は」…「知識の分裂，人類の分裂に根ざしているのである」（水田　1975）

水田のこの指摘は，林学についてもよくあてはまる。また，この言明は，『自然資源と環境の経済学』という著書を1993年に発表した環境経済学者のピアスとターナーの「循環する経済」という図式のなかに表現されているといえる。

社会における，a. 物質・エネルギーのフロー，b. 効用のフローの2つがどのように連関しているかを示した図のなかで，ピアスらの主張することは，

1. 従来の経済学が分析の対象としてきたのは，
資源採取→生産過程→消費過程…→効用
というフローのみであった。
2. 環境を考慮にいれる場合，資源採取，生産，消費の全過程において発生する廃物による環境汚染が，環境の自浄能力を超えるかどうかを考えなくてはならない。
3. 自然資源を考慮にいれる場合，枯渇性資源であれば，採取はつねに負のフィードバックを資源にもたらす。再生可能資源であれば，採取量が成長量を上回れば負のフィードバックを資源にもたらすが，採取量が成長量を下回れば正のフィードバックを資源にもたらすことができる。
4. 自然資源のなかには，生産過程･消費過程を経ずに，ダイレクトに人々の効用に正の環境影響を与えるものがある。

林学にとっては，「1」が木材生産にあたり，「3」は初期のドイツ林学のいう「持続可能な収獲」原則の重要性であり，「4」は森林が存在するだけで，**国土保全**や**生物多様性の保全**など，さまざまな効果があることを示している。さらに，マテリアル利用やエネルギー利用において木材は，今現在の太陽エネルギーを人間が利用できる形に変換した成果であり，いずれは自然界に還るものであるから，金属やプラスチックのように厄介な廃棄物とならず，CO_2 の排出を増やさないという点で「2」の意味で，環境にやさしい材料である。

ピアスらが，今後の経済循環の仕組みとして考えたもののすべてを林学はカバーしており，水田がポスト経済成長社会における学問のあり方として指摘したすべてをも林学はカバーしている。そのような林学研究に携わる人間は本多静六(1929)の意味で「幸福」であり，その任務は重大であると筆者は考えている。

演習問題　300 年前に，北ドイツの鉱山技師カルロヴィッツは，森林資源の「持続可能性」を考えていた。カルロヴィッツの時代の持続可能性と，現代における持続可能性の異同を述べなさい。

【解答例】　300 年前と現代が異なる点は，経済発展と生活水準の向上にともない，生物多様性の保全やレクリエーションの場の提供といった森林の多様な機能に対する社会の需要が拡大しており，市民社会の成熟にともない，森林管理の意思決定に市民が参加するようになってきたことである。つまり，多様なステイクホルダー(利害関係者)のための多面的な機能に目配りをしながら，持続可能性を考える必要が生じているということである。

他方，共通する点は，燃材や坑木などの木材資源の調達を持続的に行うことが必要だったカルロヴィッツの時代と比較したときに，CO_2 を吸収し，化石燃料を代替するという意味ではやはり木材資源を持続的に調達することが重要であるということであり，3 世紀を経ても基本的な考え方は変わっていない。

8章 スマート農業が実現する将来像と課題

近年マスコミでもさかんに取り上げられ，注目されているスマート農業。スマート農業という言葉から連想されるのは，環境制御された無人の植物工場や無人トラクターが走り，ドローンが飛ぶ農場だろうか？　農業におけるさまざまな問題を解決してくれる救世主のようにも思えるが，果たしてそうなのか？　本章では，そんなスマート農業の実像と全体像を，現代から将来像にいたるまでその課題とともに明らかにしていく。

8.1 はじめに

農業は，最も長い歴史を有する産業であり，人類の生存の基盤となる産業である。過去にも幾度か革新を経験してきた産業でもあるが，近年，人口知能（AI：Artificial Intelligence）等を含む広義の情報通信技術（ICT：Information and Communications Technology）やロボット技術（RT：Robot Technology）とともに，ゲノム編集や遺伝子組み換えを含む広義の生命工学技術（BT：Bio-Technology）の急速な発展により，大きなイノベーションの萌芽がいくつも現れている。

本章では，ICTやRTを活用したスマート農業技術の進歩・普及によって実現されつつある農業の将来像を示すとともに，その課題について述べる。まず，8.2節では，スマート農業に関わる基本的な用語・概念を紹介するとともに，この分野の研究動向を概観する。8.3節では，スマート農業の全体像を概観するとともに，具体的なイメージを抱きやすいように事例を紹介する。8.4節では，作物別あるいは農業全体の効果と課題に関連させて，スマート農業の技術的特徴，費用対効果，さらに，イノベーションとの関連や懸念されるリスク等について述べる。

8.2 スマート農業の過去，現在，未来

本節では，デジタル社会の農業を理解する上で必須の概念や用語について紹介する。まず，スマート農業，Society 5.0，データセントリック科学について述べる。その後，現在，社会的にも注目されている**スマート農業**（SA：Smart

Agriculture, SF：Smart Farming）の基礎になっている**精密農業**（PF：Precision Farming），スマート農業の発展型としてイメージされている**デジタル農業**（DA：Digital Agriculture, DF：Digital Farming）について，その関連性と動向を概観する。

8.2.1　スマート農業 SA と Society 5.0

『スマート農業』（農業情報学会 2014）では，「生産から販売までの各分野が ICT をベースとしたインテリジェンスなシステムで構成され，高い農業生産性やコスト削減，食の安全性や労働の安全等を実現させる農業」をスマート農業としている。また，農林水産省（2021）は，「ロボット，AI, IoT など先端技術を活用する農業」を「スマート農業」として推進している。

「スマート（Smart）」には，機敏，頭のよい，賢明，気のきいた，洗練されたといった意味があるので，本章では「刻々と変化する状況変化に応じた，きめ細やかで，洗練された最適な生産管理や経営管理を迅速に行う農業」をスマート農業と呼ぶこととする。従来は，匠の技を持つ熟練農家（篤農家）が，五感をセンサーとして作物や家畜の生育状態，気象や農地の条件などをきめ細やかに感じ取り，刻々と変化する状況変化に応じた最適な農作業を高度な技能により行ってきた。しかし，こうした洗練された農業を，一定以上の経営規模で行うためには，情報通信技術（ICT），自動化技術（AT：Automation Technology），ロボット技術（RT）の活用・併用が必要な時代になっている。

こうした技術革新の影響は，無論のこと，農業に留まるものではなく，社会全体に大きなイノベーションを起こそうとしている。政府は第 5 期科学技術基本計画において，ドイツの「Industry 4.0」等を参考に，わが国が目指すべき未来社会の姿として Society 5.0 を提唱している（内閣府 2016）。そこでは，「ICT を最大限に活用し，サイバー空間とフィジカル空間（現実世界）とを融合させた取組により，人々に豊かさをもたらす『超スマート社会』を未来社会の姿として共有し，その実現に向けた一連の取組を更に深化させつつ『Society 5.0』として強力に推進し，世界に先駆けて超スマート社会を実現していく」とされている。Society 5.0 は，狩猟社会（Society 1.0），農耕社会（Society 2.0），工業社会（Society 3.0），情報社会（Society 4.0）に続く，新たな社会として位置づけられているのである。なお，ドイツでは「Industry 4.0」に基づいて，その農業版である「Agriculture 4.0」が提唱されている（飯國・南石 2021）。

こうした未来社会の実現に欠かせない科学技術として，**データセントリック科学**（Data Centric Science）が注目されている。これは「大量の実データを収集して主として計算機上で解析を行い，それを活用することにより，何が起きているのかを解明し，また，新しい研究を開拓・推進する科学」（文部科学省 2008）であり，モノのインターネット IoT（Internet of Things），ビッグデータ解析，ディープラーニング，AI 等の最新技術の多くはこの科学領域に関わるものである。こうした科学技術革新に基づいて，経済や社会の未来像として，データ駆動型経済やデータセントリック社会が描か れることも多くなっている。その意味では，スマート農業は，農業におけるサイバー空間とフィジカル空間の融合ということもできる。

8.2.2　精密農業，スマート農業，デジタル農業

精密農業，スマート農業，デジタル農業といった関連する概念・用語がしばしば用いられるが，これらはどのような関係にあるのであろうか。精密農業は，圃場内の生育や収量 のバラツキの最小化などを目標とする栽培条件最適化を行うもので，1990 年代からさまざまな研究が行われている。その後，2010 年代になると，農場全体の意思決定支援や農作業自動化（ロボット化）を目指すスマート農業の研究が活発化した。さらに，研究分野では近年，農場内外の多様なネットワークの連携やそれから得られるビッグデータ解析を特徴とするデジタル農業が注目を浴びている。

これらの概念・用語について，DLG（2018）では次のような整理をしている。精密農業のキーワードは栽培条件最適化であり，スマート農業は，精密農業を含み，農場全体の意思決定支援や自動化がキーワードになる。デジタル農業はスマート農業を含み，ネットワークやビッグデータがキーワードになる。

欧州農業食料環境情報技術学会連合 EFITA（European Federation for Information Technology in Agriculture, Food and the Environment，http://www.efita.net/）の 2019 年大会では，「Digitizing Agriculture」が大会テーマとして掲げられた。そのもとで，Sensors，Data，Decision，Action の 4 つに大別したセッションで多くの研究成果が報告された。このことからも，デジタル農業においては，センサ・データ計測（Sensors），ビッグデータ解析（Data），意思決定支援（Decision），作業支援・自動化（Action）が，重要な研究領域になっていることが分かる。

8.3　スマート農業の全体像と事例

本節では，既往文献に基づいて，スマート農業の全体像を概観し，具体的な事例を紹介する。

8.3.1　スマート農業技術の研究と活用の動向

『新スマート農業』（農業情報学会，2019）は，わが国におけるスマート農業の最新動向を概観している。スマート農業の展開と方向に始まり，農業農村の再生と方向，スマート化技術の現状と展望を概説している。その後，農林水産業の生産・経営面に焦点を当て，スマート農業の具体的内容と活用事例を述べ

ている。その中でも農業生産のスマート化は全体の1/4を占めており，稲作から，畑作，野菜作，施設園芸・植物工場，果樹作，畜産，水産，林業まで，スマート農林水産業全般を網羅にしている。これに続いて，営農・地域社会システムのスマート化，農業データ活用のスマート化について詳しく論じている。その後，さらに視点を広げ，スマート農村，スマート農業の人材育成，海外におけるスマート農業の動向について取上げている。このように，広義の「スマート農業」の全体像をこの一冊で体系的に理解することができる。

また，農林水産省では，スマート農業を重要な政策の一環として推進しており，関連情報をWeb（https://www.maff.go.jp/j/kanbo/smart/）で公開している。たとえば，全国的に実施している「スマート農業実証プロジェクト」では，現在，棚田・中山間地域等や離島を含め，全国148地区でスマート農業の実証を展開している。対象作目も，水田作，畑作，露地野菜，施設園芸，果樹，花き，茶，畜産等を網羅しており，実証事例の理解に役立つ。

8.3.2　スマート農業の動向と事例

以下では，『新スマート農業』を参考に，筆者が重要と考えるトピックスを取り上げて，わが国におけるスマート農業生産の動向を特徴的な作目別に概観する。農業生産における主要な情報は，**生体情報**，**環境情報**，**作業情報**に大別できる。生体情報とは作物や家畜の生物としての成長や特性に関わる情報，環境情報は作物や家畜を取り巻く空間の気象，大気，土壌等の情報，作業情報とは，作物や家畜および生育環境に働きかける農作業の情報をいう。これらの情報に関わるさまざまなデータは，ビッグデータの解析やそれに基づく意思決定支援に活用される。たとえば，作物や家畜の生育・成長予測モデルの開発やそれに基づく栽培支援・飼育支援システム，さらに，個々の作目の生産計画や農場全体の経営計画の支援システム等に活用される。また，生体情報，環境情報，作業情報は，農業生産を実際に遂行する作業支援・自動化（ロボット農機）に活用される。

(1)　水田作・畑作

農林水産省（2021）によるスマート農業の実証イメージ（水田作）を，図8.1に示している。経営管理ではスマートフォンを活用した営農支援アプリ，耕起・整地作業では自動走行トラクター，移植・直播作業では自動運転田植機，水管理では自動水管理機，栽培管理ではドローンによる生育状況把握，収穫作業では，収量・品質データ計測ができるコンバインの導入が，水田作のスマート農業としてイメージされている。

水田作・畑作（水稲，小麦，大豆，野菜等）では，作物の生体情報の収集には，従来，人工衛星，有人航空機，気球等に搭載したマルチスペクトルカメラやデジタルカメラ等が利用されてきた。これらの計測より，植物の被覆面積，葉面

図 8.1　農林水産省によるスマート農業実証イメージ（水田作）
出典：農林水産省（2021）から一部抜粋

積指数 LAI（Leaf Area Index），登熟期，収量等が推計されてきた。近年は，ドローン等の無人航空機（UAV：Unmanned Aerial Vehicle）が開発・実用化され，従来よりも低コストで高精度な情報収集が可能になっている。これらの UAV に搭載したデジタルカメラ，マルチスペクトルカメラ，熱赤外線カメラ，ライダー等を用いて，植物体や群落の幾何的特徴（草丈，倒伏状態等），生理的特性（クロロフィル含量，色素含量，光合成能力等），ストレス程度（気孔開度，葉の水ポテンシャル等），栄養状態（タンパク含量等）を高頻度で計測することが可能になっている。なお，水稲では，近年，収穫作業と同時に収量・品質（籾水分含量，タンパク含量等）計測センサー付きのコンバインが市販されている。これらの生体データを，センサーネットワークで収集される農地の詳細な環境情報と組合せることで，高精度の作物成長モデルの開発が可能になると期待されている。

水田作・畑作の生育環境情報の収集には，従来，気象観測機器（温度，湿度，日射量，雨量等）が利用されてきた。近年は，これらの気象データを計測するセンサーネットワークが開発・実用化され，従来よりも低コストで高精度な情報収集が可能になっている。この他，たとえば，土壌の水分や成分をほぼリアルタイムで計測できるトラクター搭載型センサーの開発も進んでいる。なお，従来は実際の営農現場の多数の圃場では困難であったが，筆者らの研究プロジェクト（農匠ナビ 1000）が契機となり，広域で多数の水田の水位や水温を計測できる水田センサーも実用化されている。なお，水田作・畑作には電源コンセントが整備されていないため，データ計測の制約として，センサーの給電がしばしば課題になる。多数のセンサーのデータを取集するためのデータ通信（携帯電話網やセンサーネットワーク）に関わるコストが生じ，センサー導入の費用対効果が限定的になりやすい。

作業情報の収集は，従来，主に野帳等が利用されていたが，近年では，スマートフォンでの入力も実用化されている。この他，たとえば，IC タグ，位置情報（GPS），音声入力（マイク），画像認識（カメラ）による作業情報の自動計測も開発されている。

作業支援・自動化については，耕起や播種等に用いるトラクター，水稲の移植に用いる田植機，肥料・農薬頒布に用いる管理機，水管理を自動的に行う自動給水機，収穫に用いるコンバイン・ハーベスター等，主要な機械作業においては，自動化・ロボット化の研究開発が進み，一部実用化・商品化されている。また，収穫の機械化が困難であった野菜においても，画像認識機能向上により，キャベツの自動収穫ロボット等の研究開発が進んでいる。

ただし，現在の法律やガイドラインでは，圃場内での自立走行可能なロボット農機であっても人による監視が必要であり，公道での自立走行は技術的にも困難で法的にも認められていない。また，田植機への苗の補給や圃場から農舎への収穫物の輸送等，技術的，法的な制約により自動化が困難な農作業も多い。このため，実際の農業経営では，ロボット農機のみによる無人作業は実現困難であり，ロボット農機を一部導入する場合にも，その費用対効果は限定的であると思われる（南石 2019）。

(2) 施設園芸・植物工場

施設園芸・植物工場は，作物の生育環境（温度，湿度，光，二酸化炭素濃度，土壌水分率等）を制御し，作物の生育・成長の最適化を目指している。たとえば，窓の無い建物内ですべての生育環境を完全に人工的に制御する完全閉鎖型植物工場から，太陽光や大気を一部利用した環境制御を行う開放型植物工場，太陽光や大気を利用しつつそれを補完する環境制御を行う施設園芸，ビニールハウス内で自然の太陽光や大気を利用し殆ど環境制御を行わない簡易な施設園芸まで幅広い方式がある。**完全閉鎖型植物工場**は，気候・気象の影響を受けないため，農業不適地（たとえば，砂漠や宇宙船内）でも作物生産ができる点，目標とする収量や品質（特定の含有成分の増減）を制御できる点，病害虫の侵入や増殖を防止できるため農薬不使用を好む消費者ニーズにあった生産が可能といった点などのメリットがある。その一方で，現在の経済条件下では，ビニールハウスでの栽培や露地栽培に比較し生産コストが高くなるため，比較的付加価値の高い作目（一部の野菜等）で導入が進んでいる。ビニールハウスは，幅広く普及しており，多くの野菜や果樹の栽培に活用されているが，制御できる環境が限定されるため，収量や品質が気象の影響を受けることになる。

施設園芸の環境制御には，暖房機，天窓，測窓，保温・遮光カーテン，二酸化炭素施用機，潅水装置等がある。たとえば，窓やカーテン開閉時間，暖房機温度設定，潅水量・時間設定等の栽培管理は，生産者が生育環境や作物生育状況を観察しながら，判断・実行してきた。これを支援するため，生育環境（温度，湿度，光，二酸化炭素濃度，土壌水分率等）を計測できる各種センサーが開発・実用化され，生産者の栽培管理支援に活用されている。また，予め生産者が設定した条件に基づいて，窓やカーテン開閉時間，暖房機の温度設定，潅水量・時間設定等の栽培管理を自動的に行う環境制御システムも実用化されている。

植物工場では，最適な環境制御を行うため，作物の生育成長予測モデルの研究開発が進んでいる。このモデルは，環境情報（温度，湿度，光量，炭酸ガス濃度，養液濃度，給水量等）および作物生体情報を計測し，それを解析・処理して，作物の生体情報（光合成速度，茎の伸び，茎径，葉の面積，花の数，果実の数，果実の重さ，果実の糖・酸度等）を推計・予測するものである。計測データの解析・処理や生体情報の推計・予測には，経験的モデル，人工知能モデル，数学的モデル等が利用されている。

また，植物工場では，作物生育診断ロボットや収穫ロボットの研究開発と実用化も進んでいる。**作物生育診断ロボット**は，作物の生育状態に合わせて環境制御をリアルタイムで最適化するために有効とされており，実用化が進んでいる。**収穫ロボット**では，トマトやイチゴ等の果菜類で研究開発が進み，一部実

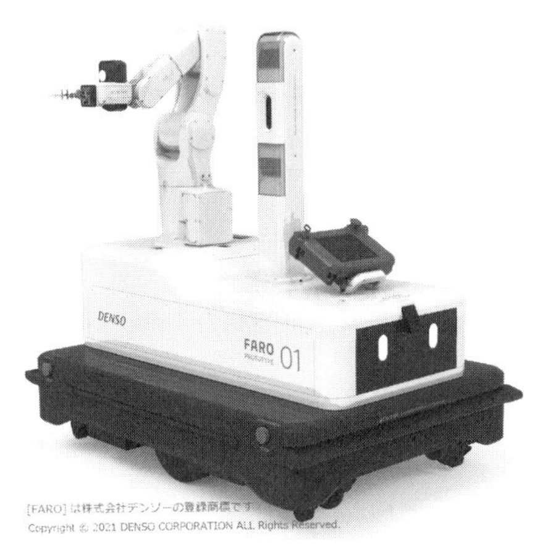

デンソーが開発した自動収穫ロボット
「FARO（ファーロ）」

トマトを収穫するロボット「FARO」

図 8.2　トマト収穫ロボットおよび自動搬送装置の事例

出典：株式会社アグリッド（2020）から一部抜粋

用化されている（株式会社アグリッド 2020，農林水産省 2021）。人工知能 AI 等の情報技術を活用することで，葉や茎に隠れている果実，最適な収穫動作の経路，収穫の順序などを判断することで，従来は自動化が困難とさていた果菜類の収穫作業の自動化を目指している。

図 8.2 は，トマト収穫ロボットおよび自動搬送装置の事例（株式会社アグリグリッド）を示している。農業法人浅井農園の施設栽培技術・品種開発技術と，グローバルな自動車部品メーカーであるデンソーの環境制御技術・作業自働化・省人化技術を融合させたものである。この生産体制の特徴として，人と機械が協働するスマート生産体制（トマトの収穫から出荷まで作業を可視化することで，ムリ・ムラ削減）および収穫・運搬作業の自動化（従事者の作業負担軽減）等が掲げられている。

(3)　畜産（酪農）

畜産における情報通信技術 ICT とロボット技術 RT の活用場面や導入状況は畜種によっても異なる。酪農は，早くから乳牛の生体情報の利活用が進むとともに，農業の中で最も作業の自動化・ロボット化が進み，ほぼすべての作業で実用化されている。このため，酪農家一人で 100 頭以上の生産管理も可能といわれている。これは，年間売上高でみれば，水稲経営では 100 ha に相当する経営規模であり，酪農における ICT/RT の導入効果を端的に示している。そこで，以下では，酪農に焦点をあてて，ICT/RT の活用について述べる。

酪農では，**乳用牛群検定システム**が，1974 年頃から導入されている。経産牛全頭を対象に，個々の乳牛の生体情報（乳量や乳成分，細菌数等）を毎月収集し，汎用計算機（当時）で分析処理した集計情報・個体情報を電話網 FAX で個々の酪農家に配信した。これらの情報は，給餌，搾乳，繁殖管理等の改善に活用されており，現在まで維持発展している歴史の長い情報利用の先駆的事例といえる。

現在では，搾乳ロボット等で計測される個々の乳牛の生体情報を，クラウドシステムで管理・処理し，個々の乳牛の個体健康管理・飼育管理を行うサービスも実用化されている。これらの時々刻々と計測される情報は膨大であり，酪農経営においては，専門サービスの活用が必須な状況になっている。また，飲水量や 3D カメラによるボディコンディションスコアの算出とそれに基づく健康管理，体温や行動パターン（歩数）の計測による発情・分娩・健康状態の把握等が実用化されている。

酪農で最も労働負担が大きいのは搾乳作業といわれている。1970 年代から研究開発が開始され，超音波やレーザーセンサーを利用して乳頭位置を計測し，搾乳自動化の技術開発が行われたという。現在の**搾乳ロボット**（図 8.3）は，乳房マッサージ，乳頭洗浄，乳頭位置計測・搾乳器装着，乳頭洗浄を全自動（1 頭当たり 5〜7 分程度）で行う。また，乳頭別の成分を自動計測する分析機器

図 8.3　酪農におけるロボットの事例（搾乳，給餌，清掃）

と連動したシステム，乳牛に装着された電子タグ（IC タグ）で個体を識別し，予め設定した濃厚飼料を個体毎に給餌することで自発的な搾乳を促すシステム等もある。複数のメーカーが飼養頭数や導入目的に合わせてさまざまな商品を販売している。搾乳ロボットの導入により，毎日の労働時間の多くを占める搾乳作業から解放されることに加えて，一日 2～3 回の搾乳が可能になることから乳量増加が期待できる導入効果がある。

給餌は搾乳に次いで労働負担の大きい作業といわれている。**給餌ロボット**（図 8.3）は，牛群あるいは個々の乳牛単位で予め設定した飼料（量，組成，成分）を自動的に給餌する。複数の種類の粗飼料や濃厚飼料の配合，運搬，給餌までを全自動で行う機種もある。また，飼料槽に給餌された飼料を牛が食べ散らかすことで食べ残しが生じるため，これを飼料槽に戻す作業を行う餌寄せロボットも実用化されている。給餌ロボットや**餌寄せロボット**は，給餌作業からの解放に加えて，牛の乳量や健康状態に応じた高精度な飼養管理が可能になるという導入効果がある。

乳牛の糞尿清掃も作業負担の大きい作業である。これを全自動で行う**清掃ロボット**（図 8.3）は，わが国とは畜舎の構造が異なる欧州等では広く普及している。365 日 24 時間，糞尿清掃を全自動で行うことは，糞尿清掃作業からの解放とともに，乳牛飼育の衛生環境向上という導入効果がある。

子牛への哺乳も頭数が増えると労働負担の大きい作業である。そこで，1990年代後半から，牛群管理の子牛に電子タグを装着し，自動的にミルクの調合・給与を行う哺乳ロボットが利用されはじめたといわれている。また，近年には，モノレールから吊り下げられた人工乳頭が子牛を巡回しミルクを給与する哺乳ロボットも開発されている。

その他の畜種でもさまざまな研究開発が推進されている。たとえば，肉用牛では肉画像による肉質判定，牛の目の瞳孔や眼球の特徴量や体温等の生体情報計測による牛の体調や肉質を推定する等の研究も進んでいる。1頭当たりの経済価値が大きい酪農や肉牛生産では，生産管理におけるICT/RTの活用が進む傾向がある。これに対して，中小家畜（養豚や養鶏等）では，費用対効果の面から，生産管理よりも経営管理におけるICT活用が相対的に進む傾向がある。

8.3.3　農業経営におけるスマート農業への取り組み

以下では，筆者らが実施した全国農業法人アンケートに回答した農業法人におけるスマート農業技術の現在の活用状況を述べる。スマート農業技術は，データ計測・収集，作業の自動化・ロボット化，経営管理に大別することができる。たとえば，「作物や家畜の生育環境情報の計測（気温，水温，土壌水分，日射量等）」や「作物や家畜の生体情報の計測（生育状況，家畜の発情・体温等）」「圃場別作業情報の収集（パソコン，スマホ，カメラ，GPS等で記録）」は，データ計測・収集に関わる。「温室や畜舎の環境自動制御（温度，湿度，土壌水分，CO_2濃度等）」「家畜の給餌・糞尿清掃・搾乳の自動化・ロボット」「作物栽培機械作業の自動化・ロボット（耕起，施肥・防除（ドローン含む），収穫等）」は，作業の自動化・ロボット化に関わる。「販売情報の管理（顧客管理，インターネット販売含む）」「簿記・会計などの財務管理（決算，経営診断，給与計算など）」「経営戦略の立案や経営計画の作成（PCでのシミュレーションなど）」は経営管理に関わる。

表8.1は，情報通信技術やスマート農業技術の活用率を示している。アンケート回答法人全体を見ると，スマート農業技術の中で，活用率（＝活用法人数／アンケート回答数）が最も多かったのは「簿記・会計などの資材の在庫管理」（85.5%）であった。そして，「会社や生産物の広報」（60.7%），「販売情報の管理」（60.3%），「生産履歴情報の管理」（57.6%），「農薬や肥料などの生産資材の在庫管理」（48.7%），「圃場別作業情報の取集」（48.5%）が続いている。

主な作目別にみると，活用率が50%以上の技術数は，施設野菜と酪農が9，水稲が8である。2位，3位の活用率は，水稲では「収穫物の自動選別（重量・形状選別，色彩選別，糖度選別など）」63.9%，生産履歴情報の管理（作表やグラフ化などデータ分析を含む）」55.4%，施設野菜では「作物や家畜の生育環境情報の計測（気温，水温，土壌水分，日射量等）」69.6%，「生産履歴情報の管理（作表やグラフ化などデータ分析含む）」66.7%である。酪農では，「作

表 8.1　情報通信技術やスマート農業技術の活用率（%）

	全体	うち水稲	うち施設野業	うち酪農
1. 作物や家畜の生育環境情報の計測（気温，水温，土壌水分，日射量等）	37.8	24.7	69.6	36.4
2. 作物や家畜の生体情報の計測（生育状況，家畜の発情・体温等）	30.1	14.5	50.0	72.7
3. 圃場別作業情報の収集（パソコン，スマホ，カメラ，GPS 等で記録）	48.5	52.9	60.0	37.5
4. 生産物収穫量の自動計測（収量センサー付コンバイン等）	11.1	17.9	13.5	12.5
5. 生産物品質の自動計測（家畜の乳質・肉質，作物の糖度・酸度等）	11.6	9.5	19.6	25.0
6. 営農情報のスマホ等での閲覧（（気象情報，作物生育状況，農作業内容等）	47.5	51.2	53.8	60.0
7. ドローンや人工衛星を活用した作物の生育状況の計測（葉色，病害虫等）	8.0	10.3	1.9	0.0
8. 異常情報の自動感知・通知（温度・湿度・土壌水分，家畜の発情・体温等）	16.4	3.7	25.5	62.5
9. 農地灌漑・給水の自動化（水田パイプライン・オープン水路，畑地等）	20.6	15.5	48.1	0.0
10. 操作アシスト機能付き農業機械（直進アシスト機能等）	12.1	23.5	4.2	0.0
11. 温室や畜舎の環境自動制御（温度，湿度，土壌水分，CO2 濃度等）	25.8	11.7	55.6	33.3
12. 家畜の給餌・糞尿清掃。搾乳の自動化・ロボット	13.6	0.0	3.3	66.7
13. 作物栽培機械作業の自動化・ロボット（耕起，施肥，防除（ドローン含む），収穫等）	13.4	23.5	14.6	0.0
14. 収穫物の自動選別（重量・形状選別，色彩選別，糖度選別など）	31.9	63.9	29.2	0.0
15. 生産履歴情報の管理（作表やグラフ化などデータ分析を含む）	57.6	55.4	66.7	71.4
16. 生産情報を取引先・消費者に提供（生産物の品質，生産履歴など）	46.6	51.9	40.0	14.3
17. 販売情報の管理（顧客管理，インターネット販売含む）	60.3	54.7	54.2	50.0
18. 農薬や肥料などの資材の在庫管理（パソコン，スマホ等で記録	48.7	51.1	47.2	37.5
19. 簿記・会計などの財務管理（決済，経営診断，給与計算など）	85.5	87.2	82.5	81.8
20. 経営戦略の立案や経営計画の作成（PC でのシミュレーションなど）	44.9	34.9	40.4	62.5
21. 会社や生産物の広報（ホームページでの情報提供など）	60.7	47.2	63.5	57.1
活用率 50% 以上の技術の数（下線）	4	8	9	9

注：活用率＝ 100 ×活用法人数 / アンケート回答数
出典：南石 (2021) から主な営農類型のデータのみ抜粋し作成

物や家畜の生体情報の計測（生育状況，家畜の発情・体温等）」72.7%，「生産履歴情報の管理（作表やグラフ化などデータ分析含む）」71.4%である。

8.4　スマート農業の特徴，費用対効果，光と影

8.4.1　スマート農業技術の特徴

農業技術は多様であるが，農業経済学の分野では，いわゆる BC 技術や M 技術に区分することが一般的であった。品種改良や育苗・栽培技術，肥料・農薬・飼料等の資材利用等の技術を「**生物学・化学的農業技術（BC 技術）**」といい，収量・品質向上や省力化の効果が期待できる。これに対して，人力・畜力による農作業を，トラクター，田植機，栽培管理機，コンバイン等の農業機械で代替する技術を，「**機械的農業技術（M 技術）**」といい，主に省力化効果が期待できる。

ロボット技術 RT は，農作業の自動化という意味では，M 技術のさらなる発展ととらえることができる。これに対して，情報通信技術 ICT は，生産者の栽培管理判断・意思決定を支援あるいは代替を目指している。M 技術が人による農作業の物理的側面の代替を目指すのに対して，人による農作業の知的側面の支援・代替を目指すのが情報通信技術 ICT といえる。さらに，農作業に留まらず，人による生産管理や経営管理全般における判断・意思決定の支援について，従来は人が行ってきた情報マネジメントの支援・代替を情報通信科学技術により目指しているともいえる。その意味では，BC 技術，M 技術に加えて，**情報マネジメント技術**（**IM 技術**）ということができる。

なお，人が行ってきた判断・意思決定が ICT によってどこまで解明・可視化できるのか，どのように次世代への伝承支援に役立つのか等も，現実の農業経営における人材育成という点では重要な課題である。

8.4.2　スマート農業の費用対効果

情報通信技術 ICT やロボット技術 RT 導入の状況は，作目によって大きく異なっている。農業において最も作業自動化が進んでいる酪農では，ほとんどの作業でロボットが実用化されて普及している。これに対して，たとえば稲作では，一部の耕起・整地作業等でロボットが実用化されている段階である。こうした違いは，作目の特徴が異なり，スマート農業導入の費用対効果に差異があるためと考えられる。以下に，費用対効果に影響を及ぼす主な要因を示す。

第 1 は，ロボットの稼働率である。水稲では作業（田植えは 4〜6 月，収穫は 8〜10 月等）に季節性があるのに対して，酪農では，365 日同じ作業（搾乳，給餌，清掃等）となり季節性はほとんどない。このため，特定作業を自動化できるロボットの稼働率が大きく異なる。なお，南石（2019）では，100 ha 超の先進稲作経営を想定して，人と同程度の作業能力を有するロボット農機が利用[illegible]合の，栽培面積拡大への効果を最適営農計画モデルにより解析[illegible]結果，完全無人ロボット農機を想定した場合でも，規模拡大は1[illegible]る結果となった。つまり，季節性のある稲作では，特定の農作業[illegible]ボット農機の規模拡大効果は限定的といえる。

第[illegible]・収量向上効果である。酪農では搾乳ロボットや給餌ロボットの導[illegible]加に貢献している。これに対して，稲作では，**自動走行トラクター**，[illegible]**田植機**，**ドローンによる生育状況把握**，収量・品質データ計測ができ[illegible]イン等の導入は，主に省力化を目的としており，一般に収量向上は期[illegible]いない。なお，**自動水管理機**は省力化とともに，収量向上に活用でき[illegible]がある。

第 3 は[illegible]難易度である。酪農では作業の標準化がしやすい畜舎内での作業が主[illegible]これに対して，屋外での作業が主の稲作では圃場や気象により作業条件[illegible]し，標準化が屋内作業よりも難しくなる。このことは，ロボット技術の実用化の阻害要因となるし，技術的課題が解決したとしても，ロボット製造コスト増の要因になる。将来，多様な作業を熟練者と同様の精度・速度で実施できる汎用型ロボットが開発されれば，稲作におけるロボット導入も加速すると思われるが，今のところ近未来には実現しそうにない。

ICTの費用対効果は，作目だけでなく，経営規模によっても異なる。経営規模の拡大とともに，ICTの費用対効果が高くなる傾向がある。このため，経営規模の大きな経営ではICTの導入が進み，さらに経営改善や効率化が進むという好循環が期待できる。

図8.4は，筆者らが実施した農業法人アンケートに基づいて，稲作経営における経営規模（売上）と情報通信技術ICT活用の費用対効果に対する稲作経営者評価の関係を示している。ICT活用の費用対効果がどの程度かを5段階で質問し，費用対効果が1以上（費用以上の効果）あるとの回答割合を売上高別に図示している。アンケートでは，「経営の見える化」から「取引先の信頼向上」まで10項目について回答を得ているが，図では経営管理面に関わる項目と生産管理に関わる項目別に集計して示している。全体的には，売上が大きくなるに従い，費用対効果が1以上の回答割合が大きくなる傾向が見られる。具体的には，売上高が5000万円未満では費用対効果が1以上の回答割合は50%未満であったが，売上が5000万～1億円では50%代，1～3億円では70%前後となっている。3億円以上でも，費用対効果が1以上の回答割合は増加している。

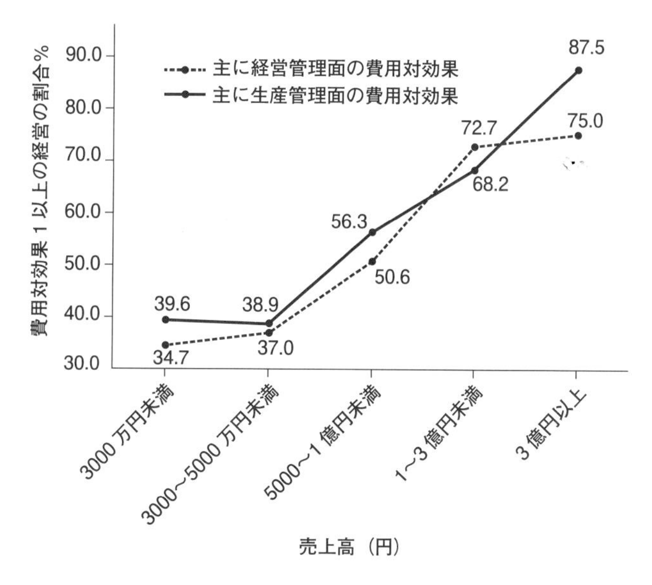

図8.4　経営規模（売上）と情報通信技術ICT活用の費用対効果—稲作経営
出典：南石（2019）に基づいて作成

8.4.3 スマート農業とイノベーション

農業を含めてほとんどの産業は，絶えず，イノベーションが期待されている。イノベーションの定義や内容についてはさまざまな議論があるが，OECD (2005) では，**プロダクト・イノベーション**，**プロセス・イノベーション**，**マーケティング・イノベーション**，**組織イノベーション**の4つに大別している。これに基づいて，文部科学省 (2016) では，他産業と比較した農業のイノベーションの取り組み状況や阻害要因について総合的な調査結果を報告している。たとえば，他産業と比較して農林水産業のイノベーションは中程度といえる。実現割合が最も高いのは情報通信産業であり，最も低いのは建設業，運輸・郵便業である。

また，南石 (2021) では，農業に焦点をあてた独自アンケートにより，農業法人におけるイノベーションの取り組み状況と阻害要因等の結果を示している。たとえば，全体的な傾向としては，プロダクト・イノベーションの中の「新しいまたは大幅に改善した生産物・製品の生産・販売を開始」の実施率が最も高い。これにプロセス・イノベーションの中の「新しいまたは大幅に改善した生産工程を導入」，マーケティング・イノベーションの中の「新しい販売経路を開拓」，組織イノベーションの中の「権限の譲渡や仕事の割り振り・編成等の新しい方法や手順を導入」が続いている。

イノベーションの契機として，さまざまな要因が考えられるが，情報通信技術 ICT，ロボット技術 RT，バイオテクノロジー BT 等の新技術は，主要な要因となり得る。表 8.2 は，情報通信技術 ICT が契機となり得る主なイノベーションの対応関係を示している。たとえば，バーチャルとリアルの融合した市

表 8.2 情報通信技術 ICT が契機となり得る主なイノベーション

イノベーションの区分	イノベーションの内容
プロダクト・イノベーション	(1) 新しいまたは大幅に改善した生産物・製品の生産・販売を開始 (2) ★新しいまたは大幅に改善したサービスの提供を開始
プロセス・イノベーション	(1) ★新しいまたは大幅に改善した生産工程を導入 (2) 新しいまたは大幅に改善した配送方法・流通方法を導入 (3) ★生産工程・配送方法を支援するための新しいまたは大幅に改善したシステムや仕組みを導入
マーケティング・イノベーション	(1) 製品・サービスの外見上のデザインの大幅な変更 (2) ★新しい販売促進のための媒体・手法を導入 (3) ★新しい販売経路を開拓 (4) ★新しい価格設定方法を導入
組織イノベーション	(1) ★業務遂行の新しい方法や手順を導入 (2) 権限の譲渡や仕事の割り振り・編成等の新しい方法や手順を導入 (3) 他者や他機関等の社外関係に関する新しい方法や手順を導入

注：★印は ICT が主要な契機となり得ると筆者が考えるイノベーションを示す
出典：文部科学省「第4回全国イノベーション調査統計報告」(OECD オスロ・マニュアル (第3版) 準拠) に基づき，加筆修正

民農園や体験農場等はプロダクト・イノベーション，また本章で紹介したスマート農業はプロセス・イノベーションの一例といえる。SNSとかeコマース等を活用した農産物販売はマーケティング・イノベーション，新たな業務遂行の仕組み等は組織イノベーションといえる。

8.4.4　スマート農業のリスク

イノベーションは，我々が抱えるさまざまな問題・課題を解決するものとして，社会的な期待が強い。このため，マスコミや書籍ではイノベーションの「光」（好影響，メリット）が注目されるが，あらゆる変化には「影」（悪影響，デメリット，リスク）がある。すでにみてきたように，スマート農業により省力化（酪農，施設園芸，水稲等）や増収（酪農における1頭当たり乳量増加，植物工場における収量増等）の効果が確認されている。その一方で，スマート農業やデジタル農業では，情報通信技術ICTやロボット技術RTの活用により農業生産・農業経営に関わる膨大なデータ・情報が取集・利用され，農作業の自動化が目ざされる。これに伴うリスクは，以下の5点に大別できる。なお，最初の4つは，図8.5に示しているように，DLG（2018）でも指摘されている。

第1は，データセキュリティの欠如（Lack of Data Security）である。人に一体化する技能とは異なり，可視化・データ化された技術やノウハウは，技術的には，容易に流通しうる。一旦データとして記録・解析されて，知財的なノウハウあるいはシステムになった途端に，極めて容易に，ほとんどコストをかけずに，意図せざるデータの流通，データ漏えいが生じうる。第2は，データ収集・提供に対する不十分な報酬（Insufficient Returns）である。農業経営（農場）内のさまざまなデータは，ネットワーク経由で計測されクラウドシステムに蓄積・処理されることが一般的になっている。多くの場合，こうしたセンサーやシステムを提供する企業は，収集したデータ・情報について，無料でこれらのデータを使用する権利を主張している。センサーやシステムの利用契約内容に

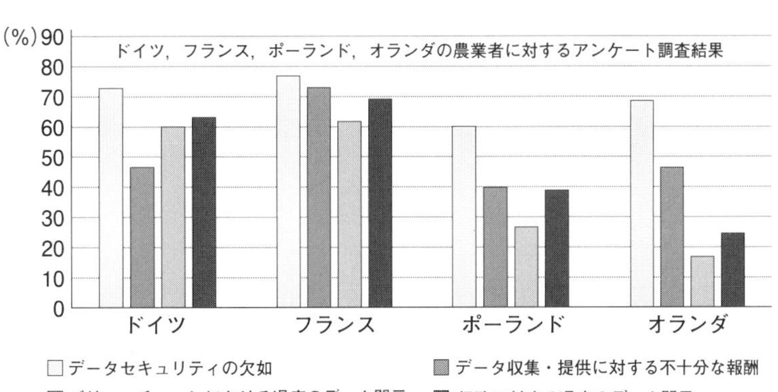

図8.5　欧州の農業者のデジタル農業に対する懸念
出典：DLG（2018）から図を一部抜粋し，加筆修正

よっては，これらのデータの解析から得られた知的財産権（の一部）が，農業経営ではなく，センサーやシステムの提供企業に帰属する場合もある。農業経営内のデータや情報の利用に対する報酬や権利は，今後大きな問題になり得る。第3は，バリューチェーンにおける過度のデータ開示（Too much Transparency in Agribusiness Value Chains）である。農産物の生産から消費に至るバリューチェーンには，多様なステークホルダー（農業経営，流通業者，小売店，消費者，センサーやシステムの提供企業等）が関与している。これらのステークホルダーには，どのような情報を開示する必要があるのかにはさまざまな議論がある。工業製品では詳細な生産履歴は企業秘密になる場合もあり，その開示は一般的とはいえない。これに対して，農業経営に対しては，詳細な生産履歴開示が求められる場合もある。第4は，行政に対する過度のデータ開示（Too much Transparency for Public Administration）である。これは農業に対する政策支援（補助金等）とも関連している。補助金を農産物販収入に置き換えれば，第3の点とも関連する。

以上4点に加えて，第5として，停電リスクが指摘できる。たとえば，自然災害等に伴う大規模停電により，搾乳ロボットが稼働できない場合には，乳牛に乳房炎が発症し最悪の場合には死に至る可能性もある。植物工場では，作物の生育に必須の溶液や人工光が停電により供給できない場合には，作物全滅の可能性もある。スマート農業やデジタル農業には，安定した電力供給が必須であり，停電は最大のリスク要因になり得るのである。

8.5 おわりに

農業は，大きく変化している。農家や農業参入した一般企業等が設立した農業法人（農業を行う会社等）が増加しており，すでに2万社を超えている。また，農村での生活や農業に興味を持つ若者も増加し，農村へ移住し，農業法人へ就職する都会育ちの学生も稀有ではなくなっている。その一方で，自然農法のような農作業を極限まで抑える農業に関心をもつ若者もいる。農業の特徴の一つは，そうした多様性に満ちている点にある。本章では，スマート農業が実現する将来像と課題について述べたが，これとは異なる視点からの農業の将来像，たとえば暮らし重視のスローライフ農業，週末に体験農園や貸農園を楽しむライフスタイルとしての農業も併存できる多様な農業・農村社会の将来像の展望も期待される。

なお，本章は，多くの点で，『新スマート農業』（農業情報学会，2019）および『稲作スマート農業の実践と次世代稲作経営』（南石，2019），「スマート農業の現状と展望―経営視点で未来農業を考える―」（南石，2020），『ファクトデータでみる農業法人：経営者プロフィール，ビジネスの現状と戦略，イノベーション』（南石，2021），日本学術振興会「基盤研究」（課題番号 JP 19H00960）

の研究成果に基づいている。本章の内容をより深く学習したい場合には，これらの研究成果を参照されたい。

演習問題 1　精密農業，スマート農業，デジタル農業の関連について述べなさい。

【解答例】　精密農業は，圃場内の生育や収量のバラツキの最小化などを目標とする栽培条件最適化を行うもので，1990年代からさまざまな研究が行われている。その後，2010年代になると，農場全体の意思決定支援や農作業自動化（ロボット化）を目指すスマート農業の研究が活発化した。近年は，農場内外の多様なネットワークの連携やそれから得られるビッグデータ解析を特徴とするデジタル農業が注目を浴びている。精密農業のキーワードは栽培条件最適化であり，スマート農業は，精密農業を含み，農場全体の意思決定支援や自動化がキーワードになる。さらに，デジタル農業はスマート農業を含み，ネットワークやビッグデータがキーワードになる。

演習問題 2　水田作におけるスマート農業の事例について述べなさい。

【解答例】　経営管理ではスマートフォンを活用した営農支援アプリ，耕起・整地作業では自動走行トラクター，移植・直播作業では自動運転田植機，水管理では自動水管理機，栽培管理ではドローンによる生育状況把握，収穫作業では，収量・品質データ計測ができるコンバイン等の事例がある。その基礎として，水稲の生体情報，生育環境情報，作業情報の計測や解析を行うさまざまなセンサーやシステムがある。

演習問題 3　酪農におけるスマート農業の事例について述べなさい。

【解答例】　畜産における情報通信技術ICTやロボット技術RTの活用場面や導入状況は畜種によっても異なる。酪農は，早くから乳牛の生体情報の利活用が進むとともに，農業の中で最も作業の自動化・ロボット化が進み，ほぼすべての作業で実用化されている。酪農で最も労働負担が大きいのは搾乳作業といわれており，乳房マッサージ，乳頭洗浄，乳頭位置計測・搾乳器装着，乳頭洗浄を全自動（1頭当たり5～7分程度）で行う搾乳ロボットが実用化されている。この他，給餌，糞尿清掃，子牛哺乳の作業を自動化する各種ロボットも実用化されており，酪農家一人で100頭以上の生産管理も可能といわれている。

演習問題 4　BC 技術や M 技術などの既往の農業技術と比較したスマート農業技術（とくに，情報通信技術 ICT）の特徴について述べなさい。

【解答例】「生物学・化学的農業技術（BC 技術）」は，品種改良や育苗・栽培技術，肥料・農薬・飼料等の資材利用等の技術であり，収量・品質向上や省力化の効果が期待できる。「機械的農業技術（M 技術）」は，人力・畜力による農作業を，トラクター，田植機，栽培管理機，コンバイン等の農業機械で代替する技術であり，主に省力化効果が期待できる。ロボット技術 RT は，農作業の自動化という意味では，M 技術のさらなる発展ととらえることができる。これに対して，情報通信技術 ICT は，生産者の栽培管理判断・意思決定を支援あるいは代替を目指している。M 技術が人による農作業の物理的側面の代替を目指すのに対して，人による農作業の知的側面の支援・代替を目指すのが情報通信技術 ICT といえる。さらに，農作業に留まらず，人による生産管理や経営管理全般における判断・意思決定の支援について，従来は人が行ってきた情報マネジメントの支援・代替を情報通信科学技術により目指しているともいえる。その意味では，BC 技術，M 技術に加えて，情報マネジメント技術（IM 技術）ということができる。

演習問題 5　スマート農業のリスクについて述べなさい。

【解答例】　スマート農業により省力化（酪農，施設園芸，水稲等）や増収（酪農における 1 頭当たり乳量増加等）の効果が確認されている。その一方で，スマート農業やデジタル農業では，農業生産・農業経営に関わる膨大なデータ・情報が取集・利用される。これに伴うリスクとして以下の 5 点が考えられる。第 1 は，データセキュリティの欠如である。第 2 は，データ収集・提供に対する不十分な報酬である。第 3 は，バリューチェーンにおける過度のデータ開示である。第 4 は，行政に対する過度のデータ開示である。第 5 として，停電リスクが指摘できる。

Ⅲ部　技術革新をめぐる挑戦

9章 環境保全との両立が求められる食料生産

この章では，環境と農業との関わりを理解し，農業の環境への悪影響を減らす農法や制度についてみていく。さらに，農業を持続可能なものにしていくためには，私たちがどのように行動すべきかについて考察する。

9.1 はじめに

20世紀後半，世界の農業生産は大幅に増加した。これは技術進歩によるところが大きく，生産方式は様変わりした。日本の場合，化学肥料と農薬の投入が増え，圃場整備と機械化が進んだ。それまでは，耕耘作業や運搬に牛馬が使われていた。畦畔や周囲の里山の草は牛馬の飼料となり，またそれらの草や稲わらが畜舎の敷料となった。牛馬の糞尿は敷料とともに堆肥にされて耕地に還元された。高度経済成長期以後の農作業の省力化と生産性の向上は目覚ましかったが，こうした資源の循環的利用が行われなくなり，エネルギーと資源の外部依存が顕著になった。このことが，環境への悪影響(環境負荷)を生じさせている。

9.2 環境と農業

環境と農業との関係は多岐にわたる。環境から農業への影響と農業から環境への影響があり，それぞれよいものと悪いものがある。これらを表9.1に整理した。なお，環境から農業への影響については，農業が自然環境を利用する営

表9.1　環境と農業との関係

影響の方向	よい影響をもたらすもの	悪い影響をもたらすもの
環境の変化→農業	気候変動の一部(例：CO_2濃度の上昇による収量増加)	気候変動，有害物質による汚染，鳥獣被害
農業→環境	生態系サービスの提供	温室効果ガス(CO_2，N_2O，NH_4)の排出 化学肥料・家畜糞尿・農薬の流出 遺伝子組み換え作物・ゲノム編集作物の栽培，土地の改変

みであることから，つねに環境の影響を受けているわけであり，正確には環境の変化が農業にどのように影響するかを考えることになる。たとえば，台風などによる収穫の減少は昔からあるが，気候変動が進むと気象災害の頻度が増えることが問題となる。

まず，環境の変化が農業にもたらす悪い影響としては，**気候変動**が挙げられる。気温が上がることで品質や収量が低下し，収穫時期が変化する可能性がある。また，大雨や干ばつの程度が強まり，頻度が増えれば，生産量は不安定になる。有害物質や放射性物質による汚染は農作物に被害を及ぼす。イタイイタイ病は有害物質の例であり[*1]，2011年の東京電力福島第一原子力発電所の事故では農産物が放射性物質によって大きな被害を被った。鳥獣被害の増加にはいくつかの要因があるが，温暖化によって越冬しやすくなり，個体数が増えるといった，環境の変化もその一つである。

＊1　岐阜県の神岡鉱山から流出したカドミウムが神通川下流域（現在の富山市）の水田に流入し，そこで栽培されたコメがカドミウムを吸収し，そのコメを食べた人に腎臓障害や骨軟化症などを引き起こした。骨折の痛みを患者が「痛い，痛い」と訴えたことが病名の由来である。

環境の変化が農業にもたらすよい影響には，二酸化炭素（CO_2）濃度の上昇で光合成が促進され収量が増える，気温の上昇によって高緯度地方でこれまで栽培できなかった作物が作られるようになる，など，気候変動の一部の要素を挙げることができる。

農業が環境に与える悪影響には，温室効果ガスの排出，化学肥料･家畜糞尿･農薬の流出，遺伝子組み換え作物やゲノム編集作物の栽培などがある。温室効果ガスや各種の排出物については後述する。遺伝子組み換え作物などの栽培は，在来品種との交雑による生態系への影響が懸念されており，農林水産省がナタネ類，ダイズ，ツルマメについて遺伝子組み換え品種の国内での生育や交雑を監視している。森林を開墾して農地にするといった土地の改変は，**生物多様性**を低下させることがある。

農業が環境に与えるよい影響に，**生態系サービス**の提供がある（コラム 1）。生態系サービスとは生態系がわれわれにもたらすさまざまな恵みのことであり，農業生態系もそのような恵みを提供している。農業では多面的機能という言葉が使われることが多い[*2]。多面的機能は農産物の供給を含まず，サービスを生み出す機能に注目しているのに対して，生態系サービスは農業を含む生態系全体を扱っており，機能が提供するサービスに注目しているといった違いがある。

＊2　12章を参照せよ。

このように，農業は環境から影響を受けると同時に，環境へ影響を及ぼす。9.3〜9.5節にかけて，農業の環境負荷を資源循環，気候変動，生物多様性の3つの側面から考察する。

9.3　資源循環

9.1節で述べたように，現在の農業の特徴のひとつは，かつてのような資源の循環的利用が衰退している点にある。本節では，窒素，食品ロス，プラスチックを例に，資源循環の乱れが引き起こす問題をみていく。

コラム 1　生態系サービス

生態系サービスという概念は国連が2005年に公表したミレニアム生態系評価によって広く使われるようになった。ここでは，2010年に刊行された『生態系と生物多様性の経済学（The Economics of Ecosystem and Biodiversity：TEEB）』の分類を紹介する。なお，TEEBによる生態系サービスの定義は「人間の福祉に対する生態系の直接的・間接的貢献」である。TEEBは生態系サービスを供給，調整，生息・生育地，文化的の4つのサービスに分類し，それぞれのサービスの内容を以下のように例示している。

Ⅰ　供給サービス
　1　食料（例：魚，肉，果物，きのこ）
　2　水（例：飲用，灌漑用，冷却用）
　3　原材料（例：繊維，木材，燃料，飼料，肥料，鉱物）
　4　遺伝資源（例：農作物の品種改良，医薬品開発）
　5　薬用資源（例：薬，化粧品，染料，実験動物）
　6　観賞資源（例：工芸品，観賞植物，ペット動物，ファッション）
Ⅱ　調整サービス
　7　大気質調整（例：ヒートアイランド緩和，微粒塵・化学物質などの捕捉）
　8　気候調整（例：炭素固定，植生が降雨量に与える影響）
　9　局所災害の緩和（例：暴風と洪水による被害の緩和）
　10　水量調整（例：排水，灌漑，干ばつ防止）
　11　水質浄化
　12　土壌浸食の抑制
　13　地力（土壌肥沃度）の維持（土壌形成を含む）
　14　花粉媒介
　15　生物学的コントロール（例：種子の散布，病害虫のコントロール）
Ⅲ　生息・生育地サービス
　16　生息・生育環境の提供
　17　遺伝的多様性の維持（特に遺伝子プールの保護）
Ⅳ　文化的サービス
　18　自然景観の保全
　19　レクリエーションや観光の場と機会
　20　文化，芸術，デザインへのインスピレーション
　21　神秘的体験
　22　科学や教育に関する知識

出典：環境省（2012）『価値ある自然 生態系と生物多様性の経済学：TEEBの紹介』

9.3.1 窒 素

作物の生育には多量の窒素が必要であり，リン酸，カリウムとあわせて肥料の3要素と呼ばれている。しかし，作物が利用する量を大きく上回る窒素を農地に施用すると，余剰窒素が流出して環境に負荷を与える。

川や湖，海などの水域で植物にとって肥料となる窒素やリンが増えると（これを**富栄養化**という），とくに湖沼，内湾，内海といった閉鎖性水域で植物プランクトンが大量に増殖することがある。これがアオコや赤潮であり，なかには毒性をもつプランクトンもいる。こうしたプランクトンが死ぬと，分解されるときに酸素が消費されるために，水中の酸素（溶存酸素）濃度が低下し，水中の動物の生存が脅かされる。

窒素の形態のひとつである硝酸（NO_3^-，正しくは硝酸イオン）の濃度が高い水は動物にとって有害とされており，農地からの窒素流出によって地下水の硝酸性窒素の濃度が高いと飲料水として利用できなくなる。

農地に施用される窒素は主に化学肥料と家畜糞尿が起源である。日本は農地面積あたりの窒素投入量が多い。環境負荷の指標である，農地への窒素投入量から作物が吸収して農地の外へ搬出される窒素の量を引いた「窒素収支」でみると，176 kg/ha（2012-2014年）と，韓国に次いで高い（OECD 2019）。これは農地1 haあたり平均で1年間に176 kgの窒素が農地に残され，環境中に出ていくということを意味している。

化学肥料は施用量と施用時期を適切にすることが求められるが，家畜糞尿は家畜生産の副産物であるから対処はより難しい*。この背景には畜産経営の規模拡大がある。経営体あたり飼養頭羽数は増加が続いている。規模拡大は家畜糞尿の集中的な発生をもたらす。畜産の盛んな県では，家畜糞尿に含まれる窒素の量が，農地面積1 haあたり300 kgを超えている（松中 2018）。このように農地と家畜頭数のバランスが崩れているのは，飼料の大半を輸入に依存しているためである。

* 家畜糞尿は窒素だけでなくリン，有機物，病原性微生物も含んでおり，それらの水系への流出は水質汚濁をもたらす。くわえて，悪臭が問題となることがあり，9.4.2で説明するように温室効果ガスの排出源でもある。

環境省（2021）によると，2019年度において全国の地下水質測定地点の3%で硝酸性窒素および亜硝酸性窒素の環境基準を超過していた。農地からの硝酸性窒素の地下水への流出が問題となるのは畑や牧草地である。水田では9.4.2で述べるように硝化と脱窒によって大気中に出ていく窒素が多いと考えられている。畑と牧草地が主体で，水道水の地下水への依存度が日本よりも高いヨーロッパでは，欧州連合（EU）が1991年に硝酸塩指令を制定した。この指令は，硝酸性窒素による汚染が起こっているか，またはそのおそれのある地域において，家畜糞尿からの窒素の農地還元量の上限を年間170 kg/haに規制している。

9.3.2 食品ロス

食品ロスが注目されるようになったのは，国連食糧農業機関の2011年の報告書『世界の食料ロスと食料廃棄』がきっかけだった。この報告書によると，世界全体で穀物生産量の約半分に相当する年間13億トンの食品ロスが発生している。発生量は先進国と発展途上国でほぼ半々であり，一人当たりでは先進国の方が多い。先進国での小売・消費段階でのロスはサブサハラ地域（サハラ砂漠より南のアフリカ諸国）の食料生産量に匹敵する。

日本の食品ロスは年間600万トンと推計されている（2018年）。1日1人当たり130グラムで，茶碗1杯のご飯とほぼ同じである。年間1人当たりにすると47 kgで，コメの消費量の9割近くにもなる。なお，食品ロスの半分弱は家庭で発生している（農林水産省 2021a）。

世界の11人に1人が栄養不足であること（2019年），人口増加に伴って食料需要が増加することを考えれば，食べられるものが捨てられることはできる限り避けるべきであろう。食品を廃棄物として処分することで資源を消費し，環境に負荷を与える。食品ロスの削減によって食料供給を減らすことができれば，食品の加工・流通・消費にかかわる環境負荷の低減，とりわけ温室効果ガスの排出削減にも貢献する。

9.3.3 プラスチック

2010年代半ばに，プラスチックごみによる海洋汚染の問題がクローズアップされたことをきっかけとして，プラスチックの使用削減やリサイクルについての取り組みが進んでいる。農業分野で使われているプラスチックには，施設栽培でのハウスの被覆資材，露地栽培でのマルチング，トンネル，べたがけ[*1]などに用いられる被覆資材，花などのポットや育苗トレイ，肥料の袋などの生産資材の容器包装，被覆（コーティング）肥料[*2]の被覆材，サイレージ[*3]用のラップといったさまざまなものがある。

日本の農業分野における廃プラスチックの排出量は10.7万トン（2018年）で，全体の約1%を占めている（農林水産省 2021b）。2010年ころまでは，農業由来の廃プラスチックのほとんどは塩化ビニルフィルムだったが，そのシェアは2018年には22%に低下し，代わってポリオレフィン系（ポリエチレン，酢酸ビニル）フィルムが53%と最大になっている。どちらのフィルムも約8割がリサイクルされているが，塩化ビニルフィルムはほとんどマテリアルリサイクルであるのに対して，ポリオレフィン系フィルムはサーマルリサイクル（熱回収）が多いことが問題である。

農業分野の廃プラスチック排出量は全体から見れば少ないから問題がないとは言えない。プラスチックごみの調査は断片的にしか行われていないが，琵琶湖の一地点での調査では，ごみ全体の中の農業系プラスチックごみは，重量比で20.5%，体積比で29.4%を占めていた。プラスチックごみの中でのシェアでは，重量比で28.0%，体積比で34.3%である（滋賀県琵琶湖環境部琵琶湖保全再生課 2020）。ここでの農業系プラスチックゴミは，袋類，マルチシート，畦板などである。他方，被覆肥料の被膜殻の流出もマイクロプラスチック汚染

*1　マルチング，トンネル，べたがけとは，いずれも畑の表面を被覆すること。雑草や病害虫の抑制，温度調節などの目的で行われる。

*2　肥料成分が土壌にゆっくり溶け出すようにプラスチックで被覆した粒状の肥料。施肥回数が減らせる，成分の流出を抑え，作物の利用率を高められる（環境負荷を減らせる）という利点がある。

*3　牧草や飼料作物を発酵させた飼料。プラスチックのフィルムで飼料を円筒形に梱包し，密閉して発酵させるのが現在では一般的である。

として問題になっている。

9.4 気候変動

＊ 本小節は主に農業・食品産業技術総合研究機構(2020)に依拠している。

9.4.1 気候変動の農業への影響＊

気候変動は作物の収量の伸びを鈍らせ，収量を不安定化する。小麦は1980年から2008年の間で気候変動によって生産量が世界全体で5.5％減少したとされる。これはフランスの年間生産量に匹敵する。気候変動の影響は地域によって異なり，中緯度地域より低緯度地域のほうが影響が大きいと予測されている。これは，発展途上国における被害がより深刻で，貧困や飢餓に苦しむ人が増加することを意味している。

日本の状況をみていこう。気温の上昇は，作物の高温障害，発育速度の変化，病虫害の変化を通して生産に影響を与える。また，農業従事者の熱中症が増加することも見逃せない。

コメでは，出穂期(4～5割の穂が出た時期)が早まっている。このころに34～35℃以上の高温になると花粉の受精能力が落ちて不稔の割合が増える。また，登熟期(出穂から収穫までの時期)に適温を超えると収量が低下するとともに，外観品質が低下する。外観品質の低下とは，玄米の一部が白濁する白未熟粒や，亀裂がある胴割粒が増えることで，こうした粒が多いと低い等級に格付けされる。食味に関しては，登熟期の気温は25℃前後が最適で，それを上回っても下回っても低下する。今後，収量は北日本で増加し，西南暖地で停滞あるいは減少するが，日本全体で減収となる可能性は低いと予測されている。ただし，毎年の収量の変動は大きくなると考えられている。さらに，気温の上昇は，いもち病や紋枯病の増加をもたらし，収量の減少や外観品質の低下を招く。なお，CO_2濃度の上昇によって収量は増加するが，外観品質は低下する。

果樹は気候変動の影響が最も顕著な作目である。着色不良，収穫期の変化，貯蔵性の低下，食味の変化などさまざまな影響がすでにみられる。一年生の作物は種をまく時期を調整することで気候変動に対応することもできるが，永年性作物である果樹は作期を調整することが難しい。その反面，果実の甘みが増す，栽培適地が北上し，これまで栽培できなかった作物が栽培できるようになる，などのよい影響もみられる。

家畜の生育も影響を受けている。気温が上昇すると家畜の体重増加が進まず，乳量や産卵数が減少し，繁殖性も低下する(子供を産みにくくなる)。

9.4.2 農業の気候変動への影響

農業部門はCO_2，メタン(CH_4)，一酸化二窒素(N_2O)といった温室効果ガスの排出源である。

現代の農業生産では，農業機械の運転や施設園芸の暖房などで化石燃料を消

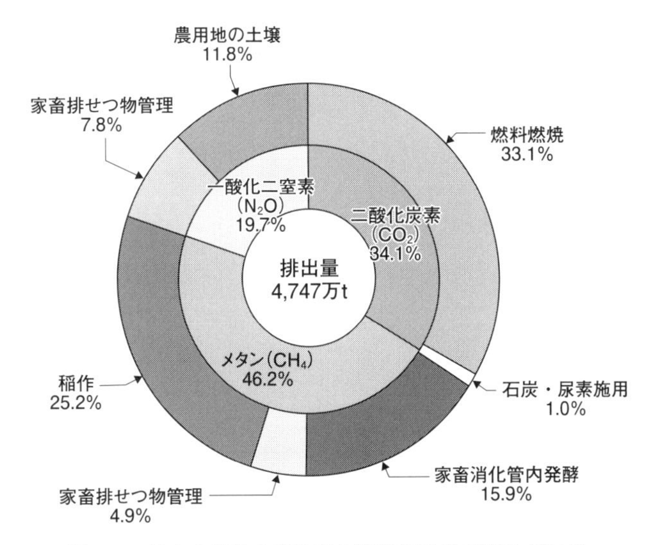

図 9.1　日本の農林水産分野の温室効果ガス排出 (2019)

出典：国立環境研究所温室効果ガスインベントリオフィス「日本の温室効果ガス排出量データ(確報値：1990～2019年度)」をもとに農林水産省作成

注：1）排出量は二酸化炭素換算

2）日本全体の総排出量は12億1,200万t

費し，CO_2を排出している。また，農地に施用された堆肥や作物残渣などの有機物は微生物によって分解され，CO_2として排出される。日本では有機物の投入量が多く，農地からのCO_2排出量は作物の光合成によるCO_2吸収を上回っている。くわえて，森林の農地への転換はCO_2吸収量の減少を招く。

メタンは水田と反芻動物の飼育が発生源である。水田に水をためると，土壌が嫌気的(酸素が少ない状態)になり，微生物によってメタンが生成される。ウシやヒツジなどの反芻動物の消化管内では細菌がメタンを生成している。また，嫌気的な条件下では，家畜糞尿からメタンが発生する。

作物は無機態(アンモニアイオン(NH_4^+)または硝酸イオン(NO_3^-)の形態)の窒素を吸収する。地中のNH_4^+は細菌によってNO_3^-へ，さらに窒素へと変換される。はじめの変換を硝酸化成(硝化)，あとの変換を脱窒という。両方の過程でN_2Oが生成され，大気中に放出される。N_2Oの発生量は窒素の施用量に比例する。家畜糞尿などの有機物の堆肥化においても同様の過程でN_2Oが発生する。発生量は家畜糞尿からのほうが多い(八木 2011)。

世界全体では，農業・林業・その他の土地利用からの温室効果ガスの排出割合は約24%で，そのうち農業は約10%を占めている(ただし，燃料の使用に伴うCO_2排出は除く)*。日本では農林水産分野が温室効果ガスの約4%を排出しており，そのうちの約1/3が燃料の消費，半分弱がメタン，約2割がN_2Oとなっている(図9.1)。

＊ 2010年の推計値(IPCC 2014)。農業・林業・その他の土地利用からの排出のうち，農業以外の多くは森林の減少によるものである。

9.4.3　気候変動への対策

上記のように農業も排出源であるから，排出削減に努めなければならない。その一方で，気候変動の影響も受けており，その対応も求められる。気候変動の分野では，温室効果ガスの排出を抑制する取り組みを**緩和策**，気候変動の影響を軽減する取り組みを**適応策**とよぶ。

農業部門の適応策としては，高温耐性品種の開発，栽培する作目の転換（とくに果樹），気候変動に対応した栽培管理方法の開発などが挙げられる。なお，緩和策は9.7.1にまとめた。

9.5　生物多様性

農業生態系は，生態系サービスのひとつである生息・生育地サービスとしてさまざまな生物にすみかを提供している。日本の水田では6,000を超える種が見つかっており，絶滅危惧種の生息場所としても重要である。しかし，その生物多様性は低下している[*1]。

その要因として，まず**圃場整備**が挙げられる。水田は機械で効率的に作業できるように大区画化されるとともに，畑としても使えるように乾田化された。乾田化は中干し[*2]や機械の使用のためにも求められた。乾田化は，用水と排水を分離し，暗渠排水（あんきょはいすい）を設置することで行われる。用水路は維持管理がしやすいようにコンクリート3面張り構造やパイプラインが一般的となった。こうして水利施設が整備されると，きめ細かな水管理ができるようになり，農業で水を必要としない時期に水路に水が流れなくなった。水田や水路に水のない時期が生まれたことや水路がコンクリートになったことが生物の生息環境を悪化させ，生息地の分断を招いた。

もうひとつの要因が農薬の使用である。近年，ミツバチへの影響が世界中で指摘されているネオニコチノイド系の殺虫剤が問題となっている。日本ではアキアカネ（赤とんぼの一種）が1990年代以降急速に減少している。この原因として，ネオニコチノイド系農薬と中干しの早期化が指摘されている（宮下・西廣 2019）。

さらに，耕作放棄地の増加も生物多様性低下の原因かもしれない。水田が放棄されれば水田に依存している生物は生息が困難になってしまうからである。

*1　環境省が2021年に作成した「生物多様性及び生態系サービスの総合評価（JBO3）」は，農地生態系の状態は長期的には悪化する傾向で推移していると評価している。

*2　中干しとは，田植え後1か月程度で水田の水を落とすこと。有害ガス（硫化水素やメタン）の除去，水稲の窒素吸収量を調節することによる倒伏防止などの効果がある。

9.6　環境保全型農業技術

本節では，環境負荷を減らす方法を技術面から考える。農林水産省は環境保全型農業を「農業の持つ物質循環機能を生かし，生産性との調和などに配慮しつつ，土づくり等を通じて化学肥料，農薬の使用等による環境負荷の軽減に配慮した持続的な農業」と定義している。ここでは，化学肥料や農薬の削減にく

表 9.2　持続性の高い農業生産方式の要素技術

目　的	技　術	概要または例
土壌の質を改善する	有機質資材の施用	堆肥，稲わら，作物残渣
	緑肥作物の利用	農地に有機物や養分を供給するために栽培される作物
化学肥料施用量を減らす	局所施肥	肥料を作物の根の周辺に集中的に施用する
	肥効調節型肥料の施用	被覆肥料，化学合成緩効性肥料，硝酸化成抑制剤入肥料
	有機質肥料の施用	米糠，油粕，魚粕，骨粉，草木灰
農薬使用量を減らす	温湯種子消毒	種子を湯に漬け，種子についた有害動植物を駆除する
	機械を用いる除草	乗用型水田除草機，歩行型水田除草機，除草ロボット
	動物を用いる除草	アイガモ，コイ
	生物農薬（天敵）の利用	捕食性昆虫，寄生性昆虫，拮抗細菌，拮抗糸状菌，バンカー植物（天敵の増殖や密度の維持に資する植物）
	対抗植物の利用	土壌線虫等の有害動植物の駆除・まん延防止効果のある植物を栽培する
	抵抗性品種栽培・台木の利用	有害動植物に対して抵抗性を持つ品種に属する農作物を栽培する，またはそれを台木として利用する
	天然物質由来農薬の利用	除虫菊乳剤，硫黄粉剤，重曹，銅水和剤
	土壌の還元消毒	土壌中の酸素濃度を低下させ，有害動植物を駆除する
	熱利用土壌消毒	太陽光，熱水，蒸気等で土壌温度を上げて有害動植物を駆除する
	光利用	シルバーフィルム等の反射資材，粘着資材，非散布型農薬含有テープ，黄色灯，紫外線除去フィルム
	被覆栽培	べたがけ栽培，雨よけ栽培，トンネル栽培，袋かけ栽培，防虫ネットによる被覆栽培
	フェロモン剤の利用	害虫が分泌する，同種を誘引する作用をもつ物質
	マルチ栽培	土壌の表面を資材で被覆する

出典：農林水産省局長通知「持続性の高い農業生産方式の導入の促進に関する法律の施行について」をもとに作成

わえ，気候変動の緩和や生物多様性の保全に貢献する技術も対象とする。

持続農業法（9.7.2 を参照）に関連して，持続性の高い農業生産方式を構成する技術として提示されたものを表 9.2 に整理した。化学肥料と農薬の削減と，その前提としての土づくり（土壌の質を改善する技術）の 3 種類の技術が挙げられている。また，気候変動の緩和と生物多様性の保全に貢献する主な技術を表 9.3 にまとめた。

以下では，いくつかの技術について解説する。

9.6.1　気候変動の緩和策

農業部門の緩和策としては，以下のようなものがある。

農地への有機物の施用量を増やすことで，土壌中の炭素を増やすことができれば，炭素の吸収源となる。これを**炭素貯留**という。堆肥の施用，炭の投入，

表 9.3　気候変動緩和と生物多様性保全に資する技術

	技　術	概要または例
気候変動緩和	堆肥の施用	作物の栽培期間の前または後に堆肥を施用する
	炭の投入	木炭・竹炭・籾殻燻炭などを農地に投入する
	カバークロップ	緑肥作物，線虫対抗作物，リビングマルチ，草生栽培
	不耕起播種	麦・大豆作などで，前作の畝を利用し，畝の播種部分のみ耕起して，専用播種機で播種を行う
	長期中干し	14 日間以上中干しをする
	秋耕	コメの収穫後（秋期）に耕耘して稲わらをすき込む
	緩効性肥料の利用	被覆肥料，緩効性窒素肥料，硝酸化成抑制剤入肥料
生物多様性保全（表 9.2 の「農薬使用量を減らす」技術も参照）	カバークロップ	緑肥作物，線虫対抗作物，リビングマルチ，草生栽培
	IPM（総合的病害虫管理）	9. 6. 3 を参照
	畦畔での除草剤不使用	人手または機械による除草
	畦畔での機械除草	高さ 10 cm 程度で刈り，イネ科以外の雑草を温存し，イネ科の雑草の生育を阻害する
	魚毒性の低い除草剤の使用	
	冬期湛水管理	作物の収穫後に湛水する
	夏期湛水管理	夏の休閑期の畑を湛水し，害虫や雑草を防除する
	江（え）の設置	水田ビオトープ
	希少魚種等保全水田の設置	魚のゆりかご水田（滋賀県）
	中干し延期	1 か月程度中干しを延期する
	休耕田ビオトープ	休耕田を年間通して湛水する

注：環境保全型農業直接支払交付金（9.7.2 を参照）の対象となっている取り組みなどを整理した

カバークロップなどに炭素貯留効果がある。この効果を得るためには，施用した有機物が分解されず，炭素が土壌にとどまっている状態が続いていなければならない。また，不耕起播種は，耕起をしないことで土壌からの炭素排出を抑える。このほか，CO_2 の排出削減策としては，他部門と同じく，省エネルギーを進める，再生可能エネルギーを使用するなどがある。

水田からのメタンは，中干し期間を長くすることや稲わらのすき込みを秋に行うことで削減される*。家畜については餌の内容によってメタンの発生を抑制する研究が進められている。家畜糞尿は堆肥化の過程で嫌気的条件にならないようにすればメタンの発生を抑えられる。

農地からの N_2O 削減には，土壌診断を行って適量の施肥をする，緩効性肥料を使うなど，作物に利用されない窒素の施用を減らすことが求められる。

＊　中干し期間を長くすることで土壌中に酸素が増え，メタン生成菌の活動が抑制される。稲わらは通常，春の田植え前にすき込まれ，湛水状態で腐熟過程が進むことによってメタンが生成されるが，秋にすき込み，落水時に分解させればメタンの発生量が減る。

9.6.2　カバークロップ

カバークロップとは，収穫を目的とせず，主作物の作期の前後や栽培時の畝間，休耕地や畦畔で栽培される作物のことである。作物をすき込めば土壌の有機物が増える。これは土壌の物理性を改善させ，炭素を貯める効果がある。それだけでなく，土壌侵食防止，雑草抑制，病害虫抑制などの効果もある。

表9.2で土壌の質を改善する技術として挙げられている緑肥作物はカバークロップの一種である。緑肥とは，マメ科やイネ科などの植物を栽培し，農地にすき込んで養分や土壌有機物を増加させることを指す。マメ科植物は根に根粒菌が共生し，窒素を固定する。イネ科植物は生育量が大きく有機物の供給力に富み，土壌の物理性改善効果も持つ。代表的な緑肥作物には，マメ科ではヘアリーベッチ，レンゲ，クローバ，イネ科ではエンバク，ライムギ，ソルガムなどがある。それ以外にもナタネ，ヒマワリなども使われている。

線虫対抗作物とは，主作物の品質や収量を低下させる線虫に対する有害物質を分泌する作物で，マリーゴールド，クロタラリア，エンバク野生種などがある。これによって農薬を減らすことができる。

リビングマルチは，主作物の畝間に別の作物を植え，地表面を覆うことで雑草を抑制する技術である。また，主作物の害虫を抑制するものもあり，いずれにせよ農薬の削減につながる。

草生栽培は，樹園地にカバークロップを施す技術で，雑草の抑制効果があり，これも除草剤を減らすことができる。

9.6.3　IPM（Integrated Pest Management）

IPMは，一般に総合的病害虫管理と訳されており*，農薬だけでなく，各種

＊　農林水産省は総合的病害虫・雑草管理という語を用いている。

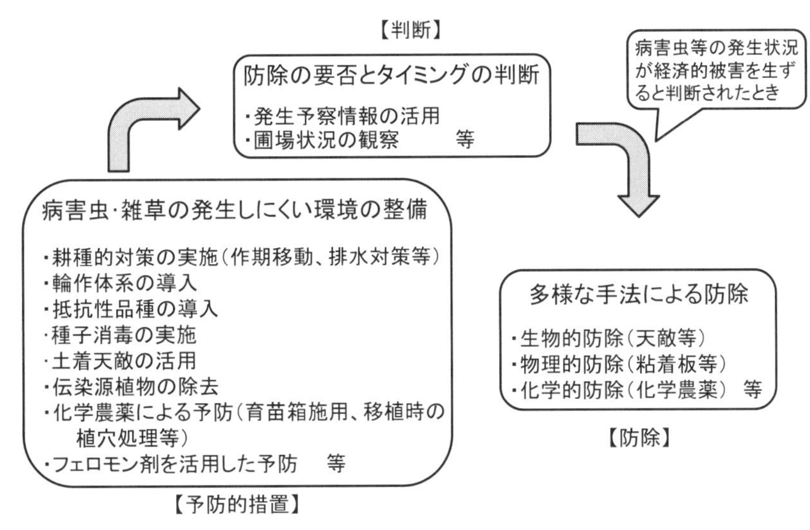

図9.2　IPMの体系
出典：農林水産省「総合的病害虫・雑草管理（IPM）実践指針」の図をもとに作成

の技術を組み合わせて病害虫の防除を行うという手法である。IPMにおいては，①まず予防的措置として病害虫が発生しにくい環境を整備し，②病虫害の発生状況を把握し，防除すべきか否かとそのタイミングを判断し，③防除が必要と判断された場合は多様な手段の中から適切なものを組み合わせて実施する，という手順をとる（図9.2）。ここで問題となるのが，防除を必要と判断する基準と，どこまで防除するかということである。病害虫はゼロでなくてはならないということはない。病虫害による被害額が防除に要する費用を上回るのであれば，防除すべきであろう。被害額と費用が等しくなる水準をIPMでは**経済的被害許容水準**（Economic Injury Level：EIL）と呼び，これ以下に管理することを目指す。防除要否の判断はEILに達する前に行わないと手遅れになるので，その基準として害虫密度などの**要防除水準**（Control Threshold）を設定する。

9.6.4　生物の生息地の提供

江（え）の設置とは，水田内に素掘りの溝を設け，栽培期間中湛水しておく取り組みである。**水田ビオトープ**と呼ばれることもある。中干し延期は水田の中干しの時期を遅らせることで，カエル（オタマジャクシ）やトンボ（ヤゴ）の死滅を防ぐ。ただし，中干しはメタンの排出削減効果があるため，気候変動緩和とトレードオフの関係にある。冬期湛水は作物の収穫後に湛水する取り組みで，休耕田ビオトープは休耕田を通年湛水するものである。これらの取り組みは，いずれも圃場内に水があることで，さまざまな生き物のすみかを提供する。圃場内の生物を目当てに，冬期湛水田では渡り鳥が訪れる。

圃場整備後は農業用水路の水位が低下し，魚が水田に入ることができなくなってしまった。「希少種等保護水田の設置」では，水路と水田をつなぐ魚道を設置し，魚が水田まで遡上でき，水田で産卵できるようにする。滋賀県の「魚のゆりかご水田プロジェクト」では，代かき・田植え前までに排水路に魚道を設置し，遡上しやすい水管理を行っている。これによってニゴロブナ，コイ，ナマズなどが5～6月に水田に入り，産卵する。稚魚は中干し前に排水路から琵琶湖に下っていく。

9.7　農業環境政策

9.7.1　農業環境政策の手法

農業環境政策は，化学肥料や農薬の環境負荷の低減や生態系サービスの供給促進を目的とする政策である。

Vojtech（2010）は，農業環境政策を規制的手法，経済的手法，助言・制度的手法，コミュニティ支援の4つの手法に分類した（表9.4）。規制は，生物に影響の大きい農薬の使用を認めない，栄養塩類の吸収と土壌侵食の防止のために

表 9.4　農業環境政策の諸手法

	具体的施策	概要または例
規制的手法	規制	農薬使用規制，土地利用規制，希少動植物の保護
	クロスコンプライアンス	農業者への支払制度における環境保全的行為の要件化
経済的手法	農業者への支払い（環境支払い）	環境保全型農法の採用に対する支払い，休耕や湿地への転換など農業をしないことに対する支払い，設備投資（家畜排せつ物の保管施設の建設など）への支援
	環境税	環境への損失を招きうる投入物・産出物への課税 農薬税，肥料税，糞尿課徴金
	許可証取引	取水権取引，温室効果ガスの排出取引
助言・制度的手法	研究開発	環境保全型農法の技術開発
	技術支援・普及	農場ごとの養分管理計画の策定
	ラベリング・基準・認証	有機農業の基準・ラベルの策定，認証制度の創設
コミュニティ支援		地域で保全活動をする団体への財政支援，情報提供

出典：Vojtech (2010) をもとに作成

川沿いの土地には植栽を義務付けるといったものがある。クロスコンプライアンスは農業政策に特有のもので，農業者への特定の支払いの要件として，別の目的の施策に取り組むことを求める手法であり，アメリカが 1985 年農業法ではじめて導入した。

経済的手法では，農業者が環境を保全する動機づけとして，政府が農業者に金銭を与える環境支払いが先進国で広くみられる。環境汚染の原因者が防止費用を負担すべきであるという汚染者負担原則*1 に基づくならば，環境税や許可証取引の導入が求められるわけだが，農業環境政策ではまだ事例は少ない。農業による環境負荷が面的で地域性が強く，不確実性も高いことが，汚染者負担原則の適用を難しくしている。

*1　環境汚染は社会に損害をもたらすが，市場で取引されないため，汚染の原因者は汚染による損害を考慮せず，汚染物質を過剰に発生させてしまう。汚染者負担原則が適用され，防止費用の負担が命じられると，汚染の原因者は汚染防止費用を考慮に入れた生産を行うので，効率的な資源配分が達成される。

9.7.2　日本の農業環境政策

1999 年に制定された**食料・農業・農村基本法**は，多面的機能の発揮が 4 つの基本理念のうちの 1 つに入れられた。また，同法 32 条は「国は，農業の自然循環機能の維持増進を図るため，農薬及び肥料の適正な使用の確保，家畜排せつ物等の有効利用による地力の増進その他必要な施策を講ずるものとする」と定めている。

同じ年に，環境三法と呼ばれた，持続性の高い農業生産方式の導入の促進に関する法律（持続農業法），家畜排せつ物の管理の適正化及び利用の促進に関する法律（家畜排せつ物法），肥料取締法の一部を改正する法律（改正肥料取締法）も制定された。持続農業法はエコファーマー*2 を金融・税制面で支援する

*2　堆肥などによる土づくり技術，化学肥料の使用低減技術，および化学合成農薬の使用低減技術の 3 つの技術に取り組むという計画を策定し，その計画が都道府県知事に認定された農業者のこと。

もので，家畜排せつ物法は農業者に家畜排せつ物の管理基準の遵守を義務づけるものである。改正肥料取締法は，堆肥および家畜・家禽の糞に関する品質表示基準を制定した。

2005年には，環境と調和のとれた農業生産活動規範（農業環境規範）が制定された*。これを遵守することが一部の補助事業の採択要件となった。2014年度時点では40事業において要件化されている。

＊ 作物の生産については7つのポイント，家畜の飼養・生産については6つのポイントからなっている。たとえば，作物の生産の「適切で効果的・効率的な施肥」は「（略）都道府県の施肥基準や土壌診断結果等に則して肥料成分の施用量，施用方法を適切にし，効果的・効率的な施肥を行う」となっている。

2007年からは農地・水・環境保全向上対策が実施された。これは，地域住民を主体とする活動組織をつくり，農地・農業用水等の保全と質的向上に関する共同活動と，化学肥料，化学合成農薬を大幅に低減するなど環境保全型の営農活動に取り組む地区に財政支援を行うという仕組みであった。営農活動への財政支援としては，化学肥料と化学合成農薬の使用を5割以上削減する農業者に対して交付金が支払われた。

農地・水・環境保全向上対策は，2011年度から共同活動に関わる部分が農地・水管理支払（2014年度からは多面的機能支払）に，営農活動に関わる部分が環境保全型農業直接支払に分かれた。

環境保全型農業直接支払は，これまでの化学肥料と化学合成農薬の5割以上の低減に加えて，地球温暖化防止または生物多様性保全の効果の高い取り組みを行わなければ交付金が受け取れなくなった。2021年時点で，対象となっている取り組みは，有機農業，堆肥の施用，カバークロップ，リビングマルチ，草生栽培，不耕起播種，長期中干，秋耕，その他都道府県が設定するもの（地域特認取組）である。

多面的機能支払のうち，資源向上支払を受け取るためには農村環境保全活動に取り組む必要がある。この中のメニューに生態系保全や水質保全などがあり，これらを選ぶことで環境保全型農業を進めることができる仕組みになっている。

9.7.3　民間資金を使った経済的手法

9.2節で述べたように，われわれは農業からの生態系サービスを享受している。しかし，農産物以外のサービスは取引する市場がないため受益者は無償でその恩恵を受けている。裏返せば，農業者には環境を保全して生態系サービス

コラム2　PES：ヴィッテルの例

ヴィッテル（Vittel）は，採水地の地名にちなむナチュラルミネラルウォーターのブランドである。その水源域では1980年代に畜産の集約化（とくに飼料用トウモロコシの栽培）によって地下水が硝酸性窒素と農薬に汚染される懸念が高まった。水質の低下を防ぐため，営農活動と水質との関係を調査しながら農業者と協議を続け，飼料畑から牧草地への転換などに取り組む農業者に対して支払いをするという契約が結ばれた。

図 9.3 「朱鷺と暮らす郷づくり認証米」のマークを付けた米袋
出典：佐渡市農業政策課

を供給する動機（インセンティブ）が欠けている。そこで，生態系サービスの対価をその供給者に支払う仕組みが注目されるようになった。この仕組みを**生態系サービスへの支払い**（PES：Payment for Ecosystem Services）という*1。

農業者へのPESとしてよく知られているものに，フランスのヴィッテルの例がある（コラム2）。日本では，環境保全型農業で生産された農産物をブランド化して，付加価値を高めて販売している地域がある。たとえば，新潟県の佐渡市では，生き物を育む農法などを実践して生産された米に「朱鷺と暮らす郷づくり認証米」のマーク（図9.3）をつけることができるようにしている*2。認証を受けた米は，JA佐渡（佐渡農業協同組合）が慣行栽培の米より高い価格で買い取っている。

*1　PESの支払い形式は多様であり，農業環境政策における環境支払いもその一つに分類されている。

*2　認証を受けるための栽培要件は以下の4項目である。①「生きものを育む農法」（江の設置，冬期湛水，魚道の設置，水田ビオトープの設置，無農薬・無化学肥料栽培のいずれか1項目以上）の実施，②化学肥料・農薬の慣行栽培からの5割以上削減（肥料：化学窒素成分3 kg/10 a以下，農薬：9成分以下），③畦畔に除草剤を散布しない④年2回の生きもの調査の実施。

9.8 持続可能な農業に向けて

9.8.1 持続可能な開発目標（SDGs）と農業

2015年9月の国連持続可能な開発サミットにおいて「我々の世界を変革する：持続可能な開発のための2030アジェンダ」が採択された。これは，人間，地球，および繁栄のための行動計画であり，中心となっているのが17の目標（ゴール）と169のターゲットからなる**持続可能な開発目標**（SDGs）である*3。

*3　10章を参照せよ。

SDGsの中で農業に直接触れているのが，**持続可能な農業**の促進を掲げる目標2である。ターゲット2.4では，2030年までに持続可能な食料生産システムを確立し，レジリエントな（回復力のある，しなやかな，という意味）農業を実践するとしている。さらに，持続可能な農業とは，「生産性の向上や生産量の増大，生態系の維持につながり，気候変動や異常気象，干ばつ，洪水やその他の災害への適応能力を向上させ，着実に土地と土壌の質を改善する」ものであると説明している。つまり，持続可能な農業とは，環境を保全しながら食料生産の増大を可能とするような農業なのである[*1]。

9. 8. 2　SDGs に関連する取り組み

気候変動枠組み条約の第 21 回締約国会議（COP21）で採択されたパリ協定は SDGs と密接に関連している。パリ協定では，産業革命以前と比較した，世界全体の平均気温の上昇を 2℃よりも十分に低く抑え，さらに 1.5℃に抑えるための努力を追求することを長期目標として，参加国すべてが温室効果ガスの排出削減目標を設定し，そのための対策をとる義務を負っている。

また，生物多様性条約の第 10 回締約国会議では，20 項目からなる愛知目標が設定された。このうちの目標 7 は「2020 年までに，農業，養殖業，林業が行われる地域が，生物多様性の保全を確保するよう持続的に管理される」であったが，2020 年に条約事務局が提出した報告書は，目標 7 を未達成と評価した[*2]。

さらに，農林水産省が 2021 年に策定した『みどりの食料システム戦略』は，2050 年までに化学農薬使用量（リスク換算）の 50%削減，化学肥料使用量の 30%削減，耕地面積に占める有機農業の面積を 25%（100 万 ha）まで拡大，などの目標を掲げた。

9. 8. 3　技術開発の方向性

これらの野心的な目標を実現するためには，9. 6 節で述べたような取り組みを普及させるだけでなく，技術革新も欠かせない。1990 年代に精密農業という栽培管理手法が提唱されるようになった。これは農地の特性を把握し，農作物の状態をよく観察し，きめ細かく栽培管理をすることで，収量と品質の向上と環境負荷の低減を目指すものである。アメリカでは大規模経営で生産性向上を目的として，ヨーロッパでは主に環境保全を目的として精密農業の導入が進んでいる（農林水産省農林水産技術会議，2008）。その後，農林水産省はロボット技術や情報通信技術（ICT），人工知能（AI）などの先端技術を活用する農業を**スマート農業**と呼んで技術開発を進めており，精密農業はその一部と捉えることができる[*3]。

環境保全の観点からは，スマート農業の推進によって化学肥料や農薬の使用量の削減が進むだろう。ドローンを使ったリモートセンシングや農業機械に備えたセンサーによって，圃場内の地力や生育状況の差を把握し，適時適量の施肥を高精度で行うこと（可変施肥）が可能になっている。防除についても同様に，画像で AI が病虫害の有無を判断し，農薬使用の必要性とタイミングを提案することで，農薬のピンポイントでの散布ができるようになった。

農業技術とともに，病害虫抵抗性品種の開発も求められる。気候変動への適

＊1　環境の保全に関して SDGs では，目標 13 の気候変動対策のほかに，目標 12（生産・消費）における化学物質や廃棄物の排出削減（ターゲット 12. 4）と廃棄物の発生抑制（ターゲット 12. 5），目標 14（海域・水域生態系）における，富栄養化を含む海洋汚染の削減（ターゲット 14. 1），目標 15（陸域生態系）における生物多様性の損失防止などがある。

さらに，食料に関してはターゲット 12. 3 で食品廃棄の半減と生産・サプライチェーンにおける食品ロスの削減がうたわれている。

このように，SDGs は総合的・包括的な目標群からなっており，それぞれの目標とターゲットは相互に関連している。一方の目標の達成が他方の目標の達成を促すこと（例：気候変動の防止と生態系の保全）もあれば，阻害しうること（例：持続可能な経済成長と廃棄物の排出削減）もありうる。

＊2　愛知目標 7 に対応する日本の目標は「生物多様性の保全を確保した農林水産業の持続的な実施」であるが，日本はこれを未達成と報告した。なお，2021 年の生物多様性条約第 15 回締約国会議で 2030 年を目標とする新たな目標が設定される予定である。

＊3　スマート農業については 8 章を参照のこと。

応を考慮すれば，高温や干ばつなどの環境ストレスに耐性のある作物の開発も重要である。こうした品種の開発には，遺伝子組み換え技術，さらに最近ではゲノム編集技術が使われるようになっている。ただし，遺伝子組み換え作物やゲノム編集作物は生態系への影響が懸念されており，その利用は慎重に進めるべきである。

9.8.4　代替的な農業システム

最後に，現在主流となっている生産様式の対極を志向する考え方である，**アグロエコロジー**について紹介する。アグロエコロジーの考え方は，以下のようなものである。多くの資源とエネルギーを外部から投入し，大規模化や単作化が進む現在の農業は工業的農業になっている。一方，伝統的な農業には望ましい自然のプロセスや生態学的メカニズムが埋め込まれている。輪作，混作（複数の作物を同時に栽培する），アグロフォレストリー（樹木の間で農作物の栽培や家畜の飼育を行う），被覆作物，有畜複合など，農業生態系が多様化することで生物多様性が高まり，災害や病虫害からの回復力が増し，面積当たりの生産量が増加する。工業的農業を生態学的な原理を踏まえたシステムに転換すれば，農業は持続可能になり，生産性も向上する。

すなわち，アグロエコロジーは，「農業生態系の働きを研究し説明しようとする科学」であり，「農業をより持続可能なものにしようとする実践」であり，「農業をより生態学的に持続可能で社会的により公正なものとすることを追求する運動」だということができる（ロセット，アルティエリ 2020）。アグロエコロジーは国連食糧農業機関（FAO）も持続可能な農業への重要なアプローチであると認めている*。

9.8.2 でみたような目標に対しては，これまでの取り組みだけでは不十分であり，システムの大胆な再検討が不可欠であるとするこうした視点も見逃せないであろう。

* アグロエコロジーの概念は論者によって多様に解釈されている。社会変革を目指す立場の論者は，FAO のアグロエコロジー解釈を批判している。

演習問題 1　環境保全型農業直接支払交付金について，農林水産省のホームページから資料を取得し，以下の点について調べよ。

(1) どのような取り組みがどのくらいの面積で実施されているか。
(2) 上記の取り組みは，全国の農地の何パーセントで実施されているか。
(3) これらの取り組みの効果はどのようなものであるか。

【解答例】

(1) 各年度の実績は農林水産省生産局の資料「環境保全型農業直接支払交付金の実施状況」に概略が示されている。
(2) 農地面積については，各年の耕地面積の調査結果を参照のこと。
(3) 2019 年 8 月の「環境保全型農業直接支払交付金最終評価」などを参照のこと。
農林水産省の環境保全型農業直接支払交付金のサイト
https://www.maff.go.jp/j/seisan/kankyo/kakyou_chokubarai/mainp.html

演習問題 2　農業者に対する生態系サービスへの支払いの事例を調べよ。

【解答例】　たとえば，環境省の生物多様性のサイト
https://www.biodic.go.jp/biodiversity/shiraberu/policy/pes/satotisatoyama/index.html
では,「蕪栗沼のふゆみずたんぼ」「コウノトリの野生復帰とコウノトリを育む農法」「トキの野生復帰と米づくり」「魚のゆりかご水田プロジェクト」が紹介されている。行政が支払う環境保全型農業直接支払交付金も PES に位置づけられる。

10章
食料資源を支える国際協力

本章では，地球上の有限な食料資源をどうすれば持続的に利用，維持して，長期的な人類の幸福につなげていけるのか，という問いに対する答えを考える。経済学は，これまで資源の有限性について多くを語らず，技術開発によって無限の経済成長，食料増産が可能であるかのような幻想を抱かせてきた。事実，第二次世界大戦以後，緑の革命を経て，バイオテクノロジー革命に至る技術進歩は，急速な人口増加と経済成長を支えた最も重要な要因といってよい。

しかし，気候変動に伴う異変や食料に関連するさまざまな自然資源の枯渇などが顕在化するにつれて，グローバル経済の深化によって複雑に絡み合った現行の世界の食料システムの問題点が明らかとなり，食料問題が一国のみでは有効な解決策が見いだせない国際課題であることの認識が高まっている。国際協力による新たな世界秩序の模索への機運が高まるなか，本章では，これまでの国際協力の歩みを振り返ることによって21世紀の挑戦課題を探る。

10.1　食料資源の有限性

10.1.1　有限性の認識

人類の歴史は，食料資源の獲得のための移動と争いの歴史といっても過言ではない。肥沃な土地や獲物を求めて集団で移動し，争いを繰り返した考古学的痕跡は世界中で確認されている。日本人の祖先といわれる人々はマンモスを追ってシベリアに移動してきたといわれ，新しくは，大航海時代の西欧諸国民の新大陸への進出とそこでの新たな生物資源の獲得が，人類の食生活に大変革をもたらした。トウモロコシ，ジャガイモ，トマトなど現在の主要な食用作物の多くが中南米由来である。北アメリカ大陸に移住した清教徒の子孫たちは，新たな土地，フロンティアを求めて移動し，アメリカ西海岸に到達した。

しかし，21世紀の現在我々人類に残されたフロンティアは，ほぼ消滅し，極めて限られたものとなっている。広大なブラジル・アマゾンの森林でさえ，年々，農用地への転換が進み，減少し続けている。1970年代に人類が人工衛星から地球を観測できるようになると，我々人類が小さな天体「宇宙船地球号」という「運命共同体」に生きていることが強く認識されるようになった。1972

年の国連人間環境会議（ストックホルム会議）に始まった流れのもとで，1992年の環境と開発のための国連会議（**リオ・サミット**，地球サミット）では，会議を契機に国際条約となる気候変動や生物多様性などの地球規模課題の大きな議論の枠組みが形成され，人類共通の課題が認識された。一方で，多くの人々は，単に原油などの化石燃料や地下水，鉱物などの経済資源の枯渇を心配していたに過ぎないという側面も忘れてはならない。

世界の陸地約130億haのうち農業用に利用されている土地は約50億haで，そのうち可耕地（arable land）・永年作物地（permanent crop land）は，約15億haに過ぎない。人口一人当たりでは，0.2 ha（50 m×40 m）程度の計算になる。この限られた面積で，穀物，野菜，果物や家畜の飼料，油糧種子，綿などの繊維，果ては酒類の原料までを供給しなければならない。さらに，都市化や砂漠化などによって貴重な農地は改廃され続けており，広大な森林が切り開かれて農用地化されていても，全体の農地面積は増加していない。後述するように，人が食料供給などのためにどの程度の土地を必要とするかは，その人のライフスタイルに依存する。V. Smilによれば，菜食主義の食生活に必要な面積は，一人当たり0.1 ha未満であるという。

一方，世界の淡水資源については，その偏在が問題となっている。地球上の水の97.5％は海水，2.5％が淡水であり，淡水のほとんどは氷河，地下水等で，使える水は，淡水のうちわずか0.3％に過ぎないという。日本のように淡水資源に恵まれた国がある一方，国土の大部分が乾燥地でほとんど降雨がないような国も多く存在している。その淡水資源の6～7割が農業用水として使われており，経済発展とともに増加する都市用水・工業用水との競合が問題となっている。国際河川での水をめぐる紛争もあとを絶たない。

10.1.2　経済学の認識

これまでの多くの経済学が，世界の土地資源や水資源の制約をどのように扱っていたのかというと，収穫逓減の法則などがあるものの，実態はほぼ無視していたといってよい。それは，現実に価格次第で供給量が柔軟に変動しているからである。穀物価格が上昇すれば，市場からやや離れた土地が使われ，ポンプを動かす灌漑面積が増え，裏作（二毛作）への作付面積が増加する。価格上昇によって，ある資源の制約を打ち消すような別の資源投入も行われる。中期的な価格上昇を見込めれば，農地開発への投資やダム建設などの水資源開発投資も増加するのである。実際，世界の水不足に苦しむ国の多くは，絶対的な水不足の状態にあるのではなく，「経済的な水不足」，すなわち水資源開発への投資が不足している状態にあるといわれている。

さらに，人類に残されたフロンティアとして，最も期待されているのが，科学技術のフロンティアである。科学技術によってさまざまな問題が解決され，無限の食料増産が可能であると信じている人々も少なくない。1960～70年代にかけての**緑の革命**による増産は，小麦やコメの単位面積当たりの生産量を2倍，3倍に増加させた。これによって人類は，2倍，3倍の面積の農用地を手に入れたことになる。科学技術への投資もまた，食料価格が上昇すれば増加する。1970年代の食料危機が，緑の革命の普及や関連技術の導入を促進し，その後の食料余剰の時代につながったことは歴史的事実である。21世紀に入っても，開発途上地域を中心に継続する人口増加と経済成長に伴って増大する旺盛な食料需要に対応するために残された数少ない手段として，土地生産性や労働生産性だけでなく，節水技術や局所施肥技術などを利用して食料資源当たりの生産量を増加させる**資源生産性**向上の技術開発が繰り広げられている。

10.1.3　地球の限界

しかし，9章で環境保全と食料生産について詳しく見てきたように，近年，食料資源の劣化・枯渇が顕在化，深刻化し，その原因と因果関係が認識されるなかで，これらの問題が単に量的なものにとどまらず，根源的，不可逆的な問題を含んでいることが明らかにされつつある。それは，食料生産に代表される人類の経済活動の規模と度合が，地球環境の許容範囲，復元力を超えて拡大してしまう，あるいは超えてしまったのではないかという警告である。これらの議論には，多くの科学的な根拠が付与されている。とくに温室効果ガスの増加による地球温暖化に代表される気候変動の危機は深刻であり，大気や海洋の循環構造の変化や極端気象などによる深刻な影響が危惧されている。農業は，第一義的には極端気象などの影響を受ける被害者といえるが，一方では温室効果ガスの主要な排出源や吸収源という複雑な立場でもある。

科学技術によってこれらの試練にも打ち克つことが可能であるという人々も存在するが，現実は，そのような楽観論を許容できる状況ではない。現に，年平均気温は上昇を続け，南極や北極の氷の融解を止めることはできていない。食料生産の基盤である土壌資源は，岩石，生物，農業，気象の長期にわたる相互作用によって形成された地球表面の厚さわずか1mに存在する極めて貴重な資源であり，土壌劣化，砂漠化，塩類集積などによって一度破壊されたものの修復は短時間では困難である。アメリカ中西部穀倉地帯を支えてきたオガララ滞水層などの化石水も，涵養速度の遅い**非再生可能資源**であり，資源の回復は困難である。

21世紀で最も危惧されているは，J. Rockströmらが提唱する**プラネタリー・バウンダリー**の考えのなかで，すでに限界を超えているとして警告されている生物多様性の危機と窒素（反応性窒素）・リンのバランスの危機である（図10.1）。このいずれもが農業と深く関係している。このまま無策に時を過ごせば，人類の未来には計り知れない混乱がありうる。そのような事態を避けるため我々にどのような手段が残されているだろうか。

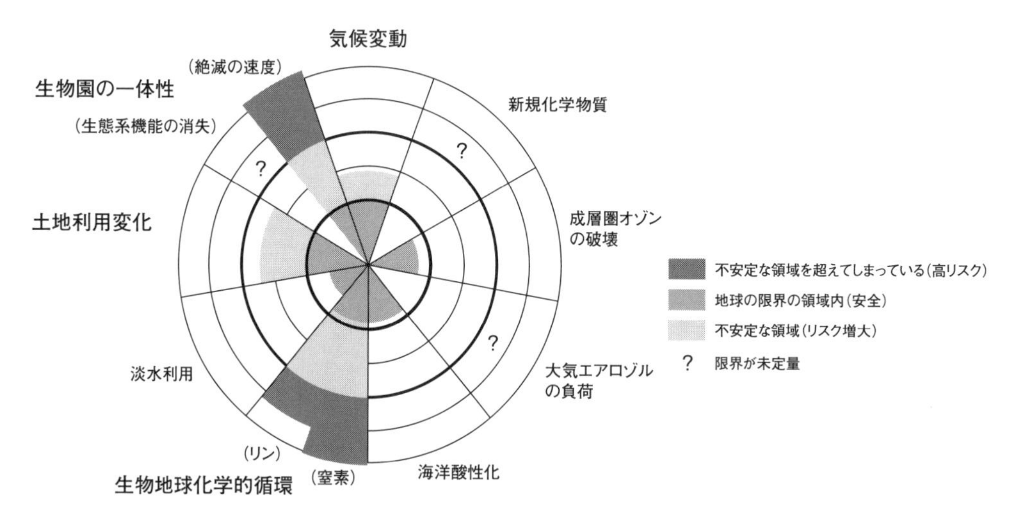

図 10.1　地球の限界(プラネタリー・バウンダリー)の考え方
出典：ストックホルムレジリエンスセンター，環境省
https://www.stockholmresilience.org/research/planetary-boundaries.html

10.2　食料・農業問題のボーダレス化

10.2.1　多様な食料消費

世界の食事は，地場で供給される食材を消費することを基本としつつ，地域の自然条件や歴史・文化的背景によって多様な展開を遂げてきた。一方では古くから食材を遠隔地から交易によって調達することも盛んに行われ，新大陸から西欧諸国へ大量の穀物が輸出されるなど，農産物は国際貿易の主役であった。運輸・通信技術の急速な発達によって，グローバル経済化が進展すると，貿易は拡大した。食料の加工度が上昇し，付加価値の高い食料加工品の割合が増加してきている。貿易による国際分業が進展すると，食料の輸入依存度が高まる国が増加し，食料の調達距離(**フードマイレージ**)も長くなってきた。高所得国では，世界中の食材を利用した多様で豊かな食生活が謳歌されている。

多くの国の食生活が貿易を通じて，世界の食料システムに組み込まれると，さまざまな問題が新たに生じることになった。輸出国の天候不順や物流の停滞が国際商品市況の変化を通じて地球の裏側の食料品価格に影響する。食料や農業を巡る問題は，多くの国で依然として地域の食料供給・消費の問題であるが，このような複雑に連鎖する国際的側面を無視しては解決できない。とりわけ，食料のカロリー自給率が4割を切る日本では，深刻である。

別の重要な課題は，食品の安全性や質に関する国際標準の問題である。残留農薬，動物ホルモン，食品添加物などの化学物質の安全性への各国による規制や，動物福祉，児童労働，環境汚染，遺伝子組み換え等に関する食品の製造工程，さらには栄養成分表示や原材料表示なども一国のみで解決できない問題となっている。

10.2.2　越境する農業課題

グローバル経済の拡大は，人や物の往来を盛んにして，多くの技術的課題も生じさせることとなった。国境をまたいで侵入する害虫，病原菌，病原ウイルス，生態系全体に影響する外来生物種などの流入の規模と速度が格段に上昇してきている。数年前にアフリカに到達して大発生した害虫，ツマジロクサヨトウは，トウモロコシ等へ大きな被害もたらし，すでに東南アジアにも進出している。アフリカ豚熱は，中国の養豚システムに未曽有の被害をもたらした。季節風に乗ってベトナム，中国から日本に毎年到来するイネの害虫ウンカは，起源地で薬剤に対する抵抗性を獲得し，防除を難しくしているという。鳥インフルエンザなどの**人畜共通感染症**が毎年世界各国で猛威を振るっており，野生動物の摂食が原因ともいわれる新型コロナウイルス感染症は，過去の類似の感染症とは比べられないスピードで世界全体に拡大し，食料システムを含む世界の経済システムに甚大な影響をもたらしている。

大気汚染物質や黄砂の飛来，国際河川の水配分や水質汚染など，周辺国との調整が必要な問題も多い。食料生産に不可欠なリンやカリの肥料資源は，一部の地域に偏って存在し，国際貿易を通じた供給がなされるため，政治的な輸出の遮断や関連企業の争奪などの問題も生じている。地球温暖化等の気候変動の問題は，そもそも地球規模の気候システムに関する課題であるが，現象としても水資源の枯渇，病虫害の発生，洪水や台風の頻発など，国境を越えた協力によってのみ解決可能な問題を発生させている。

食料資源をめぐる問題は，食料の国際移動によって自動的に国際化されている。沖大幹らが提唱した**バーチャルウォーター**の考え方は，食料の輸出入によってその食料生産に費やされた水資源も輸出入されるという考えであるが，日本は食料輸入によって膨大な量の淡水資源を海外で消費している計算になる。同じような計算は，土地資源でも，土壌・肥料資源でも，農業労働力でも可能である。つまり，食料貿易によって，輸入元や輸出先での農業問題，資源問題，環境問題が国際的に移転されているということである。アメリカ穀倉地帯の地下水層の問題も，アマゾンの森林破壊の問題も，日本の消費者と無縁ではないのである。

10.2.3　地球規模の課題

地球の限界についての認識が徐々に醸成され，人類社会共通の問題に対する取り組みの必要性が議論されると，課題ごとに共通の目標を設定する動きが出てくる。天然痘や小児マヒの撲滅などの保健分野と並んで早期から議論されたのが食料分野である。1996年の世界食料サミットでは，栄養不良人口の絶対数を20年間で半減するという意欲的な数値目標が決定された。これらは，

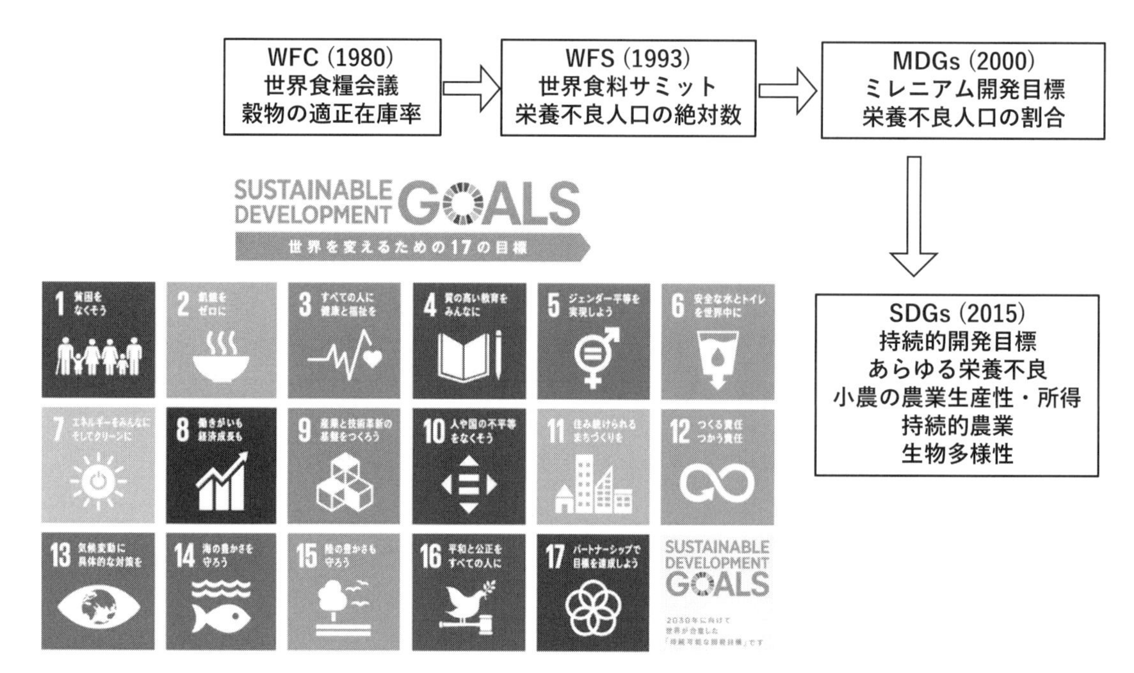

図 10. 2　食料分野の国際開発数値目標の変遷

https://www.unic.or.jp/files/sdg_poster_ja.png をもとに作成

2000 年に国連が採択する**ミレニアム開発目標**（Millennium Development Goals: MDGs）につながり，その後の 2015 年に採択された国連の**持続可能な開発目標**（**SDGs**）になって現在に続いている。

SDGs は，全体で 17 の目標（Goals）と 169 の具体的目標（Targets）で構成されており，多くの目標が食料・農業分野の課題と深く関連している。とくに，目標 2 の「飢餓を終わらせ，食料安全保障及び栄養改善を実現し，持続可能な農業を促進する」では，技術的な目標として，「2. 3　2030 年までに，小規模生産者の農業生産性及び所得を倍増」「2. 4　2030 年までに，持続可能な食料生産システムを確保」「2. 5　2020 年までに，遺伝的多様性を維持し，遺伝資源へのアクセスを促進」「2. a　開発途上国における農業生産能力向上のために，国際協力の強化などを通じて，農村インフラ，農業研究・普及サービス，技術開発及び植物・家畜のジーン・バンクへの投資を拡大」などが示されている。

また，目標 13 では「気候変動及びその影響を軽減するための緊急対策を講じる」，目標 14 では「持続可能な開発のために海洋・海洋資源を保全し，持続可能な形で利用する」，目標 15 では「陸域生態系の保護，回復，持続可能な利用の推進，持続可能な森林の経営，砂漠化への対処，ならびに土地の劣化の阻止・回復及び生物多様性の損失を阻止する」などの食料資源に関与する目標が掲げられている。

このほか，目標 12 の「持続可能な生産消費形態を確保する」では，「12. 3　2030 年までに小売・消費レベルにおける世界全体の一人当たりの食料の廃棄を半減させ，収穫後損失などの生産・サプライチェーンにおける食品ロスを減少させる」という具体的目標があり，このための持続可能なライフスタルに関する意識向上や開発途上国に対する科学的・技術的能力の強化などの手段も示されている。生産から消費にいたる食料システムのすべての過程を統合した取組の重要性が認識されている。

10.3　農業分野の国際協力

10.3.1　国際協力の始まり

第二次世界大戦以前の国際社会は，先進列強国による植民地争奪競争の社会であった。このため，食料増産技術の伝播などは，商品作物の貿易等を通じて自国を富ませるための手段に過ぎなかった。食料増産が必要となった終戦直後の 1945 年には，「人々に食べ物あれ」をモットーにする国連食糧農業機関（FAO）が設立された。日本は，1951 年に加盟した。戦勝国は，ヨーロッパの復興協力などを経て，独立を遂げた旧植民地に対する協力を開始したが，日本は, 1954 年なって「アジア及び太平洋の共同的経済社会開発のためのコロンボ・プラン」へ加盟し，援助国の仲間入りを果たした。一方では，愛知用水事業など，世界銀行からの援助（融資）の受益国でもあった。

1962 年は，国連と FAO の監督のもとに世界食糧計画（WFP）が設置され，開発途上国への食糧援助のための活動を続け，2020 年にノーベル平和賞を受賞したことは記憶に新しい。大戦後の東西冷戦の時代は，援助競争の時代でもあった。西側の資金によって多くの農業研究のための機関が設立された。日本でも有名な国際稲研究所（IRRI）も，この時期に米国の財団の資金で設立されている。また，多くの開発途上国で国立の農業研究所が援助資金によって整備された。

このころ，推進された穀物の増産技術が，緑の革命である。日本の小麦品種である農林 10 号などの優れた形質を引き継いで国際農業研究機関などで育種された多収量品種を導入し，化学肥料の投入と灌漑施設の整備によって，小麦とイネの収量を画期的に増加させることに成功した。アジア諸国の経済発展の基礎を築いたといわれている。当時 IRRI が育成したインド型イネ品種の IR8 は現在の多くの普及品種の基礎となっている。しかし，この技術の普及によって水資源の過開発，肥料・農薬の過剰使用，在来品種の消滅，貧富の格差の拡大など，負の側面がもたらされたことも指摘されている。

10.3.2　食料危機の不安

1973 年のオイルショックに端を発した食料危機は，輸出国による輸出規制とあいまって急激な国際価格の高騰をもたらした。日本を含む多くの食料輸入国は国際市場に依存することの不安を高め，ブラジルをはじめとする農業開発の援助事業を開始した。このころから，国家としての食料やエネルギーの安全保障という議論が開始され，定着していく。フードセキュリティー（広義の食料安全保障）の概念は，当初の総体としての供給量の確保という視点から，1996年の食料サミットでの議論を経て，食料が入手できるかというアクセスの視点と，最終的に調理して摂取できるかという視点が追加され，その後の人間の安全保障の議論へとつながっている。

日本の食料・農業分野の国際協力は，当初，戦後賠償の一環や日系移民の支援という色彩があったが，受益国からの申請主義という制約もあって，他の援助国のような際立った戦略は存在しなかった。しかし，食料危機が起こり，国内の食料自給率の低下が継続すると，次第に食料資源の確保のための国際協力という考え方が生まれた。ブラジルの不毛といわれた灌木（かんぼく）の平原を世界有数の大豆穀倉地帯に変貌させた日本のセラード開発事業はそのような事例である。一方では，農業分野の国際協力によって国内産業の競争力に悪影響を及ぼすのではないか（ブーメラン現象）という議論さえ盛んに行われた。食料サミット後の1999年に制定された食料・農業・農村基本法で初めて，「世界の食料需給の将来にわたる安定に資するため（中略）国際協力の推進」（第20条）という国の施策が明記された。

世界の食料不安を最も直接的に解決する協力は，食料そのものを供与する食料援助である。干ばつ，洪水などの気象被害や戦乱などによって引き起こされる局地的，一時的な食料不足に苦しむ人々に食料を届けることは，人道的で不可欠な協力である。日本も海外で調達した食料や輸入米などを使って食料援助を行っている。しかし，時に受益国と供与国の利害が一致すると大量の余剰農産物が開発途上地域の市場に流入して市場をかく乱し，却って現地での食料生産の妨げになるという事態が発生した。類似の弊害は，食料援助だけでなく，肥料などの資材の無償供与でも指摘されている。このような事態を避けるため，援助国間の余剰農産物に関する取り決めが作成され，WFPは食料援助によって現地の働き手を確保する農業生産基盤整備事業（Food for Work）を展開している。

10.3.3　大規模開発から生計向上へ

開発途上地域においては，就業人口に占める農業人口の割合が高く，経済開発に占める農業部門の重要性が高い。このため，経済開発の起爆剤としての農業投資が重要視された。開発金融機関である世界銀行グループやアジア開発銀行（ADB）などの地域開発銀行は，インフラストラクチャー投資の一分野として競って大規模な灌漑事業や農村での基盤建設事業に投資した。日本も例外ではなく，国内の稲作で培った技術を活用して世界各国で灌漑施設整備等の事業を行った。ケニアのムエア灌漑地区やタンザニアのキリマンジャロ山麓モシ灌漑地区は，東アフリカを代表する主要稲作地域となっている。稲作への協力は，

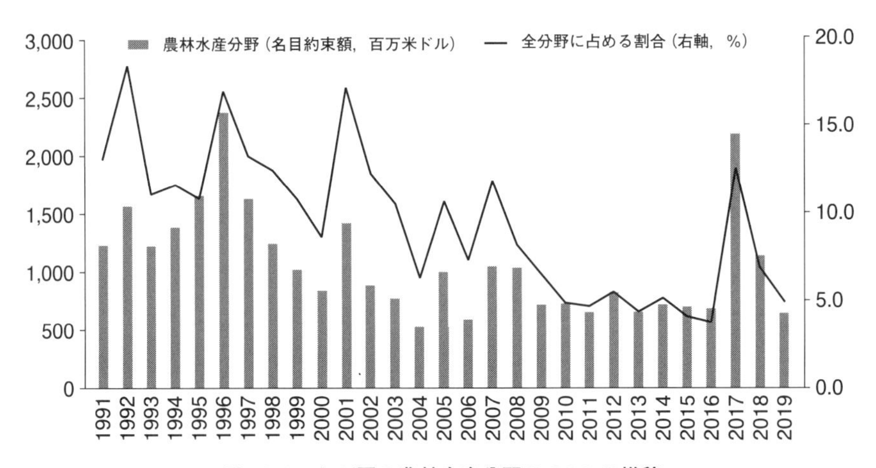

図 10.3　わが国の農林水産分野の ODA の推移

出典：経済開発機構 OECD，開発援助委員会 DAC

現在でも日本の対アフリカ援助（TICAD プロセス）の中核をなしている。このような開発事業は農業生産の外延的拡大に大きく寄与したが，当時は生物多様性や淡水資源の枯渇などに対する配慮が十分ではなかった。ソビエト連邦の主導による中央アジア諸国の灌漑農業は，その後広域の塩害をもたらし，広大なアラル海をほぼ消滅させる事態を招いた。

冷戦が終了して援助競争が収まると，援助の質に関する議論が高まり，人間開発や人間の安全保障が重視されるようになる。大規模開発から保健，教育などのソフト分野へ協力の重点が移動する。農業分野でも農村開発や生活基盤の改善，農家所得の向上が主題となっていく。また，セクター別の事業ではなく，多面的に生計を向上するための統合アプローチや参加型開発の方策が求められていく。国際協力の理念を指導してきた世界銀行も，経済成長志向の構造調整融資からより包括的な貧困削減戦略に路線を転換した。その後，リオ・サミット，MDGs を経て現在の SDGs に至り，より戦略的な国際協力の枠組みが確立していくが，この間にもさまざまな首脳級の国際会議，G8，G20 などで国際協力の優先分野について議論が行われ，食料問題は繰り返し中心議題とされている。

10.4　技術開発の国際協力

10.4.1　農業技術の公共性

一般に科学，学問の知は，国境を越えて広く周知，流布されて人類共通の財産である地球公共財となる。天文学の知見などがこれにあたる。一方，日々の生活に何らかの有用性をもたらすような技術の知見は，競争・競合関係などがある場合にしばしば秘匿化され，特許等によって権利化もされる。農業も産業である以上例外ではなく，新たな技術は，特許や品種の育成者権などの知的財産として保護される場合も多い。しかし，地域の異なる自然や歴史背景のもと，小規模で多数の家族経営で構成される農業では，共同体での作業や資源の共同管理などが当然のように行われてきた。篤農家の工夫や新技術は，周囲に流布されて共同体全体の技術水準を向上させた。

このような背景のもと，各国の政府は農業技術の開発普及を公的なシステムを用いて推進してきた。小規模で多数の生産者という産業構造では，技術開発投資が過小となる可能性が高いからである。日本でも明治以降，公的な研究機関が設立され，西欧諸国から講師を招へいして新たな農業技術の開発普及に努めてきた。産業がある程度の規模に育成されると自前の技術開発投資が可能となるが，農業については，現在に至るまで公的機関の役割が一定程度残っている。これは，農業技術を対象とする投資の収益率が極めて高い（Alston et al. によれば，43 %）にもかかわらず，知的財産として保護しにくく，投資がうまく回収できないという特徴による。日本で開発されたイモや果物などがすぐに周辺国で栽培されている状況をみると理解できる。圃場の栽培技術は模倣可能であり，種子は自家増殖が可能である。とくに，リスクの高い基礎研究や投資の回収が長期となる環境技術，持続性に関する技術に対しては，民間から多くの投資が望めない状況にある。

また，農業の技術開発は地域性が高いという特徴がある。生命現象の法則の発見などの研究は普遍的・世界的なものであるが，多くの技術は，特定の作物，特定の気候条件，特定の土壌条件，さらには特定の社会経済，文化的条件のもとで最適解が決定される応用技術である。工業製品のように，世界中で同じ製品を同じ設計図で製造することは困難である。このため，地域ごとのきめ細かな技術開発，技術適用，すなわち最適技術の考え方が必要となる。世界各国で地域ごとに農業研究所や普及機関が多数設置されているのは，この理由による。

しかしながら，経済のグローバル化が進展し，多国籍企業による世界市場の水平方向（地理的），垂直方向（業態間）の統合化が進むと，農業技術のグローバル化も一気に進展した。同じような品質・規格の加工原料の効率的な供給が必要とされ，その生産に必要な種子や栽培技術が必要となる。大手農業資材企業は，自家増殖に向かない一代雑種（ハイブリッド）種子や特定の除草剤への耐性遺伝子を組み込んだ種子などを開発，販売することによって巨額の利益を得るようになっていった。食料品の加工度が上昇するにつれて，最終商品から発想する技術開発が必要とされ，最終需要に近い民間企業による研究開発投資の重要性が先進国を中心に高まっている。先進国においては，農業分野の公的研究は，従来ほどの重要性を持たなくなりつつある。

10.4.2　国際農業研究

冷戦期においては，開発途上地域における経済発展と政治的安定を支える農業・食料分野の重要性が強く意識され，農林水産業技術開発のための国際研究機関が数多く設立された。他の産業や学問分野ではほぼ見られないことである。農林水産業技術には地域性があるが，開発途上地域に最適な技術を生み出すためには，共通する基盤的知見や画期的な育種素材などの先進的成果が不可欠であり，当時そのような機能を担う現地の研究機関や大学が十分ではなかったのである。世界銀行や米国の民間財団は，西側諸国の参画を得ながら，のちに国際農業研究協議グループ（CGIAR）の研究センターとなる多くの機関を設立した。

1963年に設立された国際トウモロコシ・小麦改良センターは，国際稲研究所とともに緑の革命を担い，1970年に小麦育種研究者のN. Borlaugがノーベル平和賞を受賞した。1966年にはアフリカ農業技術開発で重要な役割を発揮する国際熱帯農業研究所（IITA）が設立された。このほか，農業政策，農業経済分野で世界を主導する国際食料政策研究所（IFPRI）も1975年に設立された。現在15の研究センターが存在するが，学際的課題への対応，研究課題の重複排除や研究資金の効果的支出などを目的に，連合，統合（One CGIAR）の議論が継続している（図10.4）。先進各国は，資金の拠出や共同研究への参画によってこれらの機関を支援してきた。日本も一時期，世界銀行とならぶCGIARへの主要な資金拠出国であった。現在では，ビル・メリンダ・ゲイツ財団など新たな拠出元の発言権が高まっている。このほかCGIARに属さない国際的な研究機関も数多く活動している。

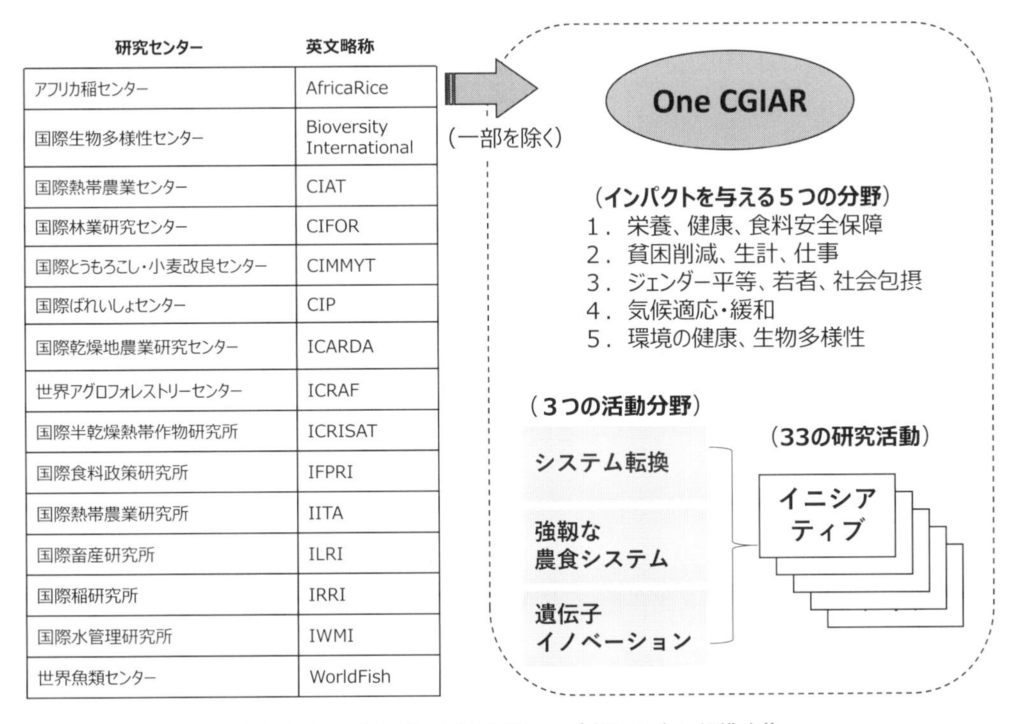

図10.4　国際農業研究協議グループ（CGIAR）の組織改革

一方，FAOを中心に，各国の国立農業研究機関，大学をネットワーク化して研究情報の相互利用や協調した研究活動を推進しようとする活動もある。世界各地域で組織化され，地域の優先課題の選定やセミナー開催などによる人材育成等を行っている。アジア地域には，アジア太平洋農業研究機関協議会（APAARI）という組織が活動している。さらに，先進国は独自の協力方針を掲げて二国間の協力を実施している。旧植民地などを主な対象とするフランスのCIRAD，国内の研究者を組織して周辺国に協力するオーストラリアのACIAR，大学教育との連携が特徴のオランダのワーゲニンゲン大学，開発途上地域機関と対等な共同研究を行う日本の国際農林水産業研究センター（JIRCAS）などがある。

10.4.3 生産性の技術開発

開発途上国における農業技術開発と普及において最も問題とされているのが低い生産性であり，とくに熱帯諸国などでは土地面積当たりの作物収量が低位である。低位である理由は，気候条件，土壌条件，灌漑や機械化の遅れ，過少な肥料投入，病虫害などさまざまであるが，収量改善のためには，新技術の開発ではなく，まず，同じような気候，土壌条件の試験場での収量と周辺農家の収量の差，すなわち**収量ギャップ**をなくすための技術の移転・伝播が重要とされている。公的な普及員システム，有志による農民学校，そして市場・仲買人による技術指導など，効果的な技術移転の方策を求めてさまざまな事業が国際協力の下で実施されている。国際的な協力によって世界各地の優良事例などが容易に導入され，改良される。このような技術普及事業でも農民参加型研究などを通じて現地の農業研究者が重要な役割を果たしている。

一方，生産性向上のためには，新たな技術や作目の導入や開発も必要となる。穀物についていえば，収量向上のための主な技術は，品種，灌漑，肥培管理である。このうち品種の開発では国際協力がとくに重要である。世界中に散らばる野生種や在来種，変異種など多様な遺伝資源を利用して有用な形質を導入する。緑の革命を支えた高収量品種は，茎の短い性質を利用しているが，穂の重さ，穀粒の数なども改良されている。収量性だけでなく，病虫害への耐性，干ばつや冷害への耐性，冠水耐性，さらには外見，味・栄養，栽培・収穫時期，倒れにくさなどの形質が各地で発見され，導入されている。近年では，遺伝子レベルで有用性が発見されると，その情報が国際的に共有され，育種に活用される。国際研究機関で作出された育種素材が各国の研究所に供与される仕組みも存在している。民間ベースの種子改良も盛んに行われている。とくに，トウモロコシや野菜などはハイブリッド種子が主流であり，収益事業として成り立っている。

化学肥料や化学農薬の施用や灌漑水利用，除草，畝たて，収穫方法などの栽培管理技術も収量に大きく影響する要素である。このような技術は地域性が高く，現地の条件を十分に考慮する必要があるが，病害メカニズムの解明や最適灌漑方法の選択，土壌微生物の関与，収穫機械の開発など国際的な先進知見の活用も必要である。この分野でも農業資材メーカーなどの民間企業，多国籍企業の役割が重要である。近年では，生産から収穫までの技術をパッケージ化して，企業の収益性を高めるビジネスモデルが増加している。

生産性の技術に関して議論となったのが，いわゆる遺伝子組み換え作物（GMO）である。除草剤（グリホサート）耐性大豆や害虫抵抗性綿花（土壌細菌 Bacillus thuringiensis：BTを利用）などが世界中に急速に普及している。これらは除草作業や害虫防除作業を画期的に軽減する技術であるため，生産者には受け入れられたが，消費者にとっては便益が見えず，不安が残る技術であったため，現在でも非組み換え食品を選好する消費者が存在している。ビタミンAを強化したゴールデンライスの試みも普及していない。現在では，遺伝子組み換え技術に替わって，他の生物由来の遺伝子を残さない**ゲノム編集技術**が行われている。その取り扱いは各国ごとに異なるが，育種技術全般の高度化にとって画期的な手法となっている。

10.4.4　持続性の技術開発

持続性の考え方は，1984～87年の環境と開発に関する世界委員会（ブルントラント委員会）で「将来世代のニーズを損なうことなく現在の世代のニーズを満たすこと」として示され，1992年のリオ・サミットまでに明確となり，10年後の2002年持続可能な開発に関する世界首脳会議（ヨハネスブルグ・サミット），20年後の2012年国連持続可能な開発会議（リオ＋20）で定着する。地球の豊かな資源を次世代に残すという点をめぐって，世代間の負担の公平性が問題にされたのである。1900年時点で16億人だった世界人口は2050年で90億人に増加するとも予測されているが，その後の人類はどの程度の人口で何千年，何万年にわたって世代をつなぐのか。気の遠くなるような時間をかけて蓄積された化石燃料や化石水，土壌資源，複雑な生態系，生物多様性をほんの数世代の期間で失うことの影響は予想すらできない。

持続性を確保するためには，限られた資源の利用を抑え，地球環境への負荷を最小限にする技術が求められる。このため，細分化されてきた農学は生態学，統合論，全体論のアプローチを必要としている。灌漑水を最小限に抑える点滴灌漑技術（ドリップ灌漑），異なる防除法の組み合わせによって化学農薬の使用を抑え，経済的被害を減らす総合的有害生物管理（IPM）技術や，風雨による土壌侵食に有効で南米等ですでに広く普及している不耕起・保全農業（NT/CA）技術など，さまざまな持続性技術が国際的な協力のもとで開発・改良されて世界各地に伝えられている。

持続性技術や環境保全型技術は，投入コストを減少させる場合はあるが，それ自体では必ずしも短期的な収量を向上させない。物理的な除草作業や有機肥料の施用など，かえって手間のかかる技術も多い。このような技術を普及させるためには，単に投入量の法的規制だけでは十分ではなく，技術の利用者に対して，長期的，環境的な利点を明確に示すとともに，消費者に対する情報提供を行い，技術の真の価値を市場価格へ反映させる取り組みが必要となる。このためには，長期にわたる圃場試験など，地道な研究による科学的データの蓄積が不可欠である。西欧を中心に発展した有機農業に対する認証制度は現在では多くの国で採用されている。

10.4.5　地球規模課題の国際協力

技術開発の優先課題は，時代とともに変化する。食料増産が要請される時代には収量性技術が，環境汚染が深刻となると環境技術が，温暖化が顕在化すると温室効果ガス削減技術が推奨される。研究予算やプロジェクトの採択は，時々の政策決定者や資金拠出機関（ドナー）の意向で柔軟に変更される。短期的なプロジェクト予算に依存する国際研究機関や開発途上国研究機関は，その都度研究開発の方向を変えなければならない。2000 年以降，原油価格が上昇するとバイオ燃料需要が高まったが，それにつれて穀物価格が高騰すると，多くの研究が生産性研究に回帰し，環境関連のプロジェクトは減少した。農業の技術開発は通常，成果創出に長期間を要することから，より安定的で腰を据えた戦略が求められるが，地球規模課題を明確に示した SDGs は，研究機関のみならずドナーへの技術開発の羅針盤として意義深い。

現在，最も急がれている技術開発課題は気候変動対応技術，すなわちカーボンニュートラルのための技術といってよい。農林業由来の温室効果ガス（GHG）の排出は全排出の 4 分の 1 を占めるとされ，また，農林業は光合成や土壌への隔離（炭素固定）を通じて二酸化炭素の吸収源となる。農林業が気候変動の「問題」ではなく，「解決策」の一部である，とされるのはこのためである。排出の削減や吸収の拡大は，緩和策技術と呼ばれる。水田からのメタン（CH_4）排出，畑地窒素肥料からの一酸化二窒素（N_2O）の排出，反芻家畜の消化管内からのメタンの排出などが主な排出源であるが，各国は協力しながらその削減技術を競っている。水田での間断灌漑技術，窒素肥料の硝化抑制技術，牛の飼料添加物技術などである。主要国は，農業からの GHG 排出抑制のための研究共同体（GRA）を組織しており，日本も議長を務めるなど積極的な活動を行っている。

このほか，森林・湿地の農地への転換による GHG の排出に対しては，既存の農地での収量増加が最も効果的な手段となる。化石燃料の代替としてカーボンニュートラルのサトウキビ，トウモロコシなどからのバイオエタノールや菜種，ジャトロファなどからのバイオディーゼル燃料利用が注目されたが，航空燃料等への利用を期待する一部の研究が継続されているものの，優良農地の作付転換などによる食料市場への副次的影響や，投入から廃棄に至るすべての工程のコストと環境負荷の比較考量（ライフサイクルアセスメント（LCA））から当初の期待は薄れ，需要も停滞している。

一方で，温暖化が進んだ場合の被害を軽減するための技術は適応策技術と呼ばれる。農業に対する影響は，すでに触れたように，気温上昇・降水量変化，海面上昇・塩水遡上，異常気象，病害虫の移動など多岐にわたる。適応策の技術開発は，熱帯地域や乾燥地域など，現に劣悪な環境条件で生産を続けている地域の技術開発と共通しており，多くの先進諸国が属する温帯地域での将来の問題を先取りする課題という意味で国際協力に適した分野ということができる。緩和策，適応策だけでなく，気候変動の影響評価も重要な分野である。リモートセンシング技術やビッグデータ処理技術の向上によって，精度の高い予測が可能になれば，効果的な対策技術の開発が可能となる。ここでも，地球物理的・生物的評価の大気循環モデル，作物モデルや経済評価モデルなどを統合するアプローチが重要となる。

食料生産，気候変動以外でも，多くの協力すべき地球規模課題がある。農業に関係するものだけでも，貧困解消，生物多様性の保全，食品ロスの低減，食品安全・栄養改善，水資源の保全，化学物質汚染除去など広範囲に及び，それぞれに国際協力が必要な技術課題が多数存在している。

10.5　食料資源の国際枠組み

10.5.1　農業遺伝資源

リオ・サミットの大きな成果の一つが，1992年の生物多様性条約（CBD）である。開発途上国や原住民の権利を明示して遺伝資源を保全することとされた。2010年になって名古屋議定書が採択され，遺伝資源の利用から生じた利益の公正で衡平な配分のルール（ABS）が定められた。農作物については，FAO等により食料・農業植物遺伝資源条約（ITPGR）が2001年に採択され，2004年に成立している。リスト化された35の主要作物と29の牧草種については，比較的簡易な標準手続きで育種素材等への利用が可能となっている。国際農業研究機関などが保持する遺伝資源を利用して，育種素材を作出し，開発途上国に配布できる仕組みは，この制度に依拠している。

遺伝子組み換え生物については，カルタヘナ議定書（改変された生きた生物（LMO）の安全性）が2003年に発効し，移動の制限が決められている。また，国際的に作物品種の育成者権（日本では種苗法で規定）を守るための植物新品種保護に関する条約（UPOV条約）の国際同盟加盟国（現在75か国）間では，最低限のルールが定められている。一方，新品種や有用遺伝子などの発明・発見を工業品と同じような特許権として守ることも可能であるが，権利の範囲は限られる。このほか，国際移動に関しては，世界貿易機関（WTO）の知的所有権の貿易関連の側面に関する協定（TRIPS協定）によって，農産物の原産地表示などが守られるが，原材料の遺伝資源の管理については意見が分かれている。

また，同じWTOの衛生植物検疫措置の適用に関する協定（SPS協定）によって，国境での動物検疫，植物検疫の制度や食品安全のための措置が認められている。

このように，農業遺伝資源については，複雑な権利保護，利用の制度があるが，これらは既得権を持つ国や企業の利益が絡んだ交渉によって成立した歴史的な妥協の産物であり，いまだに提供国と利用国の対立は解消しておらず，あいまいな分野も存在し続けている。今後，長期的な人類の福利にとってどのような国際システムが望ましいかという視点での制度設計が求められている。

10.5.2　気候変動の枠組み

気候変動への取り組みも，リオ・サミットで気候変動枠組条約（UNFCCC）として採択された。1994年に発効し，「締約国の共通だが，差異のある責任」を原則としている。1994年の京都議定書では，先進国のみにGHG排出削減義務が課されたが，2015年に採択されたパリ協定では，主要排出国を含む全ての国が削減目標を5年ごとに提出・更新することなど，歴史上初めて全ての国が参加する公平な合意となっている。また，農業にとって重要な各国の適応計画の作成や行動の実施，イノベーションの重要性，先進国による資金の提供，二国間クレジット制度（JCM）も含めた市場メカニズムの活用などが盛り込まれており，関係する農業分野での国際協力の進展が期待されている。

気候変動の課題については，1988年に国連環境計画（UNEP）と世界気象機関（WMO）により設立された国連気候変動に関する政府間パネル（IPCC）がある。政府の推薦などで選ばれた専門家で構成され，世界の科学者が発表する論文や観測・予測データから気候変動の現状，将来に関する報告書を作成する。最新の報告書は，2013〜14年にかけて報告された第5次評価報告書であり，第6次報告書は2022年の発表に向けて準備が進められている。

このような科学的エビデンスにもとづく専門家集団の意見が世界的な合意形成の基盤となる例は，IPCC以外にもいくつか試みられた。世界銀行主導の開発のための農業知識科学技術国際評価（IAASTD）は農業技術分野の好事例である。

10.5.3　新たな枠組み

デジタル技術の急速な進展により，科学技術の分野では，いわゆるオープンサイエンスが注目されている。農業分野でもCGIAR研究プログラムに参画する研究者は，成果へのオープンアクセスと研究データのオープン化のオープンポリシーに基本的に同意することが求められている。地球公共財的な農業技術研究においても，「学界，産業界，市民等あらゆるユーザーが研究成果を広く利用可能となり，その結果，研究者の所属機関，専門分野，国境を越えた新たな協働による知の創出を加速し，新たな価値を生み出していくことが可能となる。また，オープンデータが進むことで，社会に対する研究プロセスの透明化

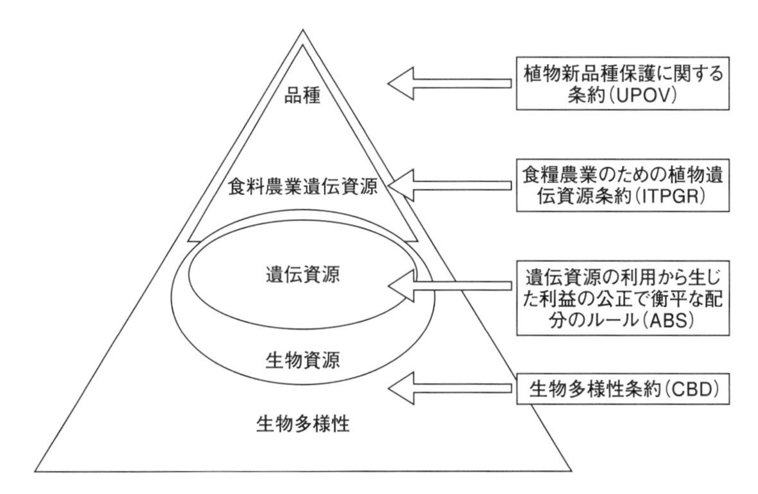

図 10.5　植物遺伝資源をめぐる国際枠組みの関係図
出典：生物多様性条約，FAO，UPOV 等の資料から作成

や研究成果の幅広い活用が図られ，また，こうした協働に市民の参画や国際交流を促す効果も見込まれる」（第 5 期科学技術基本計画）ことが考えられる。とくに，公共財的な性格をもつ動植物生命科学の基礎的研究，人類共通の課題である地球環境や自然資源，生物多様性などに関する知見は，広く一般に共有されていくことが求められる。

これまで，農業に限らず先進国間の政策協調は，経済協力開発機構（OECD）や世界銀行などでの分析報告や各種委員会での議論によって方向性が示されてきた。農業技術の優先課題等の議論に関しても，FAO の分野別レポートや農業委員会，食料安全保障委員会などの限られた枠組みのなかで合意形成が図られてきた。しかし，情報通信手段が多様化した現在，あらゆる所属・専門分野や国境を越えた新たな人々の協働による合意形成が可能となっている。FAO ではこのような手法によって数多くの報告書がすでに作成されている。さまざまな専門家グループや NGO 組織が国境の壁を越えてレポートを公表し，世界の世論形成に影響力を及ぼしている。スウェーデンの一少女 Greta Thunberg の「気候のための学校ストライキ」は広い共感を世界に与えている。21 世紀の食料資源をめぐる国際協力の枠組みもまた，このような市民社会の動向から離れては形成できない。とりわけ，消費者の意識・行動変容に関しては，変化の原動力となることが期待される。

10.6　まとめ―国益と地球益

本章では，食料資源をめぐる課題が人類の将来を左右する重要な問題であること，そしてそれが地球規模で複雑に絡み合って，国際的な協力なしには解決不能な問題であること，さらに国際社会が，第二次世界大戦後の国際秩序の変化に伴って紆余曲折を経ながら解決のための制度や仕組みを少しずつ整備してきたことを述べた。そして，より深刻化する地球規模課題の解決には，これまで積み上げてきた世界の食料システムのより抜本的な見直しが急務となっていることを示した。しかしながら現実の国際社会は，多国籍企業から市民一人ひとりに至るまで，市場経済システムのもとで互いに競争しながら日々の活動を継続している。大小各国の政府は，体制こそ異なるものの自国第一主義の政策，納税者優先の政策を続けている。最も頼りとすべき国連などの国際機関も，主要な資金拠出国の政治的な意図に反した方向転換は容易にできるものではない。

一方，近年これに対抗する一筋の光明がさしてきた。それは，市民，個人による行動変容である。「だれも取り残さない」というSDGs採択を契機に先進国，新興国，開発途上国のすべての個人・企業が，程度の差こそあれ地球規模課題解決への当事者意識を高めつつある。環境・社会・ガバナンスの要素を重視するESG投資では，従来の財務情報だけでなく，企業経営のサステナビリティ指向が評価され，気候変動などの地球規模課題を念頭においた投資選択がなされることになり，企業は否応なしの対応を迫られている。市民社会の合意形成が投資家・投資機関に影響し，企業を動かす構図ができつつある。

21世紀の食料資源をめぐる挑戦はこのような背景の中で検討される。楽観的かもしれないが，長期的には，多国籍企業などの企業益も，各国の国益も，次第に人類共通の地球益に収斂されていくことを期待したい。2021年9月には，人と地球が繁栄できる世界，貧困や飢餓のない世界，包摂的な成長，環境の持続可能性，社会正義の世界，誰も取り残されない強靱な世界を目指して，健全で，持続可能で，包摂的な食料システムを再構築するための国連世界食料システムサミットが開催される。SDGsの最後の目標17「持続可能な開発のための実施手段を強化し，グローバル・パートナーシップを活性化する」の6番目の具体的目標は，「科学技術イノベーション（STI）及びこれらへのアクセスに関する南北協力，南南協力及び地域的･国際的な三角協力を向上させる」である。

演習問題1　農業分野では，他産業と比較して，国際研究機関が多く設立され，国際共同研究も多く実施されているが，その理由としてどのような背景が考えられるか。

【解答例】　開発途上地域の農業には，技術改良によって投資に見合う生産性の飛躍的な向上が見込まれる一方，依然として資金力のない小規模な経営が多く，技術開発のための民間からの多くの投資が期待できない。また，先進国などが現地政府等と協力して，地域ごとに異なる条件のもとで効果的な農業開発協力を行うためには，投入資材等の物量援助だけでなく，技術の現地適応や改良のための研究，技術開発が不可欠となるが，現地の大学・研究機関は設備・人材等の面で十分な対応ができない状況にあった。これらの背景から，1960年代から80年代にかけて，各国共通の基盤となる技術の開発や育種のための素材などを提供するために，多くの国際研究機関が設置され，また，現地の農業現場の研究と先進的な基礎・基盤研究をつなぐための国際共同研究が効果的な手段として採用され，定着している。

演習問題2　持続可能性のための新たな技術が国境を越えて多くの生産者や流通・加工業者等に受け入れられるためには，どのような工夫や政策が必要と考えられるか。

【解答例】　持続可能性のための技術は，長期的には不可欠なものであるが，短期的な経済的便益をもたらさない場合も多く，国際的な競争環境のもとでの国境を跨ぐ技術普及は簡単ではない。脱炭素技術や化学物質の利用など，技術を特定・標準化できるものについては，環境規制としての国境措置が多くの国・地域で導入され，環境保全行動に対する補助金の制度がルール化されるなど，農業分野でも徐々に導入できる可能性がある。また川下からのアプローチとして，国際的に通用するGAP（Good Agricultural Practice）や有機食品等の認証制度のような，生産・流通過程での最終商品の差別化のためのラベリングなどが有効となる場合も多い。しかし，農業現場の持続性技術は，地域性があり，内容も多岐にわたり必ずしも個々の技術の境界や採否が明示できないものも少なくないことから，その隘路を解消するための国際的なガイドラインの制定などが重要となる。

Ⅳ部　地域社会をめぐる挑戦

11章 地域の共同力が支える農林水産業

農業は，さまざまな共同活動により支えられている。その背景には，「現代日本の農業は，高度に発達した市場経済に深く組み込まれながらも，他方で環境との広い接触面を有し，農業用水や農道といったコミュニティの共有資本に支えられる面を持つ」（生源寺 2006）という事情がある。生源寺はこのような状況を，日本農業の3層構造と表現した。肥料や農薬など農産物生産のための資材の購入や，農産物の販売など，市場メカニズムに組み込まれた部分を**上層**とする。上層を支える**中層**として農地をおき，地域に限定された売買や貸借にとどまること，農地の利用の形態が地域に正負の影響を与えることなどにその特徴があるとする。上層，中層が必ずしも日本農業固有の階層ではないのに対して，第3層（**基層**）を構成する，地域で共同利用する農業用水などのさまざまな地域資源は，日本農業を特徴づける要素となっている。基層が上層，中層を支えており，その維持保全には多様な共同活動を必要とすることが日本の農業農村の今後を考えるうえで重要な視点となる。

本章では，生源寺の**3層構造概念**をベースに置き，農業が地域の共同力に支えられている実態を概観したうえで，それを理論的枠組みに基づいて解釈する。その際，農業の基層に関わる共同が議論の中心にはなるものの，その他の共同についても可能な限り触れることとする。

まず11.1節では3層それぞれにおける共同活動の現状を示す。11.2節ではとくに基層に関連する共同の意義を理解するために，理論的な枠組みとしての「コモンズの悲劇」を紹介する。そのうえで，基層を構成する資源がコモンズの悲劇に陥る可能性があるものの，それを回避するために共同が重要な役割を果たし得ることを示す。11.3節では，農林水産業の持続性を確保するために，他の物で代替できない「資本」の将来世代への継承が重要なことを，共同に着目して論じる。11.4節は共通の目的を達成するための共同の組織としての農業協同組合および土地改良区の概要を示す。11.5節は，共同の今後を展望する。

11.1　地域の共同の全体像

本節では，農村地域における主要な共同を概観する。地域差は顕著であり，日本の農業農村が急激な変化の過程にあることから，ここで例示される以外の共同も多く存在し，その形態も静的なものではないことに留意する必要がある。

11.1.1　代表的な共同の形態

農村における代表的な共同をその形態に応じて分類してみよう。まず，何らかの目的をもって人々が集い共同作業を行う場合である。水路や道路の維持管理作業，祭事や葬儀など多くの地域で伝統的に行われてきたものがこの類型には多い。都会においても自治会で行う地域の清掃活動などがあるが，その規模や頻度は多くの場合，農村地域のそれと大きく異なっている。二つ目の共同は地域におけるさまざまなルールを作成し，必要に応じてそれを修正するかたちである。水路や道路の維持清掃や共有施設の利用に関するルールなどが典型的な例である。3つ目の共同は，何らかの組織を共同で設立し，その組織が構成員のために事業を行うケースである。農業用水施設などの建設や維持管理を行う，あるいは農産物の共同販売を行う場合などである。

コラム 1　日本は世界的に見ると灌漑大国

わが国農業における基層を構成する農業用水の重要性を確認するために，日本の灌漑に関する基礎的データを世界との比較で示してみよう。図 11.1 は，日本より灌漑面積が大きい 23 か国に日本を加えた 24 か国の灌漑面積と**灌漑率**（耕作面積に対する灌漑面積比率）を示したものである。日本は，灌漑率でみると世界 6 位であり，耕作面積の約 6 割で灌漑が実施されているまぎれもない灌漑大国である。そして，基層としての農業用水が重要な役割を果たしている国である。ただし，わが国の高い灌漑率はほぼ全面積が灌漑されている水田によりもたらされていることに留意する必要がある。畑地の灌漑率は 2018 年時点で 24.2%にとどまっている（農林水産省農村振興局 2020）。

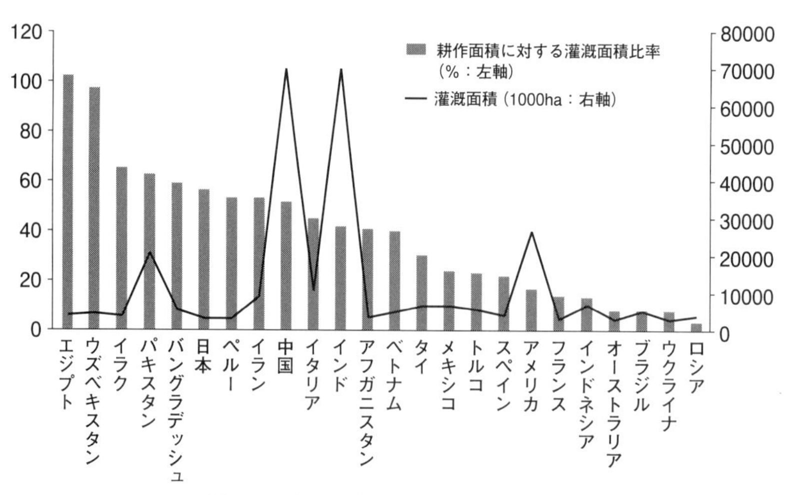

図 11.1　主要な灌漑国の灌漑面積と灌漑率

出典：FAO の AQUASTAT データをもとに筆者作成
注：灌漑面積は同データ中 Area equipped for irrigation: total を，灌漑率は % of the cultivated area equipped for irrigation を使用。いずれも 2017 年の数値

11.1.2　基層に関する共同活動

農業集落が，多くの地域においてさまざまな共同活動の場となっている。**農業集落**とは，「市区町村の区域の一部において，農業上形成されている地域社会のこと」であり，「もともと自然発生的な地域社会であって，家と家とが地縁的，血縁的に結びつき，各種の集団や社会関係を形成してきた社会生活の基礎的な単位である」（農林水産省 2015a）。

かつては居住者の大部分が農家だった農業集落は急激にその構成を変化させている。直近のデータでみると，約14万の農業集落の平均的な姿は図11.2のとおりである。地域によって大きな差はあるものの，集落の総戸数に対する農家数の割合は20%前後に過ぎず，2000年からの15年間でみてもその減少傾向は明らかである。住民の多くはもはや農家ではないのが，わが国の農業集落の実態である。

非農家が大多数を占める農業集落ではあるが，その多くでは依然として多様な，とくに基層に関わる共同活動が行われている。たとえば，集落内の農業用用排水路を保全している集落は全体の74%に及んでいる（図11.3）。また，農業用用排水路のみならず河川や水路を管理している集落も多数に及ぶ（図11.4）。それらの共同活動のベースとなる「寄り合い」も，約80%の集落で年

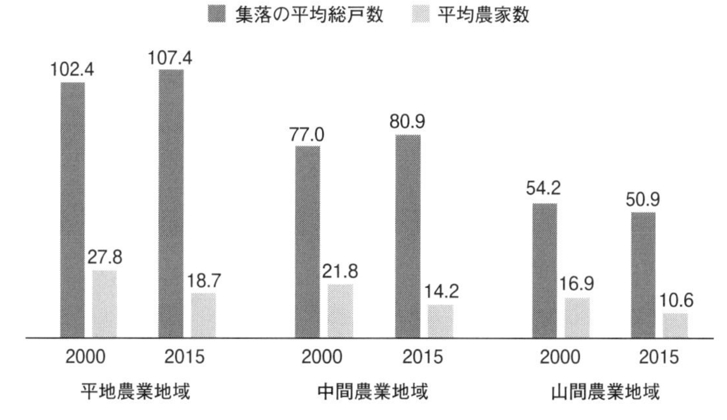

図11.2　農業地域類型別の平均的な農業集落の姿
出典：農林水産省「農林業センサス」のデータをもとに作成

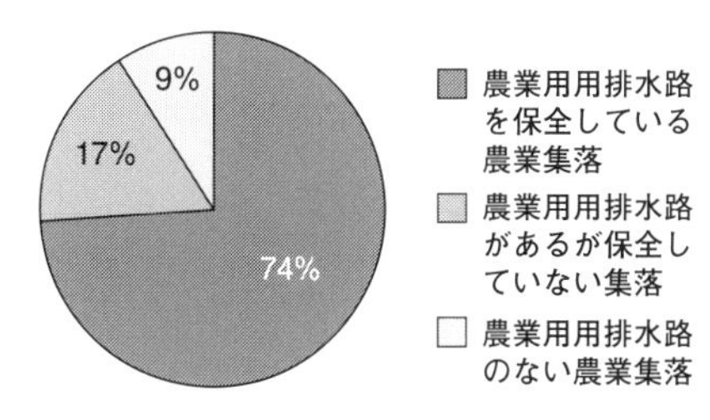

図11.3　農業用用排水路の集落による管理状況
出典：農林水産省（2020a）のデータをもとに作成

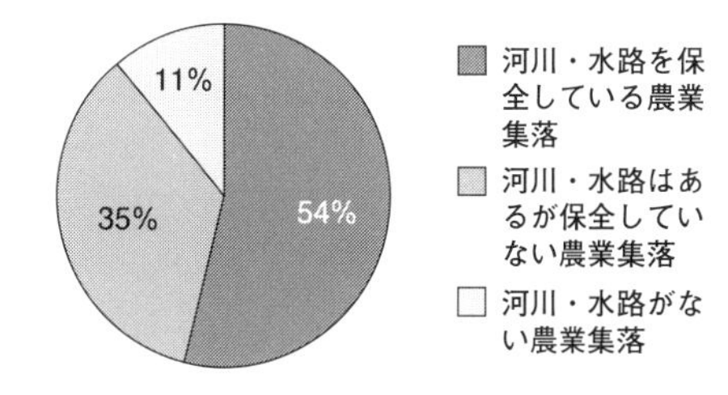

図11.4　河川・水路の集落による管理状況
出典：農林水産省（2020a）のデータをもとに作成

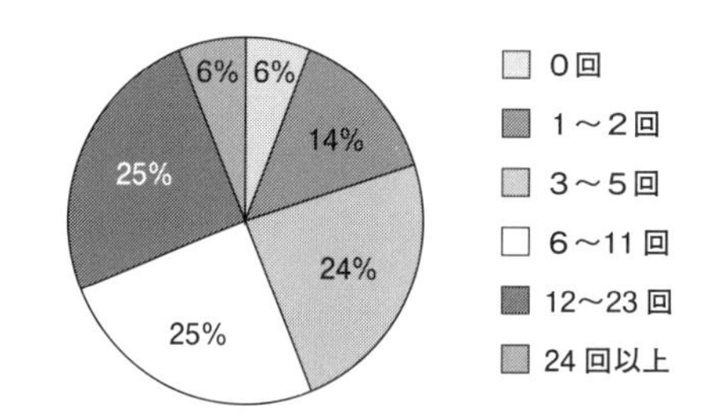

図 11.5　集落における 1 年間の寄り合い回数

出典：農林水産省（2020a）のデータをもとに作成

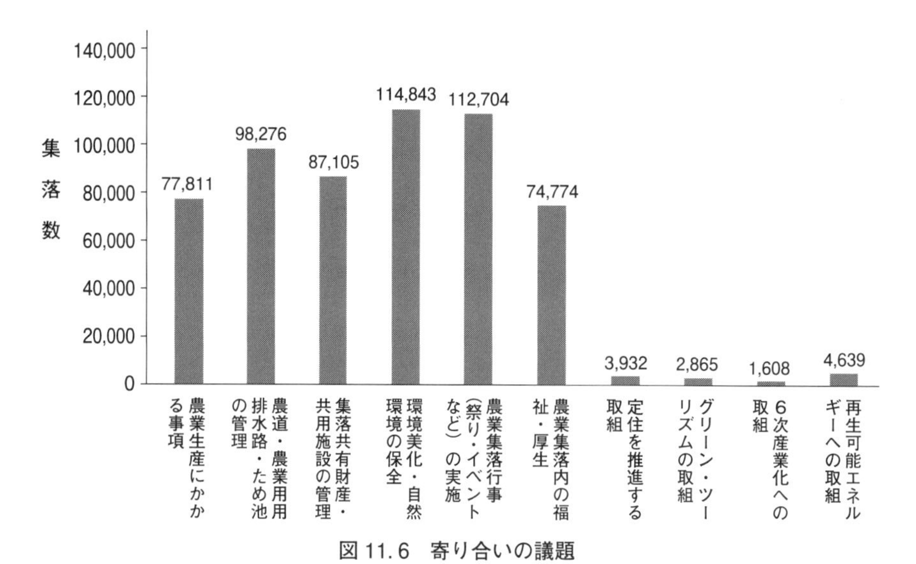

図 11.6　寄り合いの議題

出典：農林水産省（2020a）のデータをもとに作成

注：1 年間に寄り合いで議題となった事項について質問したもの（複数回答）

間 3 回以上開催されており，その議題の多くは共同活動についてである（図 11.5，11.6）。

基層に関わる集落を超えるレベルの共同は，農家を組合員とする組織である土地改良区によっても担われている。農業用水施設は一般的には，水源施設・取水施設，幹線用水路，支線用水路，末端用水路により構成され，この経路で用水が農地に配水される。これらの施設は土地改良区により建設，維持管理されることが普通である*1。

末端用排水路は前述のとおり多くの地域において，集落単位で維持管理されており，基層を構成する農業用水の管理は，地縁的・血縁的なものと共同組織的なものの二つの形態の共同による役割分担のもとに実施されている*2。

*1　大規模施設は国や都道府県が土地改良区に代わり施工する。ただし，建設後の維持管理については大規模施設の多くを含め土地改良区が担っている。たとえば，国が建設したダムや大規模な取水施設を含む基幹的な水利施設でさえも，その約 6 割を土地改良区が管理している（農林水産省 2020d）。

*2　最上流部のダムなどが国や都道府県により管理されている場合は，二つの形態の共同に公的機関が組み合わされる構造となる。

11.1.3　中層に関する共同活動

水田農業において急激な経営規模の拡大が進んでいる。図 11.7 が示す通り，10 ha 以上の経営面積を有する経営体が営農する水田面積の全体に占める割合

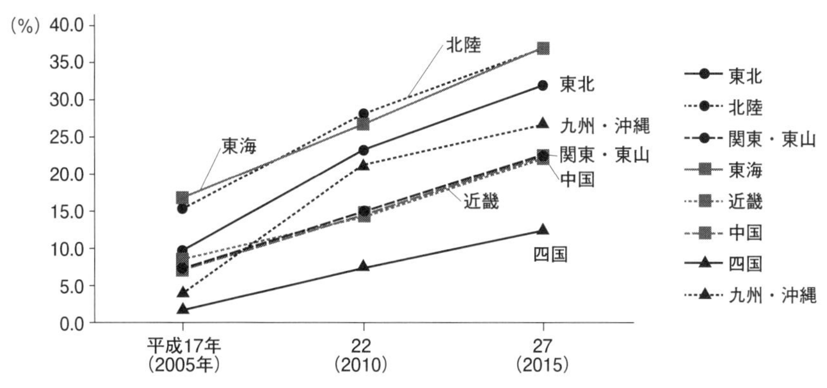

図 11.7　水田における経営規模 10 ha 以上の経営体が占める面積シェア（%）
出典：農林水産省(2017)のデータをもとに作成

は，多くの地域において2005年から2015年の10年間だけでみても20ポイント以上増加している。なお，この図には含まれていないが北海道では経営規模の拡大は都府県に比してはるかに速いスピードで進行している[*1]。水田経営規模の拡大は日本農政の積年の課題だったが，地域によっては経営規模が拡大した農家の農地が分散している状況の解消が最重要の課題になっている。経営農地が分散していると機械の移動や圃場の水管理などに多くの時間を要することから，分散自体がそれ以上の経営規模の拡大の阻害要因となるケースが多い。

＊1　農林水産省(2017)によると，2015年における北海道の経営耕地面積全体に占める10 ha以上の農業経営体の面積シェアは95%となっている。

経営規模の拡大の多くが農地の購入ではなく借入によっており，大規模水田農家の分散した農地を地理的に連続させる[*2]ためには複雑な調整が必要となる。耕作者Wが自身の耕作農地Aに隣接する農地Bを借り入れようとする場合，Bの所有者X及び耕作者Yの合意を得なければならない。多くの場合，XはYとの間の関係性（友人関係や親戚関係など）に基づき，相対（あいたい：仲介者を通さず直接に交渉すること）で貸借契約を結んでいるため，Xの同意を簡単に得られない場合がある。さらにYがやはり大規模農家であり，経営縮小あるいは離農の予定が当面はない場合，Yに対する代替農地が提供される必要がある。その際，運よくWが耕作する農地CがYにとって理想的な位置にあれば，BとCを交換すれば良いが，その際Cの所有者Zの合意も必要となる。一つの区画の農地を考えただけでも，連坦化は容易ではないことが理解されるだろう。

＊2　これを農地の集約あるいは連坦化と呼ぶ。

このような状況に対して農地の取引に関する中間的な団体を創設し，それを介することにより経営規模縮小農家から経営規模拡大農家への農地の所有権，あるいは耕作権（利用権）の移動を推進するとともに，同時に連坦化も加速する取り組みを農政は進めてきた。現在では，各都道府県に設置されている**農地中間管理機構**がその役割を担っている。

しかしながら，地域の農地所有者の圧倒的多数が農地中間管理機構に農地を貸し出さないと，同機構が連坦化した状態で大規模経営体に農地を再配分す

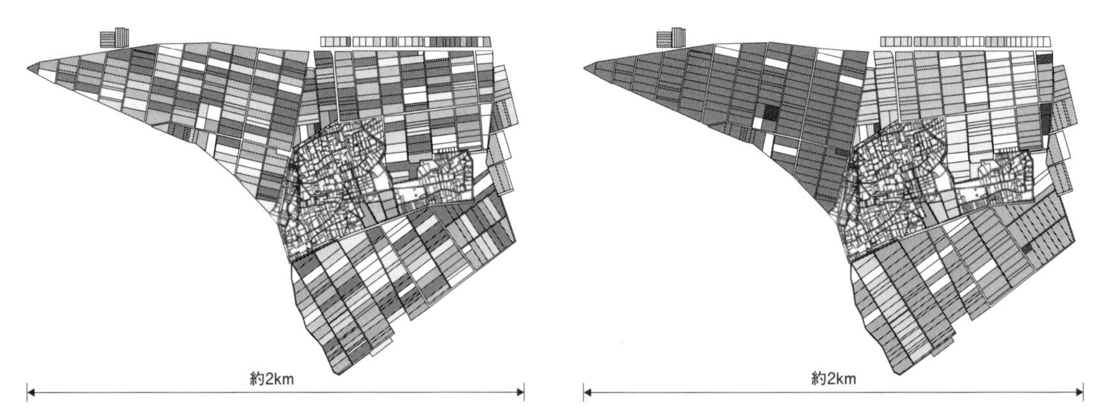

図 11.8　6 戸の担い手への面的集積が成功した事例（出典：新海農用地利用改善組合提供）
注：各区画の濃淡が 6 戸の耕作者の耕作農地を示している（白の区画を除く）

る機能を十分に発揮することができない。信頼できる知人への貸し出しを優先する所有者は，機構に預けることを躊躇するケースがあることを考えると，広域の連坦化は必ずしも容易ではない。

連坦化のために集落単位での調整が効果的な場合がある。図 11.8 は，それが劇的に成功したケースである。ここでは，早い段階から集落の農地の大部分が 6 戸の担い手に集積されていた。しかしながら，規模拡大は相対の取引で行われていたことから，6 戸の担い手の経営耕地は，多くの農村地域の経営体と同様に分散していた。ところが，この集落では集落内の農地所有者から構成される団体（農用地利用改善組合）を創設し，その団体のルールとして，所有者は 6 戸の担い手のいずれに所有農地の利用権が変更になってもかまわないとした。その結果，劇的な連坦化が可能となった（荘林・岡島 2014）。このような調整のベースには，集落内で維持されてきた共同力があったと考えられる。

11.1.4　上層に関する共同活動

多くの集落では**集落営農**と呼ばれる共同の営農行為が行われている。2020 年で見ると，全国で 14,832 の**集落営農組織**が存在する（農林水産省（2020b））。集落営農の活動内容は集落営農組織により異なり，また近年では複数の集落により構成されるものも出現するなど，集落営農の形態は多様ではあるものの，営農行為そのものが多くの農村地域において共同活動により支えられている。

一方，集落営農は中層とも大きく関わっている。たとえば 2015 年の調査によると，集落営農の活動目的を「地域の農地の維持管理のため」と回答した集落営農組織が 92％にのぼっていた（農林水産省 2015b）。高橋（2017）は集落営農とは「主に水田農業において，単一あるいは複数の集落程度の地縁的な範囲を単位に，そこに居住する多数の農家の参加とそれら農家からの出資や労働力の提供，あるいは，農地の利用調整などへの合意に基づき，地域農業が抱える問題を解決し，参加農家の効用（所得，家産の維持等）の向上を目的に取り組まれる活動をいう」としている。このような観点からも，集落営農は複数の層に関連した共同とみなすことが適切だろう。

また，上層に関連するより広範囲な共同組織として**農業協同組合**がある。肥料などの農業資材の共同購入，農産物の共同販売を通じて価格交渉力を高めること等を目的とする。水産分野には**水産業協同組合**，林業分野には**森林組合**がある。

11.2 「コモンズの悲劇」と基層の共有資源

ここからは，前節で示した3層に関わる多様な共同のうちとくに基層のそれに焦点をあてて，その意味合いを理論的な枠組みに沿って考察していく。その準備として本節では，3層に関わるさまざまなモノや資源の性質を考えてみよう。

11.2.1 財の分類と共有資源

1968年，世界的に最も権威のある学術誌の一つである「サイエンス」にアメリカの生態学者ハーディンによる論文「The Tragedy of the Commons」（Hardin 1968）が発表された。論文タイトルの「コモンズの悲劇」はその後の「**共有資源**」の持続的な管理に関する議論において最も重要な概念の一つとなっている。村人が共有する放牧地において，自らの経済的利益を増大させるためにある牧夫が放牧頭数を増加させる。それだけであれば放牧地は維持されるが，他の牧夫も同様に行動し，結果として共有放牧地の牧草再生能力を上回る水準で牧草が消費され，放牧地の機能を喪失する。個人としては合理的な行動であっても，それを多数の者が行うことにより資源容量を超えた資源消費が発生し，全員が不利益を被る。この状況を「**コモンズの悲劇**」とハーディンは表現した。

経済学の観点からこの問題を考えてみよう。経済学では，利用をめぐる「**排除可能性**」と「**競合性**」の二つの基準により財・サービスを4分類することが定着している。「排除可能性」とは財・サービスの利用について特定の者を排除できるか否かに関わる基準である。たとえば，富士山のもたらす景観サービスは誰をもその利用から排除することはできない。一方で，市場で取引される財・サービスは所有権者のみにその使用や利用が許される。前者は「排除不能」，後者は「排除可能」と分類される。また，富士山の景観サービスは，一人でそれを享受する場合でも，百万人で享受する場合でも，そのサービスの価値に変化はない。このように利用者数の増加が混雑（サービスや財の質の低下）をもたらさないとき，その財は「非競合性」を有するとされる。これに対して，たとえば誰かが使用すれば，その部分については他者が使用することが不可能なものを「競合性」を有するとする。この二つの基準により財・サービスを分類したものが表11.1である。

表 11.1　財・サービスの分類

	排除可能	排除不能
競合	私的財	共有資源
非競合	クラブ財	公共財

出典：マンキュー(2019)をもとに作成
注：排除不能で競合性を有する財・サービスについてはいくつかの呼称がある。たとえばOECD (2001a)は，排除可能性がまったく存在しない場合をオープンアクセス資源，地域コミュニティの外に対してのみ排除可能な場合をコミュニティ共有資源としている。Common Pool Resourceと呼称されることもある(たとえばOstrom 1990)。また，公共財をその便益の拡散程度によって地域公共財，純粋公共財に細分する場合もある。

市場で取引されるのは通常は**私的財**(および一部のクラブ財)である。その理由は，私的財の対極にある公共財に着目するとより鮮明になる。**公共財**は，二つの観点で市場での取引が適切ではない。まず，排除不能の場合，財・サービスに対する対価を支払わない者を，利用から排除できないことから，対価を全員から徴収できず結果としてそれらを販売することが困難となる，すなわち，民間企業による供給ができないからである。加えて，競合性を有しないことから，その財・サービスの利用者数を可能な限り多くすることが経済効率性の観点からは望ましい。したがって民間企業が「料金」を課すことによって利用者数を制限すべきではない。公共財が政府(あるいは自治体)によって供給されるべきとする根拠はここにある。

排除可能で非競合な財・サービスである**クラブ財**は，文字通り，テニスクラブやゴルフクラブのように，サービスを会員で共有するイメージのものである。排除可能なことから，民間企業による市場での供給が一般的には可能となる。

共有資源は排除不能で競合性を有する財・サービスである。コモンズの悲劇の可能性があるのがこの財である。排除不能なことから利用者が増大し，その結果，資源が再生不能なレベルまで枯渇，あるいは劣化する，それがコモンズの悲劇である。

排除可能性や競合性は財やサービスの種類に応じて一元的に確定するものではないことに注意する必要がある。たとえば水資源を例に考えてみよう。河川に安定的な水量があり，その利用者が少なく自由に取水が可能な場合は，非競合性，非排除性が同時に満足される公共財となる。これに対して，渇水時に需要が河川水量を上回る状態では競合性が発生し，共有資源となる。あるいは降雨量が年間を通じて安定している地域における地下水は，利用がなされたのちに短期に涵養されることから，競合性は多くの場合，発生しない。逆に，水源涵養を遠方の山脈の融雪水に依存する場合などは，利用に大きな競合性が発生し，典型的なコモンズの悲劇を引き起こす*。このように競合性は多くの場合，潜在的需要量と供給量の関係性に依存する相対的な概念である。

＊　顕著な事例の一つが米国のオガララ帯水層における灌漑による地下水位低下問題である。わが国でも工業地帯における過剰地下水利用が地盤沈下を招いた例がある。さらにはパキスタンなどでは地下水利用に伴い地下水位が低下し，その結果，地下深部の塩分をくみ上げることにより土壌が塩害被害を受けている。

排除可能性についても，排除のための費用の大小により該当するか否かが決まる。たとえば，パイプラインでは農業用水の配水を特定利用者に対してのみ中止する（利用を排除する）ことは技術的には容易である。一方，開水路の場合は，そこから各圃場に配水されるゲートを閉じれば配水を中止できるが，ゲート数が多いとその管理費用は極めて大きな水準に達し，技術的には可能でも費用の点で排除をすることが実質的に困難な場合がある。ただし，地域の農家の経営規模が拡大し用水利用者数が激減したうえで，各農家の耕作面積が連坦化されていれば，各農家への配水コントロールは容易になり，排除性を確保しやすくなる。このように排除可能性も，その財・サービスを提供する物理的なシステムや利用者数等に依存する相対的な概念である。

11.2.2　農林水産業を支える資源とその性格

上記の分類にしたがって，あらためて3層に関わるさまざまな財やサービスを分類してみよう（表11.2）。上層に関わる肥料，農薬，家畜などは基本的にはすべて私的財である。機械や乾燥機，精米機などは個別所有の場合は**私的財**，共同利用の場合は**クラブ財**となる（ただし，共同利用の場合に，需要が供給能力を上回っていれば共有資源となる）。林業，水産業の場合，伐採機械，漁船やそれを稼働させるための燃料，あるいは漁具などが代表的な私的財である。

中層の農地は私的財である。しかしながらこの私的財には，上述の通り，取引が地域に限定されることに加えて，その利用を通じてプラスの社会的価値（12章で詳述される多面的機能）をもたらす点に大きな特徴がある。多面的機能の多くは，個々の農地というよりも，一定の広がりを有する農地によってもたらされることが一般的である。北海道の畑作景観や，広範囲の水田が有する洪水防止機能などが典型的な例である。多面的機能の多くは非排除性，非競合性を有する公共財としての性格を有しており（OECD 2001a），地域の農地が全体としてどのように使用されるかにより，水準が異なるという特徴がある。

基層の資源の多くは，共有資源の性格を有している。たとえば典型的にはため池である。ため池により農地を灌漑している地域は今でも多い。ため池から過度に引水すると，干ばつ時に水不足をもたらし，ため池の利用者が全員不利益を被ることとなる。ダムの貯留水もため池と似ている。同様に，河川水を利用して灌漑を実施している場合も，上述の通り渇水時には河川水は共有資源としての性格を有することとなる。河川から取水されたのちに，用水路沿いの利

表11.2　農林水産業に関わる財やサービスの分類のイメージ

	排除可能	排除不能
競合	私的財：肥料，農薬，農業機械，農地，家畜	共有資源：ため池・ダム，河川の水源，水産資源
非競合	クラブ財：協同組合で所有する乾燥機	公共財：農地がもたらす多くの多面的機能，農業排水路

用者が自由に取水できる場合も**共有資源**である。水産業における魚資源もやはり典型的な共有資源である。農業排水路は一般的には**公共財**に分類される（人数に関わりなく溢水（いっすい）被害の軽減という便益は非農家も含めた居住者全員に及ぶ点で排除不能）。しかしながら，農業用の排水路としてもともと設置された経緯から集落が共同で管理することが普通であり，排水路の集水域の土地利用の変化などが排水路の通水能力を超えた排水をもたらす場合，地域の溢水というコモンズの悲劇を招くという点では共有資源としての性格も有している。

11.2.3　コモンズの悲劇を回避するために共同力がなぜ重要か？

上の分類を踏まえたうえで，基層における共有資源の保全に焦点をあてて，共同の役割について考えてみよう。コモンズの悲劇を回避するための有力な方法の一つが，共有資源の「私的財」への転換とその市場経済的な方法での配分である。具体的には共有資源を「分割」し，それを利用者に対してある種の「所有権」として割り当てる方法である。このように割り当てられた所有権のもとではコモンズの悲劇は発生しない。また，その所有権の売買を許容することにより，共有資源のより効率的な利用が可能となる（たとえば，マンキュー 2019）。

実際，共有資源の利用にこのような市場的手法を適用する実例は多い。典型的には温室効果ガスの**排出権取引**である。大気に一企業が温室効果ガスを排出するだけでは気候変動をもたらさないが，多数の企業や個人が排出を増加させることにより大気中の温室効果ガス濃度が上昇し，温暖化の悪影響が広範囲に及ぶ「悲劇」が徐々に発生している。そこで，温室効果ガスの排出に上限枠を設定したうえで，それを企業等に「排出権」として配分し，その売買を可能とするのが**排出権市場**である。あるいはいくつかの国で水利権の売買やリースが行われている。これも，利用可能な水量を水利権として利用者に分割し，その取引を許容するものである。また，水道用水と同様に使用水量に応じて料金を徴収し，料金を負担しない者への配水を停止する仕組みも海外には見られる（OECD 2010）。この場合も，灌漑用水の所有権を料金負担者のみに付与することで，共有資源を私的財に分割しているのである。6章で示された水産部門における ITQ（Individual Transferable Quota：譲渡可能個別割当）制度も共有資源の私的財化の代表例である。

一方で，2009年のノーベル経済学賞を受賞したエレノア・オストロームは，利用者が設定した使用ルール等により，多くの共有資源がコモンズの悲劇を回避していることを，さまざまな国の事例分析を通じて示すとともに，そのように長期にわたり持続した（悲劇をもたらさなかった）ケースに共通にみられる条件を明らかにした（Ostrom 1990）。スイスアルプスの共有放牧地，日本の3つの村の入会地，スペインの4つの灌漑地域，フィリピンの灌漑システムが事例として示されている。長期に持続した共有資源に見られた共通点として，①

明確に定義された境界，②資源の利用ルールと地域条件の整合，③利用ルールの変更プロセスへの利用者参加，④ルールを遵守しない者への段階的罰則適用，⑤紛争解決方法の存在などがあげられている。

オストロームが提示したこのような枠組みで基層の共有資源の管理を見てみよう。多くの農村地域では，渇水時の用水の配分について，番水という慣行的なルールを維持している。あるいは，排水路への土砂の滞留等による地域全体の湛水リスク増加を避けるために，排水路の泥上げ・草刈などの役割分担についても多くの農業集落で慣行的に定められている。11.1節で示した基層に関わる共同活動の多くは，共有資源の利用者により設定されたルールの下での共同行為であり，それによりコモンズの悲劇を回避しているとも言えるだろう。生源寺(2006)は日本の農業用水が長期にわたって存続した第一の理由として農業用水を合理的に利用するためのルールの存在をあげ，利用者による自主的な「管理」の重要性を強調している*。

＊ その際，ハーディンの論文から20年後のハーディン自身の『私の論文のタイトルは「管理されざるコモンズの悲劇」とすべきだった』という言葉を引用している。

11.3　長期の時間的視野の重要性

本節では，これまでの議論に時間的な観点を追加する。基層の保全には必然的に長期的視野が必要なことに加えて，より本質的には，農林水産業を支えるための共同自体の持続性確保が重要と考えるからである。

11.3.1　基層を巡る長期的視野の必要性

基層を構成する共有資源を構成する農業用水施設の多くは長期にわたりその機能を発揮することが求められる。上層での生産活動を支える農業機械などは数年から10年程度の耐用年数を経て更新されることが普通であるのに対して，基層を構成する農業用水施設ははるかに長期の耐用年数を有する。たとえば，河川からの取水施設の本体部分は50年程度の耐用年数を持つことが一般的である。したがって，施設の更新を行う際には50年あるいはそれを超える時間的視野を持つ必要がある。これらの施設が個人あるいは少数の農家では保全できないことを考えると，長期的な視点がなおさら重要となる。

11.3.2　社会関係資本の将来への継承

長期の時間的視点を必要とするのは，農業用水施設の耐用年数の長さだけによるのではない。より本質的には，農業農村の持続的な発展のために必要な「資本」の摩耗を他の資本で補うことが困難な場合が予想されるからである。

持続的発展について国際的に引用されることが最も多い定義の一つが，1987年に国連「**環境と開発に関する世界委員会**」(通称ブルントラント委員会)がまとめた報告書(Our Common Future)によるものである(The World Commission on Environment and Development 1987)。報告書は，持続的発展を「将来世代が自らのニーズを追求する能力を損なうことなく現在世代が自らのニーズを追求する発展」(筆者訳)としている。ここでポイントとなるのが，将来世代が自らのニーズを追求する「能力」である。「能力」は**人工資本**，**自然資本**，**社会関係資本**などの資本で表現されることが多い(たとえば，OECD 2001b)。人工資本は，建物や機械などの有形の資本のみならず，法律や制度など無形のものも含む。自然資本は，水資源，土壌，生態系，大気などである。

社会関係資本は「集団内または集団の間の協調を促進するような共通の価値や規範を有するネットワーク」(OECD 2001c)という文章で表現されることが多い。社会関係資本あるいは**ソーシャル・キャピタル**は，地縁的，血縁的な関係性に代表される「**ボンディング型**」(結合型)と，NPO 活動などに代表される「**ブリッジング型**」(橋渡し型)に分類される。集落の共同行為の多くは集落の中で育まれてきたボンディング型のソーシャル・キャピタルに支えられてきたといえるだろう。あるいは，土地改良区は複数の集落を包含する場合が多く，そのような点に着目するとブリッジング型と考えることができる。

持続的発展とはこれらの資本をいかに次世代に継承するかという問題に帰着する。その際，資本間の関係性をどのように捉えるかで持続性の確保の難易度

コラム 2　危機に瀕する農業用水施設

これまでに農業部門に投資された社会資本ストックの合計は，粗ストックベース(現存する施設の再建設費)でみると 70 兆円を超えている(内閣府政策統括官 2017)。そのうちの多くを農業水利施設が占めている。農林水産省農村振興局(2020)によると，2015 年時点で基幹的水利施設ストック(再建設費ベース)は 19 兆円にのぼっており，その他の水利施設も含めると 32 兆円に達する。基幹的水利施設のうち，取水堰の 36%，ポンプ場の 75%，水路の 40%が 2018 年時点で標準的な耐用年数を超過している。また，水道や港湾などの他の社会資本と異なり，農業部門の社会資本ストックがすでに減少傾向にあることも，問題の深刻さの一端を示している(図 11.9)。

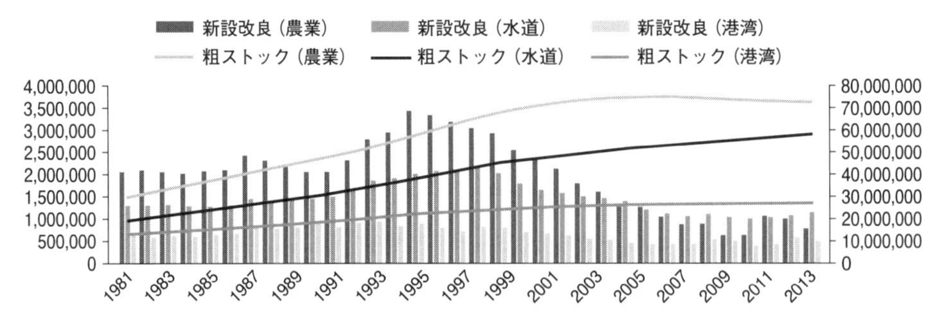

図 11.9　社会資本の新設改良費及び粗ストック額(2011 年価格，百万円)

出典：内閣府政策統括官（2017）のデータベースをもとに作成

注：農業部門のストックは「国，地方公共団体，土地改良区及びその他の団体の行う農業基盤整備事業並びに独立行政法人森林総合研究所の行う事業」(内閣府政策統括官 2017)

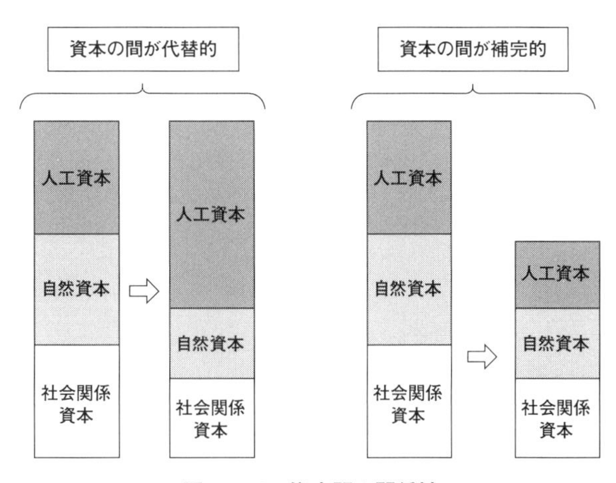

図 11.10　資本間の関係性

は大きく異なる（図 11.10）。自然資本や社会関係資本の減耗を人工資本で代替できるなら，技術的，制度的な革新が持続性を可能とする。典型的には，石油という自然資本の枯渇を再生可能エネルギー技術の革新で代替するというイメージである。このような持続性を「**弱い持続性**」と表現することもある（OECD 2001b）。一方で，資本間に補完性がある場合には大きく事情が異なる。補完性とは，たとえばパンとバターのように，両者が組み合わさることにより機能を発揮する，あるいは機能が高まるような関係性のことを言う。ある資本が減耗した場合，補完的な関係にある資本の機能も同時に低下することとなる（OECD 2001b）。たとえば，社会関係資本としての人々の間の信頼や共通の規範が減退した場合，それに基づく経済活動のコストは増加する。あるいは自然資本としての土壌が劣化すると，そのうえでの農業生産活動も停滞する。このように資本間に補完的な関係性がある場合は，それぞれの資本が「閾値」以下に低下すれば持続的発展は危機に瀕する。

持続性に関するこのような基本的理解を踏まえて，共有資源としての灌漑用水の持続的利用を考えてみよう。まず大前提として，地域の水資源が安定的に確保される必要がある。そのために，マクロなレベルでは気候変動対策や水資源涵養の観点での森林保全が重要である。これらの自然資本を活用しているのが人工資本としての取水施設，水路などの灌漑用水施設である。さらにその利用や維持管理を支えているのが集落の共同活動や共同のための組織である土地改良区の運営を可能とする社会関係資本である。

これら 3 つの資本の間には一定の代替性があり，それが一部の資本の不備や摩耗を補ってきた。たとえば，河川水量の季節変動を吸収するためにダムが建設され，集落による維持管理労力を軽減するために用水路のパイプライン化も進められてきた。前者は，自然資本を，後者は社会関係資本を人工資本で代替してきたのである。

しかしながら，共同力を支える農村地域の社会関係資本がその役割を終えたと考えることはできない。依然として，末端の用排水路の維持管理を共同作業に依存せざるを得ない地域は多いし，とくに排水路については，パイプライン化はできず，したがって共同の管理行為が引き続き重要である。また，渇水時の利用調整も干ばつ時にはやはり必要となる。それらを人工資本，すなわち技術的な手法で解決しようとする取り組みは重要であり，今後もその方向での進展は続くだろうが，社会関係資本が不要となる状況は考えにくい。

農村の社会関係資本が重要な役割を果たしうるのは，このようなケースだけではない。中層の農地利用の調整や，上層の集落営農組織の創設や維持などにも社会関係資本は重要な役割を担いうる。地域全体の農業をめぐる環境改善などにも共同活動は必要となる。さらに社会関係資本は何らかの共通の目的を達成するための「手段」としてだけではなく，人々の幸福度にも大きな影響を及ぼす場合があることが知られている（OECD 2001c）。存在自体にも意義があるということでもある。

人工資本で代替できない社会関係資本があるならば，農業農村の持続性を確保するためには，自然資本だけではなく社会関係資本をいかに次世代に継承するかが重要となる。人口減少の中で，既存の社会関係資本，とくにボンディング型のそれを単に保全することはますます困難になるだろう。しかしながら，依然として社会関係資本が様々な共同を育む可能性を有し，また，農村での生活の幸福度にも影響を与えるとすると，社会関係資本の新しい形態を構想しつつ，それを次世代に引き継いでいく必要がある。共同の継承に対しても長期の視野が必要となるのである。

11.4 共同のための組織

長期的な視野に立つとき，**農業協同組合**，**水産業協同組合**，**森林組合**，**土地改良区**など，構成員の共通の目的を達成するために設立される組織は重要な役割を担う。組織が適切に運営されれば，その組織は環境変化に対してより柔軟に適応できる可能性が高まるためである。そこで，本節では農村における二つの代表的な共同のための組織に着目してみよう。

11.4.1 共同による購買力や販売力の強化：協同組合

協同組合とは日本固有の組織でも，あるいは農林水産業特有の組織でもない。むしろ，多くの国や分野で共通にみられる組織形態である。協同組合組織の世界的な連合体である **ICA**（International Co-operative Alliance：**国際協同組合同盟**）では，協同組合を「共同で所有し民主的に管理する事業体を通じ，共通の経済的・社会的・文化的ニーズと願いを満たすために自発的に手を結んだ人々の自治的な組織」（日本生協連の翻訳）と定義している。ICA によると，世界には約300万の協同組合組織がある（ICA ウェブサイト）。日本には2017年時点で40,377の協同組合が存在し，そのうち，農業協同組合が1,224，森林組合が621，水産業協同組合が1,798ある（日本協同組合連携機構 2020）。これら3形態の総数は3,643で全体の約9%にすぎない。

このように，農林水産業分野に特有の組織ではないものの，依然として多くの農山漁村地域において協同組合は重要な役割を果たしている。たとえば農業協同組合でみると，2018年時点で639の総合農協（信用事業も実施している農協）が活動し，肥料，農薬，飼料，農業機械，燃料などの生産に必要な資材1兆666億円を組合員のために調達するとともに，4兆5679億円の農産物を販売あるいは取り扱っている（農林水産省 2020c）。同じ年の農業総生産額が9兆558億円であったことを考えると，農協の生産資材の購入事業や農産物の販売事業が依然として一定の重みを有していることが理解されるだろう。

一方で，農協などの協同組合は任意参加が基本であることから，組合に参加せず独自に資材の購入や農産物の販売を行う経営体も存在する。したがって，協同組合の持続性は，組合員に常に「選択」されるサービスを提供できるか否かにかかっている。本章では触れないが，近年の金融部門を中心とする農協改革議論においても，協同組合のそのような原点の重要性が改めて強調されている。

11.4.2　灌漑用水の共同管理：土地改良区

つぎに，基層の共有資源としての灌漑用水の利用を支える組織として極めて重要な役割を果たしている土地改良区を見てみよう。土地改良区は送配水を目的とする点では類似の組織である水道事業者とは大きく異なる特徴を有している。また，土地改良区に類似した農民組織は世界の多くの国で存在する一方で，わが国の土地改良区はその対象とする地理的範囲に関して特徴を有している。さらに，農協などの協同組合とも原理的な点で異なっている。

土地改良区は，1949年に制定された土地改良法に基づき設立される組織である。灌漑用水施設や圃場の整備のための工事や施設の維持管理を担う。同法では，土地改良区の制度を新たに定めるとともに，地主ではなく耕作者中心の事業の実施・運営をはかった。さらに，受益者の3分の2以上の同意に基づく申請が必要とし，事業不同意者も事業への参加が強制され，土地改良区が賦課する賦課金も税金に準じて強制徴収できることとなった（農林水産省100年史刊行会 1981）。

2019（令和元）年時点で全国には4,403の土地改良区がある。農林水産省が2016年度に実施した調査によると，土地改良区の約85%が農業水利施設の維持管理あるいはそれに加えて建設事業を実施している（農林水産省農村振興局 2018）。

このような組織形態の特徴は，たとえば水道事業と比較すると明らかである。

水道事業の場合，公的な給水事業者が施設の建設，維持管理を行い，利用者から料金を徴収することが一般的である。水道事業者は，投資や料金設定にあたって，利用者の同意を得ることなく意思決定を行う（水道事業者は自治体の公益事業を構成していることが普通であり，自治体議会の承認を得る必要はある）。

一方，他国の農業用水の送配システムと比較した場合も，わが国の土地改良区の役割には特徴がみられる。たとえば，多くの国では農業用水の送配水を担う農民組織が存在するが，それらの組織に配水する公的機関が上流部に存在するケースが多い。たとえば，米国では国家機関である内務省開拓局や州政府が水源から幹線水路に至る運営を担うことが普通である。パキスタンでは，州政府が基幹的な水路を広範囲に管理する。土地改良区が，農業水利施設の最上流部から末端水路まで，あるいは末端水路の直前までを一括して管理するのは，世界的に見るとむしろ例外的なケースとも言える。この点でも基層に関わる共同を多く要求されるわが国の特徴が現れている。

農協等の協同組合組織と比較するときに重要な点は，土地改良区の受益地域内農家の改良区への強制参加である。強制参加方式は農業用水の保全や管理に対する意欲が多様な組合員を抱えることになり，施設の維持管理に関するさまざまな調整を困難にする側面がある。一方で受益地域内のすべての農家が土地改良区という「場」を通じてつながることによる，新たな共同力の発揮の可能性も秘めている。

11.5　新たな共同力の行方

人口減少，高齢化，農林水産物貿易の拡大など日本の農林水産業および農山漁村を巡る環境は大きく変化しつつある。さらに地球温暖化は生産適地の変化などの直接的な影響に加えて，洪水や干ばつなどの極端な異常気象の増加をもたらす懸念もある。

このような中で，本章が焦点をあててきた農村の３層構造を巡る共同力の意義や必要性は今後どのように変化していくのだろうか。そして，その変化を踏まえながら共同力をいかに次世代に引き継いでいくべきなのだろうか。農業農村を規定する多様な地域特性を考えると，それに対する単一の答えを見出すことはできない。しかしながら，ここではいくつかの視点を共有してみたい。

まず基層を構成する共有資源の保全管理を巡る集落レベルでの共同である。先述のとおり，この点については技術進歩が共同の必要性に大きな影響を与えることは間違いない。一方で，渇水時の水利用調整に関わる共同力の維持は温暖化の進行とともに地域によっては一層の重要性を持つこととなる。排水路についても，やはり温暖化に伴う洪水頻度・強度の増加はその適切な管理をさらに必要とする。加えて，集落の農家人口の減少や経営規模の拡大は新たな共同の組み合わせを必要とすることになる。さらに基層の共同が上層や中層の共同のベースとなり得ることも強調されなければならない。

土地改良区を巡る共同についても新たな段階に入りつつある。生源寺（2013）が農業用水施設を巡る共同行動を危うくしているとした農地の利用と所有の分離に関してである。この点に関して，土地改良事業の参加資格（**土地改良法**3条にそれが規定されていることから3条資格者と呼ばれる）のあり方が多年にわたり大きな論点の一つとなってきた。**3条資格者**は，法律上は耕作者を基本とするが，長期にわたる事業費負担は土地所有者に課すほうが現実的との土地改良区の実務上の必要性を後押しする形で，土地所有者を3条資格者とすることが特例として国により認められてきた。その結果，地域差は大きいものの，土地所有者と耕作者が組合員として併存するケースが増加し，たとえば水利施設の更新事業について土地所有者と耕作者の意思が必ずしも一致せず，更新事業に対する同意取得が困難になってきた。そこで，土地所有者と耕作者のいずれかを各改良区の判断で3条資格者とするとともに，資格者ではなくなった耕作者あるいは土地所有者を準組合員とする内容の土地改良法改正が2018年に行われた。土地改良区を巡る共同の形態が耕作者を中心としたものに急速に移行するか否かの見極めは現時点では困難なものの，それが移行過程にあることは確かだろう*1。

さらに，共同に関する新たな需要も高まっていく可能性がある。たとえば，10章で示されたように，農業と環境の間の関係性をより良きものにしていく必要がある。その際，個別の農家ではなく面的に広範囲な取り組みが隣接する農家の共同により実施されたほうが，大きな環境改善効果を得られる可能性がある*2。その場合，土地改良区や農協などの，集落よりも広範囲をカバーしている組織が共同を促す重要な原動力になる事例がすでに見られる。たとえば，基層の共同活動を支援するために国が集落の組織などに支給している「多面的機能支払」の事務を土地改良区が担うなどのケースである。また，近年の田園回帰が漸進するなかで新たな形の共同の萌芽も各地でみられる*3。

生源寺（2006）が指摘する通り，農山漁村の共同がすべてプラスの側面を持つものではない。個々の自由を束縛する，あるいは，さまざまな新しい取り組みを生み出す際の障壁となる場合もある。農林水産業を巡る環境が大きく変化する中で，我々が直面する挑戦は，外に開かれ，多様性を包摂するような新たな共同（生源寺（2006）の言う「開かれたコモンズ」）をいかに構想していくかにある。

*1　たとえば，荘林・岡島（2017）は世代間公平性の観点から，減価償却費を含んだ維持管理費を耕作者に課す方式の検討が必要としている。

*2　農業環境改善のための農家の共同は欧州でも重要な政策事項となっている（荘林 2013）。

*3　農村における新たな潮流については，たとえば，（小田切・尾原 2018）を参照。

演習問題　あなたが居住している，あるいはしていた地域の共同活動と本章で示した農村地域の共同活動を比較してみよう。そのうえで，両者の間の相違点や共通点をもたらしている理由を，本章で示した枠組みを参考に考察してみよう。さらに共同活動があなたの地域では顕著には存在しない場合，その理由を考察してみよう。

【解答へのアドバイス】　まず共同活動の対象およびその「財」としての性格に着目してほしい。たとえば，近隣住民が憩う場としての公園の清掃活動を対象とする共同活動は比較的多くの地域で見られるだろう。公園は，誰でも利用でき，過剰利用による機能の低下が起こり得る「共有資源」に分類され得るケースが多い。すると，地域住民による清掃活動は，コモンズの悲劇の回避行動であり，農村部の水利施設保全に係る集落住民の共同管理活動と本質的には類似の形態と解釈できる。

さらに，共同の「ルール」に目を向けて欲しい。本章で示した農村地域における基層の水資源の管理については，地域において配水ルールなどが定められているケースが多い。あなたの地域で見られる共同のルールは具体的にどのような内容で，それを履行してもらうためにどのような工夫が講じられているだろう。たとえばあなたが農村地域の出身なら，ため池での用水利用についてユニークなルールはないだろうか？　共同活動を支えるルールの重要性についてオストローム博士の分析枠組みも参照しながら考察してほしい。

次に，共同活動の主体に着目してほしい。たとえば，自治会などの地縁的な共同活動が存在しない地域も，とくに都市部では多いだろう。そのような地域では，社会関係資本の弱体化がもたらすコモンズの悲劇をどのような手法で回避しているのだろうか？　自治体などの公的機関が規制や補助金などの方法を通しての関与を強めているのだろうか？　あるいは，NPO のようなブリッジング型の社会関係資本が地縁的社会関係資本の弱体化を補っているのだろうか？　たとえば，あなたが都会の集合住宅に居住している場合，共有スペースの維持管理は誰が担っているのだろうか？

このような比較の作業を通じて，共同活動の意義や課題への理解を深めてほしい。

12章 大切なのは農山漁村の多面的機能

農業の多面的機能というやや聞きなれない話題が本章のテーマである。1999年に制定された食料・農業・農村基本法では，この多面的機能が農政の根幹に据えられており，それ以降現在に至るまで農業政策を導く指針となっている。本章ではこの多面的機能をめぐる議論を整理しながら，まず，多面的機能とは何かを考える。また，多面的機能の価値やそれを支えるために実施されてきた日欧の農業政策を整理し，最後に日本で多面的機能を今後どのように捉え，活かすべきかを検討する。

12.1　風景にみる農業の多面的機能

戦後の日本社会の変容や急速な技術革新の進展により，現代の日本農業は多様性に富むものとなっている。その多様性は，たとえば図12.1と図12.2の2枚の写真からだけでも十分に感じることができるだろう。

図12.1は，8章で紹介されたICT技術が生み出したスマート農業の様子である。この写真ではトマトの収穫のロボット化が大写しになっている。8章でも紹介されていたように，施設園芸のスマート農業では暖房機，保温・遮光カーテン，二酸化炭素施用機などに基づいた自動環境制御が併用されて，品質や出荷量を調整することが可能になる。収量は高まるし，ロボットの導入によっ

図12.1　トマトの自動収穫ロボット
出典：農林水産省（2018）

図12.2　中山間地域の棚田の風景
筆者撮影（高知県大豊町）

て省力化が進み，労働生産性は大きく上昇する。

これに対して，図 12.2 は中山間地域の伝統的な水稲作の風景である。ここでは，環境を自動制御する仕組みもロボットも装備されていない。圃場の規模が小さいため，使用されている耕運機械はトラクターではなく，ティラーと呼ばれる小型で歩行式の機械である。また，収穫期もコンバインでなく，バインダーと呼ばれる稲を刈り取って束ねるだけのものであったりする。その生産効率は決して高いとは言えない。

このように，2 つの写真からは作物の違いを超えて生産効率の大きな違いを感じ取ることができる。しかし，両者の違いは生産過程に留まらない点にも注意してほしい。

もし，あなたが 2 つの写真の場所に立ったとしよう。そのとき，施設園芸の写真からは革新的な生産過程を支える科学技術が強く印象づけられるに違いない。ロボットだけでなく，二酸化炭素をハウス内に供給して収量を引き上げる技術や熱帯で栽培されたヤシの繊維を原料としてオランダで加工された人工培地などの新しい栽培技術に驚かされるかもしれない。他方，棚田の写真からは，山々を背景にした不整形な水田が織りなす風景の美しさや水田の中央に立つ祠の歴史に関心が向けられるのではないだろうか。

本章のテーマは棚田の風景から印象づけられる景観や文化に深く関連する。これらは棚田の稲作が生み出す副産物ともいえる存在である。こうした棚田の副産物には，やや趣が異なるものの，降雨時に棚田が水を貯めることによって生じる洪水防止の働きや地下水をかん養する働きなども含めることができる。これらの副産物は，一括して**農業の多面的機能**（multifunction）と呼ばれている。もちろん，農業の多面的機能は棚田や稲作に限られるものではない。それは，農業が生み出す農産物以外のさまざまな働きの総称であり，多くの人がその機能を受益するものと考えられている。

多面的機能は，農業が生み出してきたわけであるから，農業の生産規模が増減すると，多面的機能も連動して増減する性質がある。農業の生産が縮小しつつある現代の日本では，それに伴って多面的機能が大きく損なわれることへの危機感が高まっている。その危機感は海外でも共有されており，1990 年代初頭から EU 諸国を中心に農業の多面的機能をめぐる世界的な議論が展開されてきた。

12.2　多面的機能の捉え方

1990 年代の初頭に始まった多面的機能の議論は，10 年近く続いた。その間，多面的機能の定義や具体的な内容，さらにはその経済的評価についての議論や研究が活発に行われてきた。

多面的機能の捉え方についての合意形成に時間を要したのは，その機能の現れ方が国や地域によって異なるからである。また，その機能を認めることで不利益が予想される国や地域が存在する点も議論を長引かせた理由の一つである。

12.2.1　多面的機能をめぐる国際的な議論

多面的機能に早い段階で言及した文章としては**アジェンダ 21** がよく知られている。これは 1992 年の国連環境開発会議（UNCED）で採択された文章の一つであり，21 世紀に向けて持続可能な開発を実現するための具体的な行動計画である（United Nations 1992）。アジェンダ 21 は，その後の各国の環境問題を中心とした政策形成にも大きな影響を与えている。農業の多面的機能はその第 14 章「農業と農村の持続的な発展の促進」で触れられている。そこでは，明確な定義こそ与えられていないものの，食料安全保障や農村の持続的な発展に関わる重要性が指摘されている。

この時点では，農業の多面的機能は農業や農村の持続性を支える新たな考え方として国際的に受け入れられていた。しかし，1993 年に国際的な貿易ルールを決定する **GATT**（貿易と関税に関する一般協定）による農産物の貿易交渉（**ウルグアイ・ラウンド**）が実質的に妥結し，次期の貿易交渉の準備が始まると様相は大きく変化する（作山 2006）。きっかけは，オーストラリア・カナダ・ブラジルなどの農産物輸出国の集まりである**ケアンズ・グループ**が次期の交渉で農業の保護水準（補助金など）の大幅な削減を求めたことにある。

農産物輸入への関税や農業部門への補助金などの農業保護政策は，経済発展の進んだ国々では共通して導入されてきた。いずれの国においても農業は古くから基幹的な産業であった。しかし，工業部門が発展すると労働力が農業部門から工業部門へ移動するばかりでなく，労賃の安い海外の農産物との競合が激しさを増す。放置すれば農業だけでなく農村も著しく疲弊しかねない。農業保護政策はその防波堤として用いられてきた。

GATT による国際交渉では，ラウンドと呼ばれる多国間交渉によってこの農業保護水準を段階的にしかも着実に引き下げてきた経緯がある。また，GATT を引き継いで 1995 年に成立した WTO（World Trade Organization，国際貿易機関）でも同様の試みが続けられている。ケアンズ・グループの要求は，その農業保護水準の削減のペースをさらに加速しようとするものであった。

これに対抗する形で，世界的にみて農業経営が中小の規模にある 5 つの国と地域（EU，ノルウェー，スウェーデン，日本，韓国）は**多面的機能フレンズ**（Friends of Multifunctionality）と呼ばれるグループを形成した。図 12.3 にみるように，ケアンズ・グループを代表するオーストラリアの農業経営の平均規模は 3,000 ha を超えており，フレンズ諸国の EU（16.1 ha），ドイツ（58.6 ha），フランス（58.7 ha），日本（2.87 ha）をはるかに凌駕する大きさにある。経営規模の格差は生産費の格差を生む。したがって，ケアンズ・グループが主導する形で世界農産物市場の自由化が進めば，フレンズ諸国では農業生産ばかりかそ

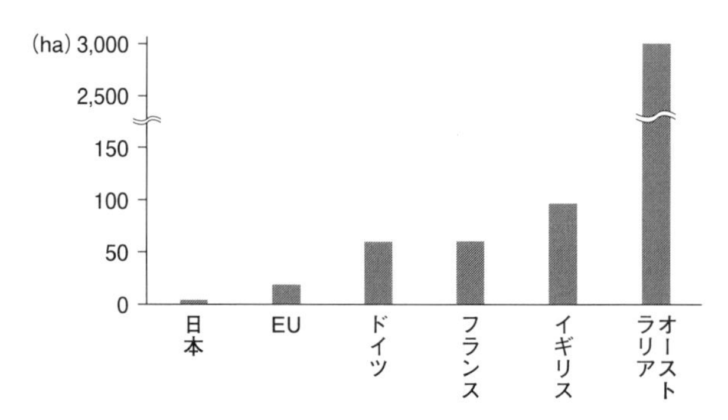

図 12.3 農業経営規模の国際比較
出典：農林水産省（2017）をもとに作成

れから派生する多面的機能も一気に失われかねない。そこで，フレンズ諸国は農業はその多面的機能と抱き合わせで評価すべきであり，その保全には農業の保全が欠かせないという立場を鮮明にしたのである。当然のことながら，これ以降，多面的機能は次期貿易交渉を見据える中で大きな争点となった（作山 2006）。

なかでも，議論が白熱したのは FAO であったという。**FAO**（国際連合食糧農業機関）は飢餓，食料不安及び栄養失調の撲滅などを目的に活動する国連の専門機関のひとつである。FAO では，アジェンダ 21 に農業の多面的機能の言及があったことを手がかりに，1996 年に多面的機能の議論が始められた。しかし，FAO の加盟国数は 192 に上り，ケアンズ・グループ以外にも農産物を輸出する途上国も多く参加している。このため，多面的機能を肯定する合意は得られないまま 1999 年を最後に FAO での議論は終結してしまう（作山 2006）。

12.2.2 OECD による農業の多面的機能の定義

FAO が多面的機能の議論に終止符を打つ一方で，その議論を深めて，定義を確立する国際機関もあった。**OECD**（経済協力開発機構）である。OECD とは，市場主義を原則とする先進国の集まりで，交渉ではなく，もっぱら議論により政策協調や国際ルール作りを行う機関である。OECD は 1972 年に環境政策の基本として知られる汚染者負担の原則を提言し，1980 年代には農業保護の水準を表す指標となる PSE（生産者支持推定量）を開発するなど，経済学をベースにした優れた業績を残してきた。また，加盟国は多面的機能フレンズを含む先進国であることは，多面的機能の分析を進める大きな素地となった。

分析を担当した OECD 農業委員会は，1998 年に分析に着手し，2001 年には「多面的機能：分析的枠組みにむけて」を公表する。そこでは，多面的機能が各国の農政改革において異なった意味合いで用いられてきたことを踏まえて，議論の出発点としての「暫定的な」定義がなされている。その定義は暫定的と称されてはいるものの，経済学に裏打ちされた厳密な定義となっている。

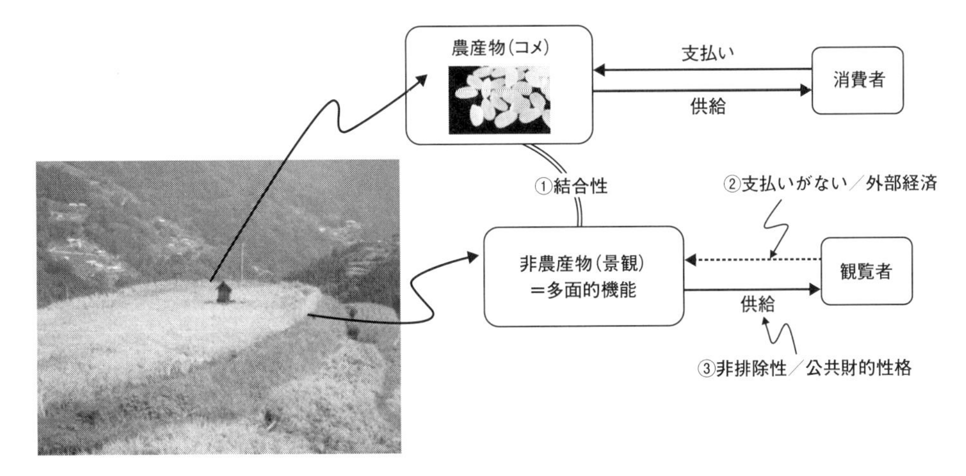

図 12.4　多面的機能の経済

それによれば，農業の多面的機能は「農業に付随して複数の農産物および非農産物が一体的に生産されること」，および「これらの非農産物の一部が外部性または公共財的な性格を具備していることにより，こうした非農産物に対する市場が存在しないかまたは十分に機能しないこと」の2つの条件から定義づけられている(OECD 2001)。

この定義には，経済学の3つのコンセプトが埋め込まれている。すなわち，**①結合性**，**②外部経済**，**③公共財的性格**である。このうち，結合性とは1つの生産過程から2つ以上の生産物が作り出されることをいう。たとえば，肉用牛から牛肉と革が同時に生産されるような状況である。多面的機能の場合には，農産物と非農産物が同時に生産されて，両者は結合生産物となる。たとえば，図12.2でみたような棚田の風景は明らかに稲作なしでは作り出せない。このとき，棚田の風景の提供という機能とコメという農産物の生産には結合性があるという(図12.4参照)。OECDの定義の第一の条件「農産物および非農産物が一体的に生産される」はこの結合性を意味している*。

OECDの定義を基礎づける2つ目のコンセプトは外部経済である。外部経済とは「経済取引に直接関与しない第三者にもたらされる利益」である(レヴィット 2018)。たとえば，養蜂業者の飼養するミツバチが果樹園の受粉率を上げて，果樹農家に増収をもたらす場合がある。一般には，この受粉率の向上には支払いがなされない。したがって，養蜂業者への対価を支払わないまま果樹農家は受粉サービスを受けることなる。このとき，外部経済が発生しているという。棚田の景観の場合でいえば，美しい景観を作り出してその観覧者に提供したとしても，一般には観覧者が観覧料金を稲作農家に支払うことはない(図12.4参照)。

* 結合性には強弱がある。たとえば酪農と放牧景観には結合性がみられるものの，酪農経営が飼料を外から購入するようになるとこの結合関係は失われる。こうした点検には厳密な議論が必要となる。詳しくは，OECD (2004) を参照。

支払がなされないという点は，3つ目のコンセプトである公共財的性格に密接に関係する。公共財とは「消費意欲を持つ人は誰でも利用可能で，他の人が消費しても有用性が変わらない財」を指す（レヴィット 2018）。再び棚田の事例で考えてみよう。棚田の景観は，さまざまな場所からその風景を楽しむことができる。よほどの特殊な地形でない限り，景観を楽しもうとする人を制限することは容易ではない。また，ある人が棚田の景観を楽しんでいるときに，他の人が同時にその景色を楽しんだとしても，その人の楽しみが奪われることはない。経済学では，このように「個人の消費を排除できない」状況を**排除不可能性**という。また，「一人の消費が他人の消費に影響を与えない」状況を**非競合性**という（レヴィット 2018）。そして，この 2 つの性質を同時に満たす財・サービスを公共財と呼ぶ。棚田が生み出す景観はまさに公共財である（図 12. 4 参照）。

経済学では，公共財は市場で取引ができないと考えている。その理由は，排除不可能性にある。いま棚田の景観を楽しむサービスを売買する市場を想定してみよう。この市場では，映画館のように棚田の観覧するための権利がチケットなどの形で売買されることになる。これを購入するとその景観を楽しむことができる。しかし，チケットがない人が景観を楽しめないかと言えば，そうではない。その景観はさまざまな地点から観覧できる。また，広い空間で景観をチケットなしで楽しむ人を排除するには膨大な費用がかかるので，こうした監視は実行されない。結局，チケットを売ってもそれを買う人がいなくなり，市場取引そのものが消滅してしまう。このように農産物と結合して生産される非農産物が外部経済や公共財的性格を持っているとき，「非農産物に対する市場が存在しないかまたは十分に機能しない」状況を生みだすのである。

いささか説明が冗長になってしまったので，図 12. 4 を使って OECD の多面的機能の定義の全体像をまとめてみよう。棚田からは稲作生産によってコメが生産され，消費者に供給される。その生産過程からは同時に美しい景観が生み出されている（結合性）。しかし，一般にはその景観を楽しむ観覧者から稲作農家は観覧の料金を取り立てることはない（外部経済）。なぜなら，支払をせずに観覧する人を排除できないからである（非排除性／公共財的性格）。OECD はこの 3 つが満たされたときに，多面的機能があるとする*。

＊　外部経済に加えて，公共財的性格を要件として導入しているのには，外部経済を生み出す財・サービス（たとえば受粉サービス）が市場で供給可能かもしれないからである。このときは外部経済の供給は民間企業に任せて，私的財（普通の財）として扱うがよい。詳しくは，OECD（2004）を参照。

多面的機能への支払いがなされないとすれば，その財・サービスの提供は多面的機能に結合された財への支払いのみに依存することになる。図 12. 4 でいえば，コメへの支払いに依存する。したがって，コメの収益が低下して生産が縮小したり，停止したりすれば，多面的機能が社会的にどれだけの価値を持とうと維持できなくなる。そこに，多面的機能を守るための政策の根拠が生まれるのである。

もっとも，どれだけの支援が必要かは多面的機能がどれほどの価値を持っているかによる。この点は，日本での多面的機能の理解を確認したのちに検討しよう。

12.2.3　日本における農業の多面的機能の理解

わが国では，多面的機能は1999年に成立した**食料・農業・農村基本法**で定義されている。これにより国内でも多面的機能という言葉が広く浸透し，市民権を得た。

多面的機能の定義は第三条（多面的機能の発揮）にある。条文は，多面的機能に関して「国土の保全，水源のかん養，自然環境の保全，良好な景観の形成，文化の伝承等農村で農業生産活動が行われることにより生ずる食料その他の農産物の供給の機能以外の多面にわたる機能（以下「多面的機能」という）については，国民生活及び国民経済の安定に果たす役割にかんがみ，将来にわたって，適切かつ十分に発揮されなければならない」と規定している。ここでは，農業生産活動が生み出す農産物以外のさまざまな機能を多面的機能とし，OECDの要件の①結合性を明記するとともに，国土保全，水源かん養，自然環境保全，景観形成などの事例は，②外部経済や③公共財的性格を強く意識するものとなっている。

また，食料・農業・農村基本法は，「食料の安定供給の確保」と「多面的機能の十分な発揮」，その基盤となる「農業の持続的な発展」と「農村の振興」を4つの基本理念とする組み立てになっている。そこでは，多面的機能は食料と並ぶ農業の産出物であるとの位置づけも明快である（図12.5参照）。

この基本法に先行する農政の基本法は1961年に制定された農業基本法である。この旧基本法では，農業と工業の生産性の違いが引き起こす農工間の所得格差の是正に力点があった（図12.5参照）。しかし，新基本法では，政策の方向がここで議論してきた多面的機能を基礎に据えた形に組み替えられている。農業に関わる基本法は半世紀近い時間を経て大きく様変わりしたのである。

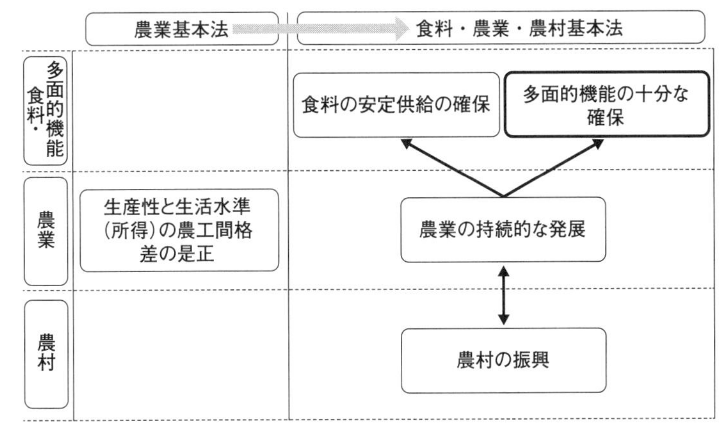

図12.5　農業基本法と食料・農業・農村基本法の比較

注：農水省（2010）より作成

12. 3　多面的機能の価値の計測

多面的機能は，市場で取引が行われない財・サービスである。したがって，その経済的な価値は市場での取引価格や数量を掛け合わせるといった通常の方法では評価できない。しかし，多面的機能を農政の基本法の理念に据えながら，その価値が測れないままでは国民の理解を得るのも容易ではない。

そこで，農林水産省は新しい基本法の制定の直後（2000 年）に，**日本学術会議**に対して，農業や森林の持つ多面的機能の経済的な価値の測定を諮問した。日本学術会議からは翌 2001 年に答申が提出されている（日本学術会議，2001）。また，これに続いて 2003 年には水産業及び漁村の多面的機能の内容及び評価に関する諮問がなされ，2004 年に答申が提出されている。

これらの学術会議の答申では，多面的機能が議論される背景や経緯，さらには，その定義についての議論をまとめた上で，農業及び林業の多面的機能の評価を試みている。

多面的機能のように，外部性や公共財的性格のある財・サービスの評価には，以前から**代替法**，**トラベルコスト法**，**仮想市場法**（**CVM**），**ヘドニック法**，さらには，**コンジョイント法**などの手法が用いられてきた。いずれも，環境経済学で発展してきた手法である（コラム 1）。

日本学術会議（2001）の農業の多面的機能の評価では，評価手法を代替法とし，評価対象も物理的な機能に絞っている。対象を物理的な機能に絞ったのは，社会的・文化的機能の定量化は困難が多く，誤解も生じやすいからとされる。

評価の結果をグラフ化したものが図 12. 6 である。

このグラフでは，日本学術会議の答申に農林水産省が推計した有機性廃棄物分解機能，気候緩和機能，保健休養・やすらぎ機能の評価額を加えて示すとともに，答申当時（2000 年）の日本農業の総生産額を合わせて表示している。

これによれば，洪水防止機能は，3 兆 4, 988 億円／年，河川流況安定機能は

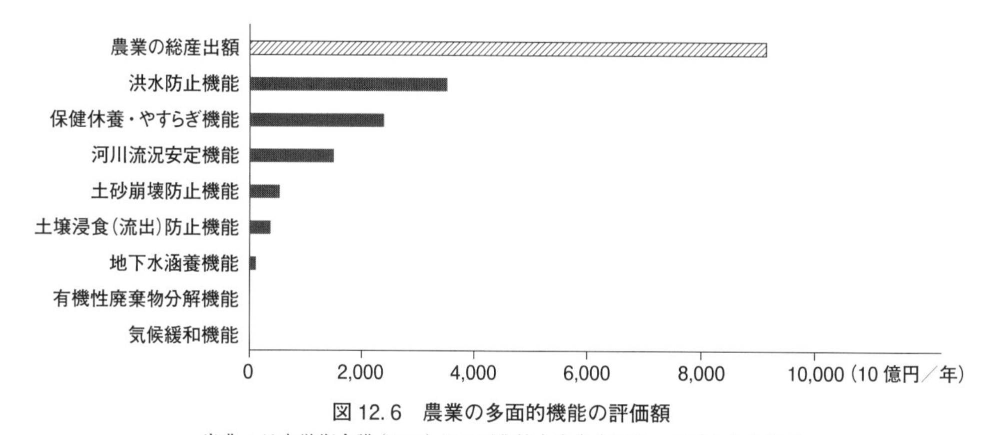

図 12. 6　農業の多面的機能の評価額

出典：日本学術会議（2001）および農林水産省（2018b，2021）より作成

1兆4,633億円／年，地下水涵養機能は537億円／年，土壌侵食(流出)防止機能は3,318億円／年，土砂崩壊防止機能は4,782億円／年，有機性廃棄物分解機能は123億円／年，気候緩和機能は87億円／年，保健休養・やすらぎ機能は2兆3,758億円／年の評価額となっている。

これに対して，2000年の農業総産出額は9兆1,295億円である(図12.6)。

推計方法の是非や精度についてはさまざまな問題が残されているものの，このグラフからは多面的機能の評価額が無視できない存在であることは容易に想像できる。

しかも，ここに示されている評価対象は物理的な機能が主体であり，従来から公益的機能として知られてきた働きに限られている*。しかし，多面的機能には，これらの公益的機能の他にも生物多様性の保全や地域文化の維持・継承さらには土地空間の保全といった領域がある。これらの機能の価値を考慮すれば，多面的機能の評価額はさらに大きくなるに違いない。

＊ 1980年には，農林水産省が同様な試算を実施しており，水源涵養(洪水調整含む)機能を8,500億円，土砂流失防止機能を1,000億円，土壌による浄化機能を1,400億円，保健休養機能を2,300億円などと試算している(永田 1988)。

12.4 農業の多面的機能を支える政策

冒頭にも述べたように多面的機能の国際的な議論は1990年代から始まっている。しかし，実際には多面的機能が失われることへの懸念やそれを支える農業政策は，こうした世界的な議論よりもずいぶん早くから始まっている。というのも，多くの先進各国では経済発展とともに農業の縮小が山間地域や土壌の条件が農業に不適な地域などで先行して発現したからである。こうした地域での生産条件の不利性や多面的機能に着目した政策は**条件不利地域政策**と呼ばれる。

コラム 1　多面的機能の評価方法

評価方法でもっとも分かりやすい方法は，代替法であろう。棚田の例でいえば，棚田がもつ降雨時の洪水緩和機能はダムを建設すれば代替できる。その費用を年間当たりに直して評価しようという方法である。トラベルコスト法は，レクリエーションサイトの評価を訪問者の訪問費用と回数から価値額を推計する手法である。また，仮想評価法(CVM)はアンケートなどによって個人の評価を直接に聞きだし，評価する方法である。たとえば，「10年後にはA地区の棚田がなくなると予想されています。現在の景観を維持するためにあなたは最大いくら払ってもかまないと思いますか」といった質問をして，そのデータから評価額を推計する手法である。

市場取引のない財やサービスの価値を測る試みは見えないものを形にする作業であり，刺激的でもある。興味のある読者は栗山他(2014)などから読み進めよう。

12.4.1　欧州における政策の展開

条件不利地域政策をいち早く導入したのは，イギリスであり，1940年代から丘陵地農業への対策が始まっている。戦後になると，1959年にスイスで山岳地域の牛飼養に対する費用助成制度が導入され，1972年にはフランスで山間地域政策が，また，1974年には旧西ドイツで山岳農民対策が導入されてきた。

このうち旧西ドイツの政策には条件不利地域の自然的なハンディキャップへの補償のみならず，景観維持に対する補償という性格も備わっていた。また，フランスにおいても，放牧されなくなった土地における草の倒伏によって雪崩が生じ，多くの犠牲者がでたことが山間地域政策の導入を加速したとされている（永田 1988）。いずれの場合も，生産性の低い地域への所得補償だけでなく，景観や雪崩対策といった多面的機能の維持に対する支援が明確に意識されている。

1975年になると，当時のEC（欧州共同体）が条件不利地域政策の導入を決める。これによって，加盟国の一部で独自に実施されていた政策がEC全体で実施されることになる。この政策の目的は，「営農を継続することによって，条件不利地域の最低限の人口水準を維持し，あるいは，田園空間を保全すること」にある（日本農業経済学会 2018）。ここでも営農の継続だけでなく，人口の維持や田園空間の保全という多面的機能に基礎を置く設計がなされている点に注目してほしい。

ECが規定する条件不利地域は山岳地域，条件不利農業地域，小地域の3つからなる。このうち山岳地域には標高と傾斜度が高いため，営農期間や機械利用が制限される地域が指定された。また，条件不利農業地域には農業依存度が高いにもかかわらず，生産条件に恵まれないため，人口が維持できない地域が指定され，小地域には特別のハンディキャップがあり，田園空間や観光資源さらには海岸線の保護が必要な地域が指定された（日本農業経済学会 2018）。

支払方法の詳細は，加盟各国の裁量にゆだねられており，たとえば，旧西ドイツでは条件の困難性に応じて飼料作付地1ha当たり80から180マルクが支払われ，農業所得の10%程度が補填されていたとされる（永田 1988）。

条件不利地域への支援は，その後幾度も繰り返される農政改革によって，農村政策あるいは農業環境政策の中に取り込まれていく。

現在のEU農政は**所得・価格政策**と**農村振興政策**の2つの柱から構成されている。条件不利地域への補助政策は，2つ目の柱である農村振興政策に組み込まれ，「自然あるいはその他特殊な制約に直面している地域への支払い（payments to areas facing natural and other specific constraints）」と呼ばれている。農村振興政策には条件不利地域政策以外にも多面的機能を支える多くの政策が導入されている。これらの政策の内容をみたいところではあるが，現在のEUの農業政策の構造は相当に複雑である。その理由の一つはEUが加盟国の上にある超国家であり，政策の原則をEUが決めて各国がそれぞれにそれを実施するという二層の構造になっていることにある。また，EUが拡大して加盟国が増える

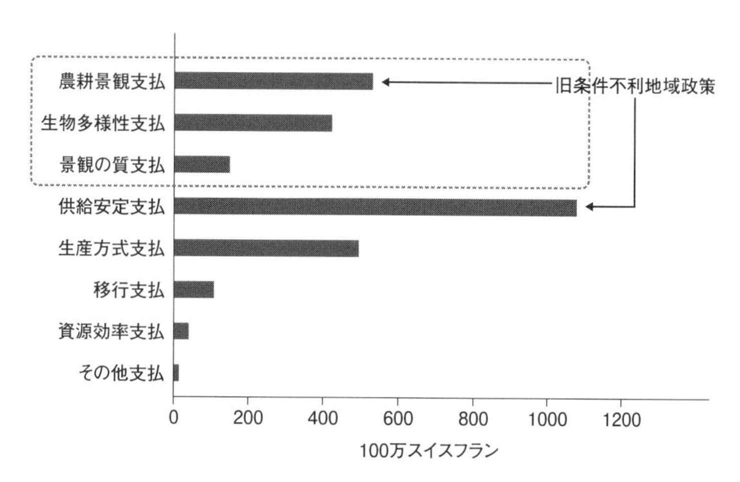

図 12.7　スイスにおける直接支払の構成（2020 年）
出典：BLM（2021）より作成

とともに，その仕組みはさらにその複雑さを増している。

そこで 以下ではスイス農政を紹介することにした。スイスは EU の加盟国ではない。しかし，EU 農政と並行して農政改革を進めながら，EU に準じた政策を展開している。また，政策決定の過程が明解であり，その仕組みもわかりやすい。政策を一国で展開してきているだけでなく，農業政策の大きな変更に際しては，その是非の判断を国民投票にかけるという仕組みをもっているからである。

スイス農政は，戦後一貫して国境措置（高額の関税など）を用いた強固な農業保護政策を実施していた。しかし，1992 年になると**直接支払**を核に据えた農業政策を構築し，EU 型の政策に大きく転換した（コラム 2）。現在のスイスの農業予算に占める直接支払の割合は，2018-20 年の平均で実に 83％に上る。まさに，政策の主軸である。その内訳は，図 12.7 の通りである。

多面的機能に関わる直接支払としては，図中点線で囲った農耕景観支払，生物多様性支払，景観の質支払の 3 つがある。このうち，農耕景観支払は，雑木がなく森林化されていない農地や傾斜地，夏季放牧地帯など景観に優れた農地の維持を目的とする助成金である。1950 年代に導入された条件不利地域支払

コラム 2　直接支払

直接支払とは，政府が農業経営者に直接補助金を支払う補助金をいう。その際，補助金は経営者の生産する農産物の生産量に依存しない形で支払われる点に特徴がある。

この制度の背景には，先進国各国が農工間の所得格差を埋めるために採用した農業保護政策（関税や補助金など）で，国内外の農産物過剰を引き起こしたことへの反省がある。現在，直接支払の多くは農地面積を基準に支払われており，その農地から生まれる農産物の量とは切り離して給付されている。この切り離しはデカップリングと呼ばれる。

図 12.8 スイスの農村風景

(山岳地域の牛飼養に対する費用助成)の一部は，この支払区分に組み込まれていると考えられる。また，生物多様性支払は，その名の通り生物の多様性保全・向上を促す助成金であり，景観の質支払はこれまで農耕景観支払の対象となっていなかった森林にある放牧地や栗林などの保全に対する助成金である(BLM 2021)。

このほかの直接支払は，多面的機能とは直接的には関係しない。供給安定支払は，食料の安定供給が目的であり，生産方式支払は有機農業や動物愛護の促進などが目的である。また，資源効率支払は農薬や化学肥料の使用量を削減し，農業による環境負荷を軽減するための助成金である。

多面的機能に関わる 3 つの直接支払を合計すると 10 億 9 千万スイス・フランになる。これは，2020 年の直接支払総額(27 億 9 千スイス・フラン)の 40% を占め，農業予算総額でみても 34% を占める大きさとなっている。

傾斜度の大きい条件不利地域に限られていた政策は，現在では農業の多面的機能を広く支える制度へと転換している。

ところで，スイスといえば図 12.8 のような景観がよく知られている。一見，牧草しかないようにみえるこうした草地で生物多様性支払がどのように実施されているかを簡単にみておこう(コラム 3)。

図 12.7 にあるスイスの生物多様性支払にはサブプログラムとして，採草・

コラム 3 アルプとアルム

アルプもアルムもアルプス山麓の夏季放牧地域を指す言葉である。標高が高いため，冬になると雪に覆われてしまうこの地域では春に牛を山に上げ，放牧が行われる。放牧される牛が搾乳牛であれば，その牛乳は山の上でチーズに加工され「山チーズ」として出荷される。大きな鈴や飾りをつけた牛が春と秋に山道を登り下りする映像をみたことがあるかもしれない。ちなみに，ヨハンナ・スピリ著「ハイジ」に登場するハイジの祖父の名前アルムは，ここに由来している。

放牧地を対象とした4種類の支払が含まれている。このうちのひとつである粗放的な採草地利用プログラムでは，少なくとも年1回の刈り取りが義務づけられ，地帯ごとに最初の採草時期が定められており，放牧も9月以降に限定されている。また，生物が多様であるかどうかを判定するために，草地にある植物のサンプリング調査も要件とされる。この結果をもとに草地にどれだけの生物多様性があるかが特定される。具体的には，地域ごとの生態系潜在力（regionales biologisches Potenzial）を示す植物リストを3種類作り，それぞれのリストの植物がどれだけ草地にあるかを点検して，多様性の程度を決める仕組みとなっている。支払は手厚い。たとえば，比較的なだらかな山岳地域（Ⅰ，Ⅱに区分される地帯）では，その草地の生態系潜在力が高いと判断されれば1,700スイス・フラン／haが支払われる。ちなみに，スイス・フランのレートを110円とすれば，1 ha当たり187,000円の支払となる。スイスの山岳地域の草地の平均面積は25 ha程度であるので，仮にすべての草地でこの支払を受ければ，総額は42500スイス・フラン（約468万円）にもなる。

12.4.2 日本における政策の展開

日本で直接支払という形の条件不利地域政策が導入されたのは，欧州の導入から四半世紀が経過した2000年である。食料・農業・農村基本法の理念に基づいたこの制度は**中山間地域等直接支払制度**と命名されている*。その目的は「耕作放棄地の増加等により多面的機能の低下が特に懸念されている中山間地域等において，農業生産の維持を図りつつ，多面的機能を確保する」ことにある（農林水産省 2004）。中山間地域等の農地が荒廃すれば，多面的機能が失われてしまう。この機能を保持するためにはそれと結合されている農業生産を維持・保全する必要があるというシナリオがここにはある。

＊ 中山間地域とは農林水産省の農林統計用語である。中山間地域には，林野率が高く農地割合が小さい地域等が含まれる。

支払の対象地域は，過疎法や特定農山村法，山村振興法などの自然的ハンディキャップによる地域格差の是正を目的とした法律の指定地域である。また，対象農地は，傾斜等により生産条件が不利で耕作放棄地の発生の懸念の大きい農地とされる。急傾斜地にある水田や畑，不整形な水田，草地比率の高い地域の草地などが含まれている。いずれも農業の生産条件に恵まれない条件不利地域の農地といえる。図12.2でみた棚田は急傾斜地の水田であり，ここで想定される主要な対象農地に含まれる。

このほか，対象農地は1 ha以上の一団の農地とし，そこで，協定を結んだ集落や個人が5年以上に渡って営農を続けることが支払いの要件とされている。この背景には，多面的機能を発揮するためには，一定の面的なまとまりのある農地を対象とすることが適当であるとの判断がある。日本の農業経営の規模は，図12.3でみたように極めて零細である。それぞれの農業経営が持つ農地だけでは多面的機能の発揮は難しいと考えられたのである。

支払額は，平地地域と対象農地との生産産条件の格差（コスト差）の8割として算定され，急傾斜地の水田には21,000円/10 a，やや傾斜度の小さい緩傾斜地の水田には8,000円/10 aが支払われる。また，畑については，同様に11,500円，3,500円とされた*。図12.2に示した棚田の地域では，水田はほとんどが急傾斜地であるものの，1農家当たりの水田面積は30 aに満たない。したがって，この場合の1農家当たりの平均受け取り額は63,000円程度になる。

* 10 aとは1 haの10分の1の面積である。100 m×10 mの面積を思い浮かべてほしい。

この直接支払で特徴的な点は，集落単位で協定を結んで集団的に営農を継続し，直接支払も集落単位で受給できる仕組みにある。これは世界に類例をみない。零細な規模と用水を共同して利用せざるを得ない農業形態が生み出した極めて日本的な制度といえる。

中山間地域等直接制度を皮切りに，日本では次々と直接支払を伴う制度が導入されてきた。新たな直接支払には，水田活用の直接支払や畑作物の直接支払などがある。これらは，スイス農政の直接支払を分類した図12.7でいえば供給安定支払に分類される支払であり，多面的機能との関連は薄い。しかし，他方では，**多面的機能支払**や**環境保全型農業直接支払**といった多面的機能と密接な関係をもつ支払も新たに導入されている。この2つの支払は中山間地域等直接支払と合わせて，**日本型直接支払**と呼ばれている（表12.1参照）。これらの直接支払は，2015年に成立した「農業の有する多面的機能の発揮の促進に関する法律」で明文化され，制度の持続性が確保された。

多面的機能支払は**農地維持支払**と**資源向上支払**の2つの支払からなる。農地維持支払は草刈り，水路の泥上げ，農道の路面維持等の活動などを対象とし，資源向上支払は水路，農道，ため池の軽微な補修や農村の景観づくり活動などを対象としている。さらに，環境保全型農業支払では，化学肥料・化学合成農薬の半減と合わせて地球温暖化防止や生物多様性保全等に効果のある営農活動（有機農業や緑肥栽培など）を実施する場合に支払われる。

支払の単価は，中山間地域等直接支払（水田）が最大で22,000円／10 aで，有機農業への支払（環境保全型農業支払のプログラム）がそれに次いで高く11,000円／10 aとなっている。最も小さい単価は草地への資源向上支払であり，120円／10 aとなっている。

表12.1　日本型直接支払の内訳と予算　（百万円）

直接支払の名称		目　的	予算
多面的機能支払	農地維持支払	水路・農道等の管理を地域で支える共同活動を支援する。	48,652
	資源向上支払	地域資源（農地，水路，農道等）の質的向上を図る共同活動を支援する。	
中山間地域等直接支払		中山間地域等において，農業生産条件の不利を補正することにより，将来に向けて農業生産活動を維持するための活動を支援する。	26,100
環境保全型農業直接支払		自然環境の保全に資する農業生産活動の実施に伴う追加的コストを支援する。	2,450

出典：農林水産省（2020）より作成

スイスやEUの支払制度と比較してみると，中山間地域等直接支払とならんで多面的機能支払の特異さが際立つ。この支払のように営農のためのインフラ整備への直接支払は欧州にはみられない制度である。また，それを農業者以外も含めた地域社会で支える仕組みも見当たらない。日本では農業者の数が激減し，これまで地域で担ってきた農業生産のための地域のインフラの管理ができなくなりつつある。多面的機能支払はその実情を反映した設計となっており，その意味でこの支払も日本的な制度となっている。

日本型直接支払の予算（2020年度）は総額でおよそ772億円に上る。これは，水田活用の直接支払や畑作物の直接支払といった多面的機能以外の直接支払を含めた直接支払の予算総額（5, 885億円）の13. 1%を占める。また，農業政策の予算総額*の5. 3%を占める。スイスの比率がそれぞれ40%，34%であったことを考えると，その差は歴然としている。

＊　農業政策に関連する予算だけを抽出し，そこから農林水産省の共通予算や組織の維持に係る人件費，研究調査費などを除いたものを計上した。およそ，予算総額は1兆4443億円になる。

もちろん，スイスと日本では農業経営の構造やインフラ整備の進捗状況などに違いがある。総予算に対する比率をそのまま比較するわけにはいかない。また，スイス人の環境への関心は日本よりも高い。しかし，そうした差異を考慮にいれたとしても，多面的機能に投じる予算の違いはあまりにも大きい。今後，日本の多面的機能への支援を質的そして量的に拡大する余地は少なくないだろう。

12. 5　21世紀の多面的機能の役割

これまでみてきたように，日本では多面的機能の考え方に基づいた新基本法が施行され，多面的機能は農業や農政のあり方を時代の要請に合わせて導く役割を負ってきた。

新基本法の制定後，日本の社会は目まぐるしい変化を体験している。東日本大震災や原発事故，さらには，世界的な新型コロナの感染拡大は日本の社会を根本から揺るがしている。こうした変化の中で，多面的機能には今後どのような役割を期待できるのであろうか。本節ではこの問題を考えてみたい。

12. 5. 1　テレワークの普及可能性

現在進行している社会の変化の中で，多面的機能のあり方にもっとも影響を及ぼすと予想されるのは，新型コロナの感染拡大，なかでも，テレワークの普及である。

言うまでもなく，新型コロナの感染拡大を防ぐためにいわゆる三密を避ける行動が日常化している。その一環として，オンライン化は会議や情報交換，さらには，教育などさまざまな分野で展開しつつある。仕事に限れば，テレワークの普及が急速である。

テレワークの普及は，ファックス機の普及に似たところがある。ファックス機の普及率は利用したい人の相手方がどれだけファックス機を持っているかによって決まる。もし，相手方のファックス機の所有率が低ければ，ファックス機を購入しても使う相手がいないので，普及は進まない。逆に多くの人がファックス機を利用する環境にあれば，ファックス機をもっていない人がそれを購入し利用する十分な動機づけになり，普及は進む。

実は，ここにも外部経済が働いている。ある人がファックス機を購入することですでにファックスを利用している人の便利さが向上する。しかし，既存のファックス利用者は新規の利用者に報酬は支払っていない。したがって，その便益の向上は「経済取引に直接関与しない第三者にもたらされる利益」であり，外部経済である。

この状況下ではファックスの利用は，2つの極端な利用状況のいずれかに落ち着くと予想される。すなわち，組織内での迅速な情報交換の必要性が高いごく一部だけが利用するか，社会全体での利用が進むかのいずれかである。また，一部の利用が社会全体の利用に移行するとき，その過程で普及率がある水準を超えると利用が爆発的に進むとも考えられている。経済学では，このときの利用量をクリティカル・マス（Critical Mass）と呼ぶ。

新型コロナの感染拡大以前は，テレワーク利用は限定的であった。しかし，感染拡大以降は半ば強制的にその利用が進められている。その結果として，利用量がやがてクリティカル・マスを超える爆発的な普及となる可能性がある。テレワークが広く普及すれば，仕事は空間的な制約から解き放たれて，働く場所は国内外を自由に移動できるようになる。

12.5.2　農山漁村への移住と多面的機能

農山漁村側からの視点でいえば，テレワークが都市部への人口集中を加速させるか，それとも減速させるかは大きな問題である。なぜなら，都市への人口集中が農山漁村を衰退させてきた経緯があるからであり，今後都市への移動が加速されれば，農山漁村はさらに疲弊しかねないからである。

都市と地方の人口移動についてみると，今世紀に入ってからは都市への集中の傾向が強まっている。とりわけ，東京圏への集中が止まっていない。

しかし，都市住民が都市に住み続けたいと考えているかといえば，実はそうでもなさそうである。内閣府（2021）の世論調査結果がそれを示している。この世論調査では，2005年と2014年の両年で，現在の居住地が都市であるとした回答者を対象に農山漁村への定住希望があるかないかを聞いている。これによると，「ない」とする割合は2005年に62.1％であったものが，2014年には35.7％にまで大きく低下している（図12.9参照）。他方，「どちらかというとある」や「どちらかというとない」とする割合が10％以上増加している。現状のまま都市に居住するという都市住民の意識は弱まり，関心は地方への移住希望へと移りつつあるのがわかる。

地方への移住志向が強まっているのに，大都市への人口集中は止まっていな

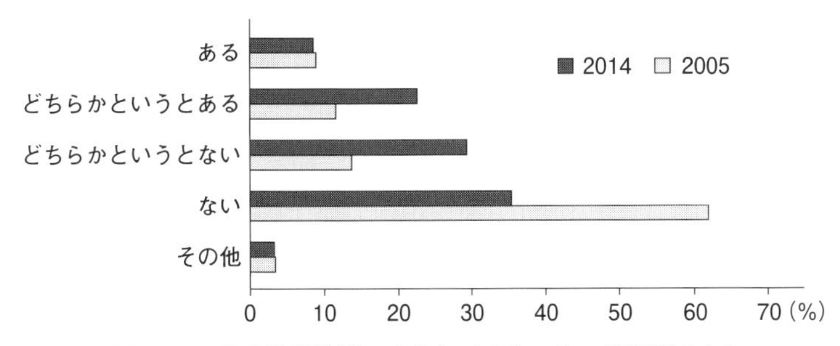

図 12.9　農山漁村地域に定住してみたいという願望の有無
出典：内閣府（2021）より作成

いとすれば，その原因はどこにあるのだろうか。

総務省（2018）の調査によれば，都市から地方へ移住した人が最も重視した点は「生活が維持できる仕事（収入）があること」であったという。地方への移住に際しては仕事を見つけ出すのが最も困難な問題であったわけである。地方への移住希望者が移住できない理由もおそらくはここにある。

テレワークの普及は，この問題をある程度解決することが予測できる。都市部で働く人に地方での生活を希望する割合は図12.9でみると，2014年には3割を超える水準に達している*。こうした地方移住の希望が基になって，テレワークによる地方での職場づくりのニーズが高まれば，それに応じて地方の職場は増加するに違いない。また，職種も多様性を高めることが期待できる。

* 移住希望が「ある」と「どちらかといえばある」の比率を合計したもの。

ところで，総務省（2018）の調査では地方への移住者に移住に影響したのは何かとの質問もなされている。これについては，「気候や自然環境に恵まれたところで暮らしたいと思ったから」とする回答者の比率が最も高く，47.4%に上っている。豊かな自然が都市住民の移住の最大の動機づけとなっていることがわかる（コラム4）。

自然は人手の加わった半自然と人の手がつかない原生自然からなっている。現在の日本の自然は原生自然の割合が極めて低く，そのほとんどは半自然である。また，半自然を作ってきた人手は，第一次産業の従事者である。一次産業

コラム4　人はなぜ自然にやすらぎを覚えるのか

人が自然の中でどのようにしてやすらぎを覚えるのかの研究は，森林医学の分野で蓄積されてきた。この分野では，森林の画像や森林浴によって，ストレスが軽減されたり，幸福感が高まるなどの研究が展開されてきた。しかし，その効果は心理的なものに留まらない。近年では，森林浴などの体験がリラックス効果を生み，がん細胞やウイルス攻撃するNK細胞（ナチュラル・キラー細胞）を活性化させ，その効果は1か月以上も持続するといった実験結果が報告されている（大井他 2010）。

森林医学の研究者は，人類が生まれて以来500万年のほとんどは自然の中で暮らしてきた点を重視する。その間に，われわれの体は遺伝子レベルでそれに適応しており，人工の環境下ではストレスを溜め，自然環境に戻ることでリラックスできると考えている。

が縮小し，多面的機能が失われれば，その半自然は荒廃し，農林漁村の魅力を半減する。これは，たとえば手入れがなされなくなった雑草だらけの棚田や植林して放置されて線香のようになった杉が密に植わった森林を思い浮かべてもらえればよい。そうした風景は，移住を希望する都市住民が描いている農山漁村の風景とはほど遠いものに違いない。

また，多面的機能のうち公益的機能とよばれる働き（洪水防止機能や土壌崩壊防止機能など）も地域の生活の安全を守る上で欠かせない。

こうしてみると，多面的機能はポスト・コロナと呼ばれる社会に予想される人口分散の動きを支えるという重要な役割を負っていることがわかる。人口の都市集積の是正は高度経済成長以来，国土計画上の最大の課題とされてきた。いま，その長年の課題を解決する好機がめぐってきている。その実現には，多面的機能の働きをさらに重視した一次産業のあり方を考える視点とそれに基づいた行動が欠かせない。その意味で，大切なのは多面的機能なのである。

演習問題 1　外部経済をこれまで以上に重視したとき，望ましい農業はどのような形態になるだろうか。生物多様性や景観さらには地球温暖化防止といった多面的機能を念頭に置きながら回答してほしい。

【解答例】　農業の外部経済の事例の一つに生物多様性がある。農業には，そもそも裸地から森林へと変化する遷移とよばれる過程を止めて，生物相の多様性を高める性質がある。現代農業で一般的になっている農薬の使用や単作化を抑えれば，さらに生物多様性が高まることが知られている。そうした営農形態を強く意識した農法が有機農業であり，多様性の確保の観点からは望ましい農法の典型的な事例といえる。

また，環境保全型農業直接支払で指定されている営農形態は，まさに外部経済を意識した農業である。この政策では，上に述べた有機農業の他，堆肥の利用（植物や家畜の糞尿等を微生物で分解したもの），カバークロップ（収穫の対象とはならないが，農地を覆う作物の栽培），不耕起栽培（通常行われる耕起や整地を行わない栽培方法）などの農法が支援対象となっている。これらの農法には，慣行農業と比較して，土壌の流出の抑制，生物多様性の向上さらには温暖化ガス発生の抑制などの効果があると考えられている。

以下のサイトが参考になる。
農水省「環境保全型農業の成果リーフレット」
https://www.maff.go.jp/j/seisan/kankyo/kakyou_chokubarai/attach/pdf/mainp-95.pdf
農水省（2018）「環境保全を重視した農法への転換を促進するための施策のあり方(2)」
https://www.maff.go.jp/j/study/kankyo_hozen/07/pdf/data4.pdf

演習問題 2　12.2 節でみたように，多面的機能の主張が受け入れられるまでには，市場経済を重視する自由貿易の主張と激しい論争が展開された。OECD で多面的機能を検討するときにも，市場経済は議論のベースにあった。このように市場経済や自由貿易は貿易ルールづくりの土台となっている。この背景には，GATT の理念があるとされる。GATT は戦後直後（1947 年）に成立した条約であり，第二次世界大戦の反省に立ち，自由貿易体制の実現を目指して作られたとされる。その反省とは何かを調べてまとめなさい。

【解答例】　その反省とは，戦前の保護主義的貿易政策やブロック経済化が第二次世界大戦の一因となったということを指す。発端は 1929 年 10 月 24 日にアメリカで起こった株価の大暴落にある。暗黒の木曜日と呼ばれるこの日を境に世界の株価は連鎖的に暴落を続け，世界経済はかつてない深刻な不況に陥った。アメリカは自国の産業を守るため 1930 年関税法で 20,000 点以上の品目に関税の引き上げや輸入制限などを実施した。主要各国は，これに対抗して自国産業保護のための関税引上げや輸入数量制限，輸入割当などを導入した。さらには，自らの植民地などを取り込んでその域内の貿易に限って関税を引き下げる措置（特恵関税）を設けた。この囲い込み行動はブロック経済と呼ばれる。国境措置の引き上げとブロック経済は世界の自由な貿易を阻み，世界的な不況をもたらした。とりわけ，ブロック経済はドイツや日本のような広大な植民地を持たない国の領土拡大への志向を強め，第二次世界大戦に導く主要な契機のひとつとなったのである。

GATT がその理念に自由貿易の堅持を謳う背景には，以上のような歴史の認識とブロック経済化を防止できなかったことへの反省がある。

演習問題 3　12.5 節では，テレワークが地方の人口を回復する可能性を述べた。人口の地方分散を現実的なものにするには，農山漁村の多面的機能の維持・充実とともに何が必要とされるだろうか。根拠とともに述べなさい。

【解答例】　テレワークが農山漁村では十分な展開をみせていない段階では，農山漁村の側でそれを受け入れるための体制づくりが重要になる。たとえば，高速な通信設備の設置（光回線の設置など）とともに，行政にそうした仕組みを理解し，実行できる人材を育成する必要がある。また，都市部からの移住者の視点からは，住空間や子育てのための環境の整備が求められる。農山漁村では，域外に流出した土地の所有者が不明になったり，空き家の貸与が難しいというケースが少なくない。こうした土地や家屋の流動性を高めて，住空間を確保できる環境づくりが欠かせない。子育てのサービスは，少子高齢化が進む農山漁村では保育園や小中学校などの統廃合からその質が劣化しやすい。また，大学進学に必要な教育を受けることができず，中学・高校になると子弟を近隣の都市部に送り出す場合もみられる。これらの教育サービスの強化とともに，そこにある自然資源を使った農山漁村でしかできない固有の教育を展開することも検討すべきである。

引用・参考文献

■1章

荏開津典生・鈴木宣弘（2020）経済発展と農業．『農業経済学（第5版）』岩波書店

小嶋大造（2019）格差と食料―所得階層別にみた食料消費の長期的趨勢と価格上昇反応．谷口信和 編集代表／安藤光義 編集担当『食と農の羅針盤のあり方を問う―食料・農業・農村基本計画に寄せて』農林統計協会

生源寺眞一（2013）経済成長と食生活．『農業と人間―食と農の未来を考える』岩波書店

生源寺眞一（2018）自給率で食料事情は本当にわかるのか？『新版　農業がわかると，社会のしくみが見えてくる―高校生からの食と農の経済学入門』家の光協会

■2章

Dickinson H. O., Mason J, M., Nicolson, D. J. et al.（2006）Lifestyle interventions to reduce raised blood pressure: a systematic review of randomized controlled trials. J Hypertens, 24, pp. 215-233.

Ikeda, N., Inoue, M., Iso, H. et al.（2012）Adult mortality attributable to preventable risk factors for non-communicable diseases and injuries in Japan: a comparative risk assessment. PLoS Med, 9, e1001160.

Intersalt Cooperative Research Group（1988）Intersalt: an international study of electrolyte excretion and blood pressure. Results for 24 hour urinary sodium and potassium excretion. BMJ, 297, pp. 319-328.

「健康な食事・食環境」コンソーシアム事務局（2018）「スマートミールとは」
https://smartmeal.jp/smartmealkijun.html.

Koiwai, K., Takemi, Y., Hayashi, F. et al.（2019）Consumption of ultra-processed foods decreases the quality of the overall diet of middle-aged Japanese adults. Public Health Nutr, 22, pp. 2999-3008.

小岩井馨・武見ゆかり・林 芙美 他（2021）市町村国保の特定健診受診者における ultra-processed foods の利用と栄養素等摂取状況および肥満度との関連．日本公衆衛生雑誌，68(2)：105-117.

国立健康・栄養研究所（2019）「健康日本21（第2次）分析評価事業」
https://www.nibiohn.go.jp/eiken/kenkounippon21/kenkounippon21/dete_detail.html#detail_05_01_02_04.

厚生労働省（2012）「健康日本21．国民の健康の増進の総合的な推進を図るための基本的な方針」
https://www.mhlw.go.jp/bunya/kenkou/dl/kenkounippon21_01.pdf.

厚生労働省（2019a）「令和元年（2019）人口動態統計月報年計（概数）の概況」
https://www.mhlw.go.jp/toukei/saikin/hw/jinkou/geppo/nengai19/dl/gaikyouR1.pdf.

厚生労働省（2019b）「メタボリックシンドロームとは？」
https://www.e-healthnet.mhlw.go.jp/information/metabolic/m-01-001.html.

厚生労働省（2019c）「日本人の食事摂取基準（2020年版）」策定検討会報告書
https://www.mhlw.go.jp/stf/newpage_08517.html.

厚生労働省（2020a）「令和2年版厚生労働白書―令和時代の社会保障と働き方を考える―」
https://www.mhlw.go.jp/stf/wp/hakusyo/kousei/19/index.html.

厚生労働省（2020b）「国民健康・栄養調査」
https://www.mhlw.go.jp/bunya/kenkou/kenkou_eiyou_chousa.html.

黒谷佳代・中出麻紀子・瀧本秀美（2018）主食・主菜・副菜を組み合わせた食事と健康・栄養状態ならびに食物・栄養素摂取状況との関連―国内文献データベースに基づくシステマティックレビュー―．栄養学雑誌，76(4)：77-88.

Monteiro, C. A., Cannon, G., Moubarac, J. C. et al.（2018）The UN Decade of Nutrition, the NOVA food classification and the trouble with ultra-processing. Public Health Nutr, 21: 5-17.

内閣府（2020）「令和2年版高齢社会白書」
https://www8.cao.go.jp/kourei/whitepaper/w-2020/zenbun/pdf/1s2s_02.pdf.

農林水産省(2019)「食に関する意識調査」
https://www.maff.go.jp/j/syokuiku/ishiki.html.
農林水産省(2020)「用語の解説．食の外部化」
https://www.maff.go.jp/j/wpaper/w_maff/r1/r1_h/trend/part1/terminology.html.
農林水産省(2021)「食育基本法・食育推進基本計画等」
https://www.maff.go.jp/j/syokuiku/kannrennhou.html.
Obarzanek, E., Proschan, M. A., Vollmer, W. M. et al. (2003) Individual blood pressure responses to changes in salt intake: results from the DASH-Sodium trial. Hypertension, 42: 459-467.
The EAT-Lancet Commission on Food, Planet, Health (2021)「The EAT-Lancet report」
https://eatforum.org/content/uploads/2019/07/EAT-Lancet_Commission_Summary_Report.pdf
山本依志子(2019)「低出生体重による成人期生活習慣病を含めた疾病負担に関する研究」
https://www.mhlw.go.jp/content/11900000/000592934.pdf.

■3章

CAC (2006) Principles for traceability/product tracing as a tool within a food inspection and certification system: CAC/GL 60-2006.
CAC (2007) Working principles for risk analysis for food safety for application by governments. CAC/GL 62-2007, Communication Division Electronic Publishing Policy and Support Branch, FAO, Rome, Italy.
CAC (2017) Code of hygienic practice for fresh fruits and vegetables : CXC 53-2003, Rev 2017.
CAC (2020) General principles of food hygiene : , CXC 1-1969. Rev 2020.
European Commission (2004) Regulation (EC) No 852/2004 of the European Parliament and of the Council of 29 April 2004 on the hygiene of foodstuffs.
FAO／WHO (2006) Food safety risk analysis. A guide for national food safety authorities. FAO Food and Nutrition Paper 87.
Federal Register (1996) Department of Agriculture Food Safety and Inspection Service, 9 CFR Part 304, et al. Pathogen Reduction; Hazard Analysis and Critical Control Point (HACCP) Systems; Final Rule
今城 敏(2017) HACCP取組のポイント．農業と経済，83(3)：15-27.
清原昭子(2019)食品製造現場の衛生管理と監視の仕組み：一般衛生管理とHACCP．日本農業経済学会 編『農業経済学事典』丸善出版，pp. 310-311.
工藤春代(2019)農産物・畜産物生産現場の衛生管理と監視の仕組み：一般衛生管理．日本農業経済学会 編『農業経済学事典』丸善出版，pp. 308-309.
小池恒男・新山陽子・秋津元輝 編(2017)『新版キーワードで読みとく現代農業と食料・環境』昭和堂
厚生労働省(a)「改正の概要」「食品衛生法の改正について」
https://www.mhlw.go.jp/stf/seisakunitsuite/bunya/0000197196.html (2021年3月参照)
厚生労働省(2017)「食品衛生法を取り巻く現状と課題について」
https://www.mhlw.go.jp/file/05-Shingikai-11121000-Iyakushokuhinkyoku-Soumuka/0000179038.pdf (2021年3月参照)
南石晃明(2017) GAP(適正農業規範)．小池恒男・新山陽子・秋津元輝 編『新版キーワードで読みとく現代農業と食料・環境』昭和堂，pp. 156-157.
新山陽子(2003)食品由来の健康に対するリスク管理：食品安全確保の社会システム．システム／制御／情報，47(8)：399-405.
新山陽子(2005)『解説 食品トレーサビリティ―ガイドラインの考え方，コード体系，ユビキタス，国際動向，導入事例―』昭和堂．
新山陽子(2018)フードシステムをどのようにとらえるか．新山陽子 編著『フードシステムと日本農業』放送大学教育振興会，pp. 9-27.
新山陽子(2019a)国際的な食品安全対策の考え方の発展：国際貿易と食品安全．日本農業経済学会 編『農業経済学事典』丸善出版，pp. 292-293.
新山陽子(2019b)食品安全のためのリスク低減の仕組み：リスクアナリシス．日本農業経済学会 編『農業経済学事典』丸善出版，pp. 294-295.
農林水産省(a)「GAP(農業生産工程管理)をめぐる情勢」
https://www.maff.go.jp/j/seisan/gizyutu/gap/g_summary/attach/pdf/jyosei.pdf (2021年3月参照)
農林水産省(b)「牛・牛肉のトレーサビリティ」
https://www.maff.go.jp/j/syouan/tikusui/trace/index.html (2021年4月参照)

農林水産省（c）「食品トレーサビリティ関係」
https://www.maff.go.jp/j/syouan/seisaku/trace/index.html（2021年4月参照）
山本祥平（2019）食品のトレーサビリティと製品回収．日本農業経済学会 編『農業経済学事典』丸善出版，pp. 312-313.
矢坂雅充（2019）畜産物をめぐるフードシステム．日本農業経済学会 編『農業経済学事典』丸善出版，pp. 226-227.

■4章

Cox, G.（1981）The ecology of famine: an overview. Famine: Its causes, effects and Management, Gordon and Breach, pp. 5.
Eagleton, T.（1995）Heathcliff and the Great Hunger. Studies in Irish Culture, Velso, pp. 25-26.
F. O. Licht（2020）World Ethanol & Biofuels Report, Vol. 19, No. 4 and No. 5.
Food and Agriculture Organization（FAO）（2015）The State of Food insecurity in the World. FAO.
https://www.fao.org/publications/sofi/2015/en/
Food and Agriculture Organization（FAO）（2020）The State of Food Security and Nutrition in the World. FAO.
https://www.fao.org/publications/sofi/2020/en/
Food and Agriculture Organization of the United Nations（FAO）（2021）The State of Food Security and Nutrition in the World,
https://www.fao.org/documents/card/en/c/cb4474en.
藤田幸一（1998）食糧問題と研究開発．東京大学農学部 編『人口と食糧』朝倉書店，pp. 120, 122.
外務省（2016）「責任ある農業投資を巡る国際的な議論と我が国の取組」
https://www.mofa.go.jp/mofaj/files/000022443.pdf.
梶井 功（1988）食糧需給政策と価格政策．『梶井功著作集』第7巻，筑摩書房，pp. 3-21.
小泉達治（2016）農業投資が食料ロスおよび国際コメ需給に与える影響―部分均衡需給予測モデルによる予測―．フードシステム研究，23（1）：3-18.
小泉達治（2017）『グローバル視点から考える世界の食料需給・食料安全保障―気候変動等の影響と農業投資―』農林統計協会，pp. 1-155.
Laborde, D., Parent, M. and Pineiro, V.（2020）Measuring the true cost of food. IFPRI.
https://www.ifpri.org/publication/true-cost-food.
中島陽一郎（1996）『飢饉日本史』雄山閣出版，pp. 4-13.
農林水産省「食料安全保障とは」
https://www.maff.go.jp/j/zyukyu/anpo/1.html.
OECD-FAO（2020）OECD-FAO Agricultural Outlook 2020-2029. OECD-FAO.
https://www.oecd.org/publications/oecd-fao-agricultural-outlook-19991142.htm.
大塚啓二郎（2014）『なぜ貧しい国はなくならないのか』日本経済新聞出版社，pp. 130-131.
Sen, A.（1981）Development as Freedom, Alfred A. Knopf, New York, pp. 7.
Sen, A.／黒崎 卓・山崎幸治 訳（2000）『貧困と飢餓』岩波書店，pp. 8, 224, 235, 244.
生源寺眞一（2013）『農業と人間』岩波書店，pp. 42.
U. S. Department of Agriculture, Foreign Agricultural Service（USDA-FAS）（2021）Production, Supply and Distribution Online.
https://apps.fas.usda.gov/psdonline/psdQuery.aspx.
Word Bank（2021）Commodity markets
https://www.worldbank.org/en/research/commodity-markets.

■5章

天川 晃（2015）自治体行政の「非常時」と「平時」．小原隆治・稲継裕昭 編『震災後の自治体ガバナンス』東洋経済新報社，pp. 23-47.
有田博之・橋本 禅・友正達美・小野邦雄・福与徳文・中島正裕・内川義行・千葉克己・落合基嗣・郷古雅春・田村孝浩・服部俊宏（2020）大規模震災復旧・復興時における現場知の組織的記録の提案：東日本大震災における農業農村整備分野での試みを参考として．農村計画学会誌，38（4）.
藤沢周平（1991）『蝉しぐれ』文春文庫
福与徳文（2011）『地域社会の機能と再生：農村社会計画論』日本経済評論社
福与徳文（2020）『災害に強い地域づくり：地域社会の内発性と計画』日本経済評論社
福与徳文・田中秀明・合崎英男・遠藤和子・小泉 健（2004）デルファイ法による農村資源管理の将来予測．農業土木学会誌，72（5）.

古島敏雄（1967）『土地に刻まれた歴史』岩波新書
郷古雅春・千葉克己・富樫千之・林 貴峰・菅野将央・加藤 徹（2015）東日本大震災で津波被害を受けた農地・農業用施設の復旧・復興の現状と課題．水利科学，342.
東日本大震災復旧・復興研究会（2018）『現場知に学ぶ農業・農村震災対応ガイドブック 2018』
兵庫県「阪神・淡路大震災一般ボランティア活動者数推計（H7.1～H12.3）」
http://web.pref.hyogo.lg.jp/kk41/documents/000036198.pdf（2021 年 5 月 4 日参照）
伊藤 舞（2021）「三陸沿岸における津波減災空間の創出と生業に関する研究」茨城大学農学部卒業論文
ジェームズ・コールマン／久慈利武 監訳（2004）『社会理論の基礎 上』青木書店
気象庁「気象庁が名称を定めた気象・地震・火山現象一覧」
https://www.jma.go.jp/jma/kishou/know/meishou/meishou_ichiran.html（2021 年 2 月 28 日参照）
気象庁「日本付近で発生した主な被害地震（平成 8 年以降）」
https://www.data.jma.go.jp/svd/eqev/data/higai/higai1996-new.html（2021 年 5 月 6 日参照）
桐 博英・丹治 肇・福与徳文・毛利栄征・山本徳司（2012）平成 23 年（2011 年）東北地方太平洋沖地震を対象とした減災農地の津波減勢効果の検証．農村工学研究所技報，213.
国土交通省「流域治水プロジェクト」
https://www.mlit.go.jp/river/kasen/ryuiki_pro/index.html（2021 年 2 月 27 日参照）
国土交通省「東日本大震災の被災地で行われる防災集団移転促進事業」
https://www.mlit.go.jp/crd/chisei/boushuu/pamphlet23.pdf（2021 年 5 月 1 日参照）
国土交通省「防災・減災等のための都市計画法・都市再生特別措置法等の改正内容（案）について」
https://www.mlit.go.jp/policy/shingikai/content/001326007.pdf（2021 年 1 月 15 日参照）
毎日新聞（2011）「二重防潮堤にも限界」2011 年 5 月 11 日朝刊，14，15 面
宮城県「農山漁村地域復興基盤総合整備事業」
https://www.pref.miyagi.jp/uploaded/attachment/233357.pdf（2021 年 5 月 2 日参照）
宮古市「宮古市の被害状況」
https://www.city.miyako.iwate.jp/data/open/cnt/3/384/1/03-higaijokyo.pdf（2021 年 1 月 15 日参照）
毛利栄征・丹治 肇（2012）「平成 23 年（2011 年）東北地方太平洋沖地震における海岸堤防の後背農地による津波減勢：減災農地の考え方と提案」農村工学研究所技報，213.
森田 勝（2000）『［新訂］要説 土地改良換地』ぎょうせい
藻谷浩介（2019）「時代の風」毎日新聞 2019 年 11 月 10 日朝刊，2 面
日本学術会議（2001）「地球環境・人間生活に関わる農業及び森林の多面的機能の評価について（答申）」
新潟県「新潟県発 田んぼダム実施中」
https://www.pref.niigata.lg.jp/site/nousonkankyo/tanbodam.html（2021 年 2 月 27 日参照）
農林水産省「多面的機能支払交付金事例集」
https://www.maff.go.jp/j/nousin/kanri/jirei_syu.html（2021 年 2 月 26 日参照）
大熊 孝（1987）「霞堤の機能と語源に関する考察」第 7 回日本土木史研究発表会論文集
大熊 孝（2020）『洪水と水害をとらえなおす：自然観の転換と川との共生』農文協
ロバート・D・パットナム／柴内康文 訳（2006）『孤独なボウリング：米国コミュニティの崩壊と再生』柏書房
総合研究開発機構（1995）『大都市直下型震災時における被災地域住民行動実態調査報告書』
鈴木日菜（2021）「津波被災地の農地復興における換地処分の成立条件に関する研究」茨城大学農学部卒業論文
高田明彦（2001）環境 NPO と NPO 段階の市民運動：日本における環境運動の現在．長谷川公一 編『環境運動と政策のダイナミズム』講座環境社会学 第 4 巻，有斐閣，pp. 147-178.
山下文男（2005）『津波の恐怖：三陸津波伝承録』東北大学出版会
山下祐介・菅磨志保（2002）『震災ボランティアの社会学：〈ボランティア＝NPO〉社会の可能性』ミネルヴァ書房
吉川夏樹・有田博之・三沢眞一・宮津 進（2011）田んぼダムの公益的機能の評価と技術的可能性．水文・水資源学会誌，24(5).

■6 章

コンラッド J. M.／岡 敏弘・中田 実 訳（2002）『資源経済学』岩波書店
林 薫平（2008）コモンズの利用権割当制度に関する考察—公平性の問題に着目して—．農村計画学会誌，26(4)：416-426.
ヒューマンライツ・ナウ（2021）「水産業における人権侵害と日本企業の関わりに関する報告」
https://hrn.or.jp/wpHN/wp-content/uploads/2021/01/56cd5e159a42535186819adf90c1938c.pdf
神取道宏（2014）『ミクロ経済学の力』日本評論社

小松正之・有薗眞琴（2017）『実例でわかる漁業法と漁業権の課題』成山堂書店
牧野光琢（2013）『日本漁業の制度分析 漁業管理と生態系保全』恒星社厚生閣
松井隆宏（2014）日本型漁業管理の意義と可能性―プール制における水揚量調整に注目して―．多田 稔・婁 小波・有路昌彦・松井隆宏・原田幸子 編著『変わりゆく日本漁業』第23章，北斗書房，pp. 299-309.
小野征一郎（2015）資源管理・漁業経営安定対策の検討―漁業を中心として―．東京海洋大学研究報告，11：20-32.
阪井裕太郎・徳永佳奈恵・松井隆宏（2019）違法・無報告漁業由来の輸入品が国内イカ類漁業に及ぼす経済損失の推定．日本水産学会誌，85(1)：17-29.
桜本和美（1998）『漁業管理のABC ― TAC制がよくわかる本―』成山堂書店
佐野 稔（2018）漁業者が活用しているマナマコ資源管理支援システムとその展開．水産工学，55(2)：145-148.
鈴木智彦（2018）『サカナとヤクザ：暴力団の巨大資金源「密漁ビジネス」を追う』小学館
田中教雄（1995）資源管理協定の実態と問題点―宮崎県を例として―．香川法学，15(1)：186-238.
Park, J., Lee, J., Seto, K., Hochberg, T., Wong, B. A., Miller, N. A., Takasaki, K., Kubota, H., Oozeki, Y., Doshi, S., Midzik, M., Hanich, Q., Sullivan, B., Woods, P. and Kroodsma, D. A. (2020) "Illuminating dark fishing fleets in North Korea," Science Advances, 6(30), eabb1197.
Pramod, G., Pitcher, T. J. and Mantha, G. (2017) "Estimates of illegal and unreported seafood imports to Japan," Marine Policy, 84, 42-51.

■7章

Boulanger, V. et al. (2017) "Imiter la Nature, hâter son oeuvre"... et si on commençait par observer rigoureusement cette Nature !, RDV techniques (ONF), 56: 17-19.
https://hal.archives-ouvertes.fr/hal-02499499/document
大日本山林会 編（1931）『明治林業逸史 続編』
ドヴェーズ／猪俣礼二 訳（1973）『森林の歴史』クセジュ文庫（白水社）
古井戸宏通（2011）仏語フォレの語源．山林，1527：44-45.（*）
本多静六（1929）森林家の幸福．山林，555：59-67.（*）
イリン／村川 隆 訳（1970）『人間の歴史』角川文庫
岩松文代（2018）「森」「林」「山」と「森林」「山林」の言語的関係．山林，1615.
神沼公三郎（2012）ドイツ林業の発展過程と森林保続思想の変遷．林業経済研究，58(1).
熊崎 実（1977）『森林の利用と環境保全』日本林業技術者協会
熊崎 実（2020-2021）シリーズ「木のルネサンス」と林業の将来．山林，1634-1649.
眞下正樹（2021）万葉の風土心から学ぶ自然資源の治め方．山林，1647：2-10.
箕輪光博（1992）森林の利用と自然観．森林文化研究，13：1-9.
水田 洋（1975）『社会科学の考え方』講談社現代新書
森川 潤（1985）ミュンヘン大学における「官房学」の制度化過程．作陽学園紀要，18(2).
森川 潤（1986）ドイツ林学の受容過程―農科大学成立の条件について―．作陽学園紀要，19(2).
森川 潤（2008）ドイツ大学における明治期の日本人留学生の学籍登録情況．広島修大論集〈人文〉，48(2).
永田 信（2015）『林政学講義』東京大学出版会，176 pp.
岡本貴久子（2019）本多静六〈近現代史の人物史料情報〉．日本歴史，855：84-88.
Paletto A., Sereno, C. and H. Furuido (2008) Historical evolution of forest management in Europe and in Japan. Bull. Tokyo. Univ.For., 119: 25-44
https://hdl.handle.net/2261/24550
Pearce, D. W. and R. K. Turner (1989) Economics of natural resources and the environment, Johns Hopkins University Press, 392 pp.
Porter, T. M. (1994) Chanced Subdued by Science. Poetics Today, 15(3) (Autumn, 1994), pp. 467-478
田中和博（1996）『森林計画学入門― 1996年版―』森林計画学会出版局
寺下太郎（2016）カルロヴィッツ300年．林業経済，69(2)：25-28.
https://doi.org/10.19013/rinrin.69.2_25
徳川宗敬（1938）明治初期の林業文献．山林，662：84-94（*）

＊「大日本山林会報」「山林」誌の掲載論考・記事は，1882年の創刊号～閲覧時点から3年前までのすべてが，下記のURLより閲覧可能になっている。2021年8月時点で参照可能な論考のみ（*）印を付した。
http://www.sanrinkai.or.jp/backnumber.html

■8章

DLG（2018）Digital Agriculture, Opportunities, Risks, Acceptance, A DLG position paper
https://www.smart-akis.com/wp-content/uploads/2018/03/Folder_Position_Digitalisierung_e_IT.pdf
飯國芳明・南石晃明（2021）ドイツにおける農業4.0の展開．農林業問題研究，57(2)：31-37.
株式会社アグリッド（2020）「国内最大級の農業用ハウスが竣工，ミニトマトの栽培と出荷を開始〜ロボット・ICT技術を活用し，スマート農業の実現に貢献」
http://www.asainursery.com/wp/wp-content/uploads/2020/04/f578e7ccc80e145fb1c8056fcc5a81b2.pdf
文部科学省（2008）「情報基盤センターの在り方及び学術情報ネットワークの今後の整備の在り方」（用語集）
http://www.mext.go.jp/b_menu/shingi/gijyutu/gijyutu4/toushin/1236230.htm
文部科学省（2016）「第4回全国イノベーション調査統計報告」
https://www.nistep.go.jp/wp/wp-content/uploads/NISTEP-NR170-FullJ.pdf
内閣府（2016）「科学技術基本計画」（平成28年1月22日，閣議決定）
http://www8.cao.go.jp/cstp/kihonkeikaku/5honbun.pdf
南石晃明（2011）『農業におけるリスクと情報のマネジメント』農林統計出版
南石晃明・藤井吉隆 編著（2015）『農業新時代の技術・技能伝承―ICTによる営農可視化と人材育成』農林統計出版
南石晃明 編著（2019）『稲作スマート農業の実践と次世代経営の展望』養賢堂
南石晃明（2020）スマート農業の現状と展望―経営視点で未来農業を考える―．日本農学アカデミー会報，33：10-16.
http://www.academy-nougaku.jp/pdf/bullettin033/bullettin033_02_nanseki.pdf
南石晃明（2021）『ファクトデータでみる農業法人：経営者プロフィール，ビジネスの現状と戦略，イノベーション』農林統計出版
農業情報学会 編（2014）『スマート農業―農業・農村のイノベーションとサスティナビリティ』農林統計出版
農業情報学会 編（2019）『新スマート農業―進化する農業情報利用』農林統計出版
農林水産省（2021）「スマート農業の展開について」
https://www.maff.go.jp/j/kanbo/smart/attach/pdf/index-150.pdf
OECD（2005）Oslo Manual: Guidelines for Collecting and Interpreting Innovation Data, 3rd Edition
https://www.oecd-ilibrary.org/science-and-technology/oslo-manual_9789264013100-en

■9章

外務省（2020）『持続可能な開発目標（SDGs）と日本の取組』
IPCC（2014）Climate Change 2014: Mitigation of Climate Change. Contribution of Working Group III to the Fifth Assessment Report of the Intergovernmental Panel on Climate Change. Cambridge University Press.
蟹江憲史（2020）『SDGs（持続可能な開発目標）』中公新書
環境省（2021）『令和元年度 地下水質測定結果』
松中照夫（2018）『新版 土壌学の基礎』農山漁村文化協会
宮下 直・西廣 淳（2019）『人と生態系のダイナミクス 1. 農地・草地の歴史と未来』朝倉書店
農業・食品産業技術総合研究機構（2020）『地球温暖化と日本の農業』成山堂
農林水産省（2021a）『食品ロス及びリサイクルをめぐる情勢』
農林水産省（2021b）『農業分野から排出されるプラスチックをめぐる情勢』
農林水産省農林水産技術会議（2008）『日本型精密農業を目指した技術開発』農林水産研究開発レポート No. 24
OECD（2019）Trends and Drivers of Agri-environmental Performance in OECD Countries. OECD Publishing.
ピーター・ロセット，ミゲル・アルティエリ／受田宏之 監訳（2020）『アグロエコロジー入門』明石書店
滋賀県琵琶湖環境部琵琶湖保全再生課（2020）『令和元年度琵琶湖におけるプラスチックごみ実態把握調査報告書』
Vojtech, V.（2010）Policy Measures Addressing Agri-environmental Issues, OECD Food, Agriculture and Fisheries Papers, No. 24, OECD Publishing.
八木一行（2011）農耕地からのメタン・一酸化二窒素の排出はどこまで明らかになったか．日本LCA学会誌，7(1)：2-10.

■10章

ドネラ・H・メドウズ，デニス・L・メドウズ，ヨルゲン・ランダース／枝廣淳子 訳（2005）『成長の限界 人類の選択』ダイヤモンド社

G・W・ノートン，J・オルワン，W・A・マスターズ／板垣啓四郎 訳（2012）『農業開発の経済学—世界のフードシステムと資源利用』青山社
白井早由里（2005）『マクロ開発経済学—対外援助の新潮流』有斐閣
World Resources Institute（2019）World Resources Report, Creating a Sustainable Food Future, pp. 556.
https://research.wri.org/wrr-food

■ 11 章

Hardin, Garrett（1968）"The Tragedy of the Commons" Science Vol. 162, Issue 3859, pp. 1243-1248.
マンキュー N・グレゴリー（2019）『マンキュー経済学 ミクロ編（第 4 版）』東洋経済新報社
内閣府政策統括官（2017）「日本の社会資本ストック」
日本協同組合連携機構（2020）「2017 事業年度版協同組合統計表」
農林水産省（2015a）「農林業センサス等に用いる用語の解説」
農林水産省（2015b）「平成 27 年度集落営農実態調査報告書：調査結果の概要」
農林水産省（2017）「平成 28 年度食料・農業・農村白書」
農林水産省（2020a）「2020 年農林業センサス結果の概要（概数値）」
農林水産省（2020b）「令和 2 年度集落営農実態調査」
農林水産省（2020c）「平成 30 年事業年度総合農協統計表」
農林水産省（2020d）「土地改良区とは」
農林水産省農村振興局（2018）「今後の土地改良区の在り方について」
農林水産省農村振興局（2020）「農業生産基盤の整備状況について」
農林水産省 100 年史刊行会（1981）『農林水産省 100 年史』
小田切徳美・尾原浩子（2018）『農山村からの地方創生』筑波書房
OECD（2001a）"Multifunctionality of Agriculture: Towards an analytical framework"
OECD（2001b）"Sustainable Development: Critical Issues"
OECD（2001c）"The Well-Being of Nations: The Role of Human and Social Capital"
OECD（2010）"Sustainable Management of Agricultural Water in OECD Countries"
Ostrom, Elinor（1990）"Governing the Commons" Cambridge University Press
荘林幹太郎（2013）EU の農村政策．小田切徳美 編『農山村の再生に挑む』岩波書店
荘林幹太郎・岡島正明（2014）むらづくりのための土地利用調整に関する新たな制度的枠組みの検討．農業農村工学会誌，82(9)：715-719.
荘林幹太郎・岡島正明（2017）基幹水利施設の持続的な更新のための新たな制度的枠組み．農業農村工学会誌，85(9)：837-841.
生源寺眞一（2006）『現代日本の農政改革』東京大学出版会
生源寺眞一（2013）『農業と人間：食と農の未来を考える』岩波書店
高橋明広（2017）集落営農．小池恒男・新山陽子・秋津元輝 編『新版 キーワードで読みとく現代農業と食料・環境』昭和堂
The World Commission on Environment and Development（1987）"Our Common Future"

■ 12 章

Bundesamt für Landwirtschaft（BLW）（2021）Agrarberichte 2020
https://agrarbericht.ch/de/politik/direktzahlungen/finanzielle-mittel-fuer-direktzahlungen（2021 年 3 月 5 日閲覧）
栗山浩一・柘植隆宏・庄司 康（2013）『初心者のための環境評価入門』勁草書房
レヴィット，S.，グールズビー，A.，サイヴァーソン，C.／安田洋祐・高遠裕子 訳（2018）『レヴィット ミクロ経済学 発展編』東洋経済新報社
永田恵十郎（1988）『地域資源の国民的利用』農文協
内閣府（2021）「世論調査」
https://survey.gov-online.go.jp/h26/h26-nousan/2-3.html（2021 年 3 月 5 日閲覧）
日本学術会議（2001）「地球環境・人間生活にかかわる農業及び森林の多面的な機能の評価について（答申）」
http://www.scj.go.jp/ja/info/kohyo/pdf/shimon-18-1.pdf（2021 年 2 月 28 日閲覧）
日本学術会議（2004）「地球環境・人間生活にかかわる水産業及び漁村の多面的な機能の内容及び評価について（答申）」
http://www.scj.go.jp/ja/info/kohyo/pdf/shimon-19-1-6.pdf（2021 年 5 月 2 日閲覧）

日本農業経済学会編(2019)『農業経済学辞典』丸善出版
農林水産省(2004)「中山間地域等直接制度の概要」
https://www.maff.go.jp/j/study/other/cyusan_taisaku/12/pdf/ref_data1.pdf(2021年3月3日閲覧)
農林水産省(2010)「「食料・農業・農村基本法」の基本理念」
https://www.maff.go.jp/j/wpaper/w_maff/h21_h/trend/part1/sp/sp_01.html(2021年3月3日閲覧)
農林水産省(2017)「食料・農業・農村政策審議会食糧部会 参考資料3 米をめぐる関係資料」(29年7月31日開催)
https://www.maff.go.jp/j/council/seisaku/syokuryo/170731/index.html(2021年3月3日閲覧)
農林水産省(2018a)「スマート農業の社会実装に向けた取組について」
https://www.kantei.go.jp/jp/singi/keizaisaisei/miraitoshikaigi/suishinkaigo2018/nourin/dai11/siryou4.pdf(2021年2月28日閲覧)
農林水産省(2018b)「生産農業所得統計 全国推計統計表累年統計」
https://www.e-stat.go.jp/stat-search/files?page=1&layout=datalist&toukei=00500206&tstat=000001015617&cycle=0&year=20180&month=0&tclass1=000001034290&tclass2=000001052258(2021年3月3日閲覧)
農林水産省(2020)「令和2年度農林水産省所管一般会計歳出予算各目明細書」
https://www.maff.go.jp/j/budget/kakumoku/attach/pdf/2tousyo_kakumoku-3.pdf(2021年5月8日閲覧)
農林水産省(2021)「農業の多面的機能の貨幣評価」
http://www.maff.go.jp/j/nousin/noukan/nougyo_kinou/pdf/kaheihyouka.pdf(2021年3月3日閲覧)
OECD/空閑信憲・作山 巧・菖蒲 淳・久染 徹 訳(2001)『農業の多面的機能』農文協
OECD/荘林幹太郎 訳(2004)『OECDレポート 農業の多面的機能 政策形成に向けて』家の光協会
大井 玄・宮崎良文・平野秀樹 編著(2010)『森林医学 II』朝倉書店
作山 巧(2006)『農業の多面的機能を巡る国際交渉』筑波書房
総務省(2018)「「田園回帰」に関する調査研究報告書」
https://www.soumu.go.jp/main_content/000538258.pdf(2021年3月5日閲覧)
United Nations (1992) United Nations Conference on Environment & Development Rio de Janerio, Brazil, 3 to 14 June 1992 AGENDA 21
https://sustainabledevelopment.un.org/content/documents/Agenda21.pdf(2021年3月3日閲覧)
山下一仁(2001)『設計者が語る－わかりやすい中山間地域等直接支払制度の解説』大成堂

索　引

■欧　文

■あ　行

■か　行

■さ 行

■た 行

■な　行

■は　行

■ま　行

■や　行

■ら　行

編著者紹介

生源寺 眞一
しょうげんじ しんいち

1976年 東京大学農学部農業経済学科卒業
農林省農事試験場研究員
1981年 農林水産省北海道農業試験場研究員
1987年 農学博士（東京大学）
東京大学農学部助教授
1996年 東京大学農学部教授
2011年 名古屋大学農学部教授
2017年 福島大学食農学類準備室教授
2019年 福島大学食農学類教授

主要著書

農地の経済分析（農林統計協会，1990）
現代農業政策の経済分析
（東京大学出版会，1998）
現代日本の農政改革（東京大学出版会，2006）
農業再建（岩波書店，2008）
日本農業の真実（筑摩書房，2011）
農業と人間（岩波書店，2013）
農業がわかると，社会のしくみが見えてくる
（家の光協会，2018）
「いただきます」を考える
（少年写真新聞社，2019）

2021年11月15日 初 版 発 行

21世紀の農学
持続可能性への挑戦

編著者 生源寺眞一
発行者 山本 格

発行所 株式会社 培 風 館
東京都千代田区九段南4-3-12・郵便番号102-8260
電 話(03)3262-5256(代表)・振 替 00140-7-44725

平文社印刷・牧 製本

PRINTED IN JAPAN

ISBN 978-4-563-08402-8 C3061